信息通信工程设计丛书

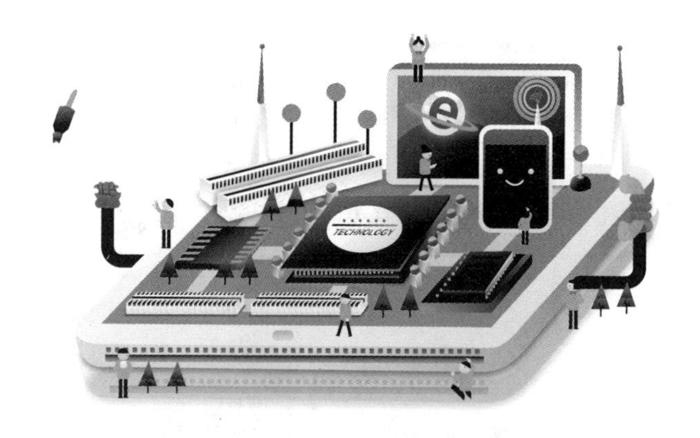

Practical Guide for Wireless Network Planning and Design Tools

无线网络规划设计类工具实操指南

董江波◎主编
刘玮　梁童　李晓良　等◎编著

人民邮电出版社
北京

图书在版编目（CIP）数据

无线网络规划设计类工具实操指南 / 董江波主编 ； 刘玮等编著. -- 北京 : 人民邮电出版社, 2020.5
（信息通信工程设计丛书）
ISBN 978-7-115-50941-3

Ⅰ. ①无… Ⅱ. ①董… ②刘… Ⅲ. ①码分多址移动通信－网络规划－指南 Ⅳ. ①TN929.533-62

中国版本图书馆CIP数据核字(2019)第042240号

内 容 提 要

无线网络规划是一项贯穿整个网络建设过程的系统工程，包含了从无线传播理论研究到设备指标分析、从网络能力预测到工程详细设计、从网络性能预测到系统参数调整等一系列过程。随着无线网络技术的不断发展，对无线网络规划的准确度和精细度的要求也越来越高，仅依靠手工的频点计算和工程经验早已无法满足现在复杂庞大的无线网络规划要求。因此，产生了一系列无线网络规划设计类工具，贯穿无线网络规划的全部流程，用于完成无线系统的网络仿真，以指导网络规划和建设。

◆ 主　　编　董江波
　编　　著　刘　玮　梁　童　李晓良　等
　责任编辑　李彩珊
　责任印制　彭志环

◆ 人民邮电出版社出版发行　　北京市丰台区成寿寺路 11 号
　邮编　100164　　电子邮件　315@ptpress.com.cn
　网址　http://www.ptpress.com.cn
　三河市祥达印刷包装有限公司印刷

◆ 开本：700×1000　1/16
　印张：13.75　　　　　　2020 年 5 月第 1 版
　字数：270 千字　　　　2020 年 5 月河北第 1 次印刷

定价：89.00 元

读者服务热线：(010)81055493　印装质量热线：(010)81055316
反盗版热线：(010)81055315
广告经营许可证：京东工商广登字 20170147 号

前言

随着移动通信技术的发展以及我国移动通信网络的建设，当前无线网络规划工作面对的场景更加复杂、业务更加丰富、需求更加多样，因此其面临的技术难度更大。中国移动通信集团设计院有限公司（以下简称“设计院”）具有丰富的无线网络规划设计的经验，同时凭借其深厚的技术实力在规划理论研究、规划方法践行以及规划工具研发方面都走在行业前列，并且规划设计了业内最大的4G网络。

为了与广大读者分享这些宝贵经验，编著团队将设计院多年的无线网络规划经验按照业务流程的脉络编撰成书，同时辅以规划工具的实例，让读者在掌握业务流程要点的同时，更加具体地体会到无线网络规划工作中的重点与难点。本书首先介绍了无线网络规划与设计的工作流程，为读者描绘无线网络规划工作的总体蓝图，同时也阐述了在当前信息时代，如何将大数据分析应用在无线网络规划工作中。之后从室外和室内两大类场景分别介绍了设计院自主研发的无线网络规划工具，同时在应用实际工程实例中详细介绍了如何正确应用工具，以及需要特别注意的重点与难点。最后基于技术发展与业务需求的发展，对于无线网络规划设计工具的未来发展进行展望。本书集中呈现设计院无线网络规划团队十几年工作与研发经验的精华，通过学习本书，读者不仅可以掌握无线网络工作的主要业务流程，还可以掌握无线网络规划工具的应用技巧以及在工作过程中需要注意的重点与难点。本书不仅可以作为信息通信学科本科生以及研究生的学习用书，同时也可以作为广大无线网络规划与优化爱好者的参考宝典。

本书在编著过程中，不仅得到了设计院领导的指导，同时也得到了设计院相关同事的大力支持。本书主编董江波是中国移动设计院资深专家，从事无线网络规划理论及产品研发长达 14 年；编者刘玮、梁童与李晓良均具有多年无线网络规划领域工作经验。除此之外，刘娜参与了本书第 2 章以及第 3 章部分内容的编写，陈燕雷参与了本书第 4 章部分内容的编写，韩云波和任冶冰参与了本书第 5 章部分内容的编写，赵培、孙伟、齐航、席思雨以及乔晶也对本书各章内容的编辑做出了贡献，在此表示衷心感谢！

作者

2019 年 5 月

目录

第1章
绪　论

无线网络规划是一项系统工程，贯穿网络建设的全部过程，包含从无线传播理论的研究到设备指标分析、从网络能力预测到工程详细设计、从网络性能预测到系统参数调整等一系列过程。无线网络技术的不断发展，对无线网络规划的准确度和精细度也提出了越来越高的要求，仅依靠手工频点计算和工程经验等方法早已无法满足现在复杂庞大的无线网络规划的要求。同时，室内网络话务量密集，内部天线点位较多，传统方法在方案设计与审核环节由于过于依赖人工经验而效率不高。因此，业界产生了一系列无线网络规划设计类工具，贯穿无线网络规划全部流程，用于完成无线系统的网络仿真和方案设计，指导网络规划设计和工程建设。

本书从无线网络规划与设计的工作流程（第 2 章）出发，第 3 章介绍基于大数据应用的网络规划设计新方法，第 4 章与第 5 章介绍室外场景下无线网络规划类工具以及实操案例，第 6 章与第 7 章介绍室内场景下无线网络规划设计类工具以及实操案例，最后对无线网络规划设计类工具的未来发展进行展望。

第 2 章 无线网络规划与设计的工作流程

2.1 无线网络规划过程

无线网络规划是指围绕建设单位的网络建设需求，通过与建设单位不断交互，形成符合需求的建设方案并最终落实的重要咨询过程。完整的无线网络规划过程分为前期准备、无线环境分析、确定建设目标、预规划、详细规划以及建设方案后评估等一系列环节，是一个闭环的过程。最初的网络规划过程相对简单和粗糙，随着 IT 技术水平的进一步发展与提高，规划过程中的每一个环节都将更加精细与智能。

2.1.1 前期准备

前期准备阶段的主要任务是收集网络规划所需的资料，并与建设单位充分沟通，了解建设单位的建设思路、策略和目标等。前期准备的重点内容主要包括以下几点。

（1）建设单位意见

需要充分了解建设单位对本期工程的要求，包括期限、市场计划和定位等市场目标，同时也包括具体的覆盖要求、容量要求、质量要求、业务类型等技术目标。

（2）通信市场环境意见

需要调查分析通信市场环境，包括当地多家运营商的发展情况、移动用户数量、市场占有率情况、各移动运营商业务提供情况和发展情况、市场竞争策略、资费水平等。

（3）基础数据

需要收集无线网络规划需要的基础数据，包括：工程地图，各地市、区县、乡镇的人口、经济、地理、气候、交通、旅游、重要覆盖目标的分布等，各地市发展规划，现网业务发展情况以及现网建设情况。

2.1.2　无线环境分析及传播模型校正

无线环境分析的主要手段包括路测（driver test，DT）和扫频测试。通过对现网进行路测，可以较为精确地了解网络整体覆盖水平。通过扫频测试，可以找到频段内的系统外干扰源，以避免和排除可能的干扰源对未来要规划的网络造成干扰。然后，对于查找到的干扰源和干扰区域，进行相应的协调和解决。

一般采用传播模型来对无线电波的传播损耗进行预测。准确的无线传播模型对于保证无线网络规划方案的合理性具有十分重要的意义，它是无线网络规划工作的重要基础和主要依据。在进行模拟仿真之前，必须进行传播模型校正，以得到一个与当地无线传播环境相吻合的传播模型。宏蜂窝无线环境的传播模型校正的输入条件是大量路测数据，校正的过程就是利用这些数据拟合出符合某种误差要求的曲线，从而完成对模型参数的校正。

穿透损耗的确定，将直接影响室内覆盖效果。通过测试，选择合理的室内穿透损耗值，是准确预测室内覆盖效果的前提和保障，因此需要确定不同类型的穿透损耗，以完成下一步规划指导。

2.1.3　确定建设目标

无线网络建设目标包括覆盖目标、容量目标、质量目标和成本目标等。

（1）覆盖目标

覆盖目标包括覆盖的广度和深度两个方面，由建设单位的滚动发展规划或者需求确定，还会受限于投资额度。

不同的业务类型有不同的覆盖能力，因此要制定不同的覆盖目标。

（2）容量目标

容量目标根据业务预测的结果确定，指无线网络可以容纳各种业务用户的数量。要列出各种业务列表、每种业务的容量或渗透率以及每种业务的业务模型。

（3）质量目标

质量目标取决于业务类型，不同的业务类型有不同的质量目标。

（4）成本目标

在保证满足覆盖、容量、质量目标要求的前提下，采用最经济的规划方案，将建设成本控制在合理水平。

2.1.4 预规划

预规划的主要工作是进行资源预估，即根据目标覆盖区的大小和容量目标，初步估算出基站间距和需要的基站数量，为详细规划阶段提供方案和指导，并粗略估算工程投资，进行经济评价，初步判断工程投资效益。主要步骤如下。

（1）链路预算和覆盖分析

根据当地的城市情况，选定合适的传播模型，在传播模型校正和穿透损耗测试结果的基础上，编制链路预算，计算出各种环境（密集市区、一般市区、郊区、乡村、公路等）下不同业务 QoS 的覆盖距离，确定站间距。

（2）基站估算

根据站间距估算覆盖区内大体需要的基站数。

（3）容量分析

根据承载业务的特点及其 QoS 要求，分析载波可承担的容量。

（4）设备估算

估算需要配置的设备数量。

2.1.5 详细规划

详细规划是无线网络建设的基础，体现网络规划的系统设计水平，决定网络的格局。主要内容如下。

（1）明确建设目标对覆盖和容量的要求。

（2）站址规划。按照正六边形蜂窝结构勾画理想站址位置。可以在地图上覆盖区域内选取数个用户最密集的重要地点，将这些地方作为第一步需要建站的站址，然后根据理想的蜂窝结构在地图上将其他基站站址标注出来。

（3）分析并确定基站类型。对区域内不同地方进行分析，确定是采取全向还是定向基站来满足其覆盖和容量需求。

（4）进行初步仿真，预测覆盖区。设置参数，如天线高度、方位角和增益、天线下倾角、基站类型、馈线长度、天馈损耗、发射机输出功率、接收机灵敏度、建站分集接收方式和分集增益等。

（5）频率规划、邻区规划、扰码规划。根据基站分布和站型确定频率、邻区规划、扰码规划。

（6）位置区、路由区规划。

（7）规划仿真。

通过规划软件仿真，预测网络的各项指标，与规划目标对比，判断是否满足要求。如果不能满足，可以将对话方案进行调整后再次进行仿真预测，经过多次迭代，最终使规划方案达到建设目标。

2.1.6　建设方案后评估

建设方案后评估是在网络开通、优化完成并运行一段时间后，对网络建设目标进行验证的手段，主要是为了衡量网络的业务预测、覆盖水平、网络质量、投资效益等建设目标是否达到预期。

2.2　无线网络规划流程

根据上面的分析，一个相对完整的无线网络规划流程包含：各方需求调研及分析、无线环境分析及传播模型校正、网络规模估算、站点选择及调研、方案调整、仿真分析、方案调整、规划结果输出。具体如图 2-1 所示。

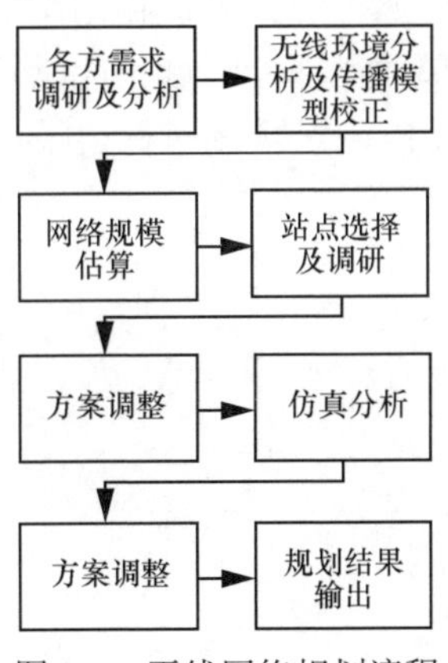

图 2-1　无线网络规划流程

2.3　无线网络规划流程分析

以 LTE 的规划流程为例，具体分析无线网络规划的流程和所要完成的具体工作，如图 2-2 所示。

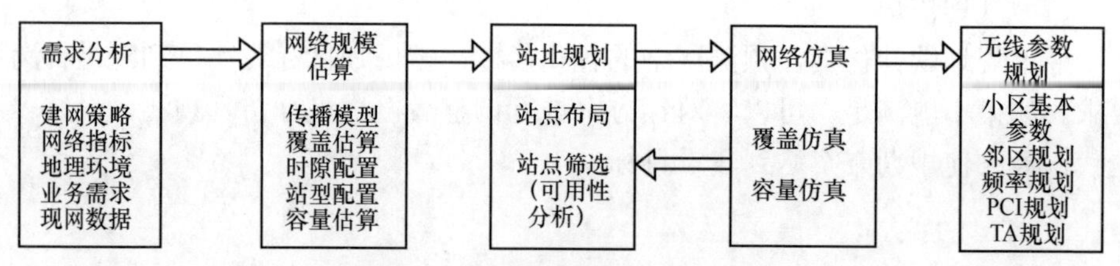

图 2-2　无线网络规划的具体工作

（1）在需求分析阶段，首先应该明确建网策略，提出相应的建网指标，并搜集准确而丰富的现网基站数据、地理信息数据、业务需求数据，这些数据都是 LTE 无线网络规划的重要输入。

（2）网络规模估算主要通过覆盖估算和容量估算来确定网络建设的基本规模。综合覆盖估算和容量估算的结果后，就能确定目标覆盖区域需要的网络规模。

（3）在站址规划阶段，主要工作是依据链路预算的建议值、结合目前网络站址资源情况，进行站址布局工作。并在确定站点初步布局之后，结合现有资源或现场勘查进行站点可用性分析，确定目前覆盖区域可用的共址站点和需新建的站点。

（4）得到初步的站址规划结果后，需要将站址规划方案输入 LTE 规划仿真软件进行覆盖及容量仿真分析，通过仿真分析输出结果，进一步评估目前规划方案是否满足覆盖及容量目标，如存在部分区域不能满足要求，则需要对规划方案进行调整修改，使得规划方案最终满足规划目标要求。

第3章 基于大数据应用的网络规划设计

纵观无线网络规划设计的工作历程，在20世纪90年代初期，以人工设计为主，借助地图，通过人工进行覆盖盲区判断，从而指导站点的建设方案；在21世纪初，随着第三代移动通信系统的应用，借助电脑仿真，实现网络覆盖以及容量的预测，根据仿真结果来指导站点的建设方案；如今，随着IT技术能力的不断提升，可以借助大数据、云计算技术实现对网络价值的分析与判断，结合投资策略，共同指导站点的建设，从而实现精细化建网以提高建网收益。具体如图3-1所示。本章主要介绍当今大数据应用下的网络规划设计方法与流程。

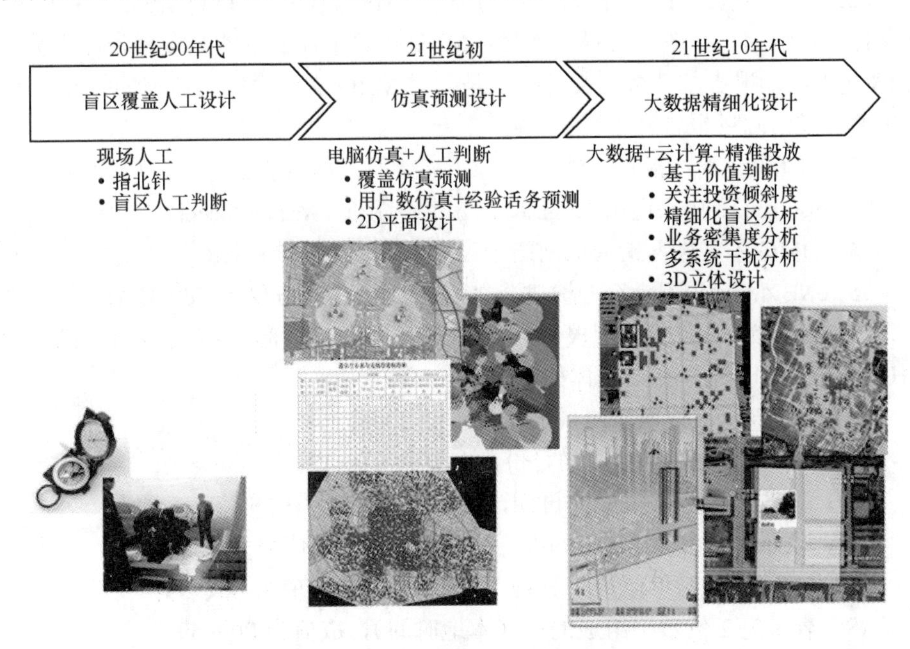

图3-1 无线网络规划的发展历程

3.1 基于MR数据的应用

3.1.1 MR数据特点与规范

测量是TD-LTE系统的一项重要功能。物理层上报的测量结果可以用于系统中无线资源控制子层完成如小区选择/重选及切换等事件的触发，也可以用于系统操作维护，观察系统的运行状态。网络设备应具有测量所规定测量报告（OMC-R）数据的能力。OMC-R测量报告（MR）表示在一个统计周期内，按照一定统计条件得到的分区间统计的原始测量报告样本数量。

MR的格式应为XML格式，且应按照命名规则进行命名，测量报告文件经过zip或gz方式压缩，可以通过FTP进行访问。MR文件应按照如下规则命名：<制式>_<文件类型>_<设备制造商>_<OMC-R 名称>_<eNBId>_<采集时间>[_<RC>].<扩展名>。

各字段的含义如下。

（1）制式：指通信网类型，取值为“TD-LTE”指TD-LTE网络，取值为“TD-SCDMA”指TD-SCDMA网络。本规范取值范围仅限于TD-LTE。

（2）文件类型：指测量报告文件的类型，MRO代表周期性的测量报告样本数据文件，不包括事件触发的样本数据；MRE代表事件触发的测量报告样本数据；MRS代表测量报告统计数据文件，只是针对MRO文件中样本数据的统计，不包括事件触发的测量报告样本数据。

（3）设备制造商：指通信网络中设备厂商名称，如诺基亚西门子（NSN）、华为、爱立信（Ericsson）、中兴通讯（ZTE）、阿尔卡特朗讯（Alcatel-lucent）、大唐、普天等。

（4）OMC-R名称：指通信网络中设备制造商OMC-R标识。

（5）eNBId：指通信网络中基站唯一标识（BIT STRING (20),3GPP36.413 9.2.1.37）。

（6）采集时间：指测量报告数据采集周期开始时间。格式为YYYYMMDDHHmmSS（北京时间），具体如下。

YYYY：表示4位数字组成的年份（如2008）；

MM：表示2位数字组成的月份，取值为01～12；

DD：表示2位数字组成的日期，取值为01～31；

HH：表示2位数字组成的小时（本地时间），取值为00～23；

mm：表示2位数字组成的分钟（本地时间），取值为00～59；

SS：表示为2位数字组成的秒（本地时间），取值为00～59。

（7）RC：指LTE设备厂商扩展，该项可选。RC域为连续的计数器，取值从

“1”开始，用来协助定义唯一的文件名。当多个文件产生且文件名中其他所有参数都相同时，RC 存在，当产生与文件名中其他参数都相同的新文件时，RC 加 1。

（8）扩展名：指测量报告文件的格式类型，XML 格式文件扩展名为 xml；若经过压缩，则扩展名为“zip”或“gz”。

例如：中兴 OMC 101 于 2008 年 12 月 23 日 11:00 生成 eNode B 标识 1152 的 TD-LTE 测量报告统计数据 XML 格式文件，其命名为：TD-LTE_MRS_ZTE_OMC101_1152_20081223110000.xml。

测量报告统计数据分为一维测量报告统计数据和二维测量报告统计数据。一维测量报告统计数据仅涉及一种统计条件，二维测量报告统计数据涉及两种统计条件。一维测量报告统计数据记录特征见表 3-1。

表 3-1　OMC-R 无线测量报告统计数据记录特征

CellId	日期	开始时间	结束时间	MR. RSRP.00	MR. RSRP.01	…	MR. RSRP.46	MR. RSRP.47
63456	2009-08-10	9:00	10:00	0	2	…	38	12
63457	2009-08-10	9:00	10:00	0	4	…	46	21
63458	2009-08-10	9:00	10:00	0	5	…	54	23
56036	2009-08-10	9:00	10:00	1	12	…	0	0
56037	2009-08-10	9:00	10:00	2	14	…	5	1
56038	2009-08-10	9:00	10:00	1	11	…	4	0
26116	2009-08-10	9:00	10:00	1	9	…	8	2
26117	2009-08-10	9:00	10:00	0	6	…	6	0
26118	2009-08-10	9:00	10:00	3	23	…	1	3
…	…	…	…	…	…	…	…	…

其中，测量报告中主要数据名称与含义见表 3-2。

表 3-2　OMC-R 无线测量报告统计数据记录特征

序号	名称	数据含义	测量设备	数据类型	Nanocell 支持要求
1	MR.RSRP	参考信号接收功率	UE	一维统计	必选
2	MR.RSRQ	参考信号接收质量	UE	一维统计	必选
3	MR.Tadv	时间提前量	eNode B	一维统计	不要求
4	MR.ReceivedIPower	eNode B 接收干扰功率	eNode B	一维统计	必选
5	MR.AoA	eNode B 天线到达角	eNode B	一维统计	不要求
6	MR.PowerHeadRoom	UE 发射功率余量	UE	一维统计	必选
7	MR.PacketLossRateULQci*X* 注：*X*=1…9	上行分组丢失率	eNode B	一维统计	不要求

（续表）

序号	名称	数据含义	测量设备	数据类型	Nanocell 支持要求
8	MR.PacketLossRateDLQci*X* 注：*X*=1…9	下行分组丢失率	eNode B	一维统计	不要求
9	MR.SinrUL	上行信噪比	eNode B	一维统计	必选
10	MR.RIPPRB	PRB 粒度 eNode B 接收干扰功率	eNode B	一维统计	必选
11	MR.PUSCHPRBNum	UE PUSCH 信道占用 PRB 数	eNode B	一维统计	不要求
12	MR.PDSCHPRBNum	UE PDSCH 信道占用 PRB 数	eNode B	一维统计	不要求
13	MR.eNBRxTxTimeDiff	eNode B 收发时间差	eNode B	一维统计	不要求
14	MR.TadvRsrp	时间提前量与参考信号接收功率	UE 和 eNode B	二维统计	不要求
15	MR.TadvAoA	时间提前量与 eNode B 天线到达角	eNode B	二维统计	不要求
16	MR.RsrpRsrq	参考信号接收功率与参考信号接收质量	UE	二维统计	可选
17	MR.RipRsrp	eNode B 接收干扰功率与参考信号接收功率	UE 和 eNode B	二维统计	可选
18	MR.RipRsrq	eNode B 接收干扰功率与参考信号接收质量	UE 和 eNode B	二维统计	可选
19	MR.PlrULQci*X*SinrUL	上行分组丢失率与上行信噪比	eNode B	二维统计	不要求
20	MR.PlrDLQci*X*Rsrq 注：*X*=1…9	下行分组丢失率与参考信号接收质量	UE 和 eNode B	二维统计	不要求
21	MR.PlrDLQci*X*Rsrp 注：*X*=1…9	下行分组丢失率与参考信号接收功率	UE 和 eNode B	二维统计	不要求
22	MR.PlrULQci*X*Rip 注：*X*=1…9	上行分组丢失率与 eNode B 接收干扰功率	eNode B	二维统计	不要求
23	MR.SinrULRip	上行信噪比与 eNode B 接收干扰功率	eNode B	二维统计	可选
24	MR.PUSCHPRBNumPhr	UE PUSCH 信道占用 PRB 数与发射功率余量	UE 和 eNode B	二维统计	不要求
25	MR.PDSCHPRBNumRsrq	UE PDSCH 信道占用 PRB 数与 RSRQ	UE 和 eNode B	二维统计	不要求
26	MR.LteScRSRP	TD-LTE 服务小区的参考信号接收功率	UE	样本	必选
27	MR.LteNcRSRP	TD-LTE 已定义邻区关系和未定义邻区关系小区的参考信号接收功率	UE	样本	必选
28	MR.LteScRSRQ	TD-LTE 服务小区的参考信号接收质量	UE	样本	必选
29	MR.LteNcRSRQ	TD-LTE 已定义邻区关系和未定义邻区关系小区的参考信号接收质量	UE	样本	必选
30	MR.LteScTadv	TD-LTE 服务小区的时间提前量	eNode B	样本	不要求

（续表）

序号	名称	数据含义	测量设备	数据类型	Nanocell 支持要求
31	MR.LteScPHR	TD-LTE 服务小区的 UE 发射功率余量	UE	样本	可选
32	MR.LteScRIP	TD-LTE 服务小区的 eNode B 接收干扰功率	eNode B	样本	可选
33	MR.LteScAoA	TD-LTE 服务小区的 eNode B 天线到达角	eNode B	样本	不要求
34	MR.LteScPlrULQci*X* 注：*X*=1…9	TD-LTE 服务小区的上行分组丢失率	eNode B	样本	不要求
35	MR.LteScPlrDLQci*X* 注：*X*=1…9	TD-LTE 服务小区的下行分组丢失率	eNode B	样本	不要求
36	MR.LteScSinrUL	TD-LTE 服务小区的上行信噪比	eNode B	样本	可选
37	MR.LteScRI*X* 注：*X*=1，2，4，8	TD-LTE服务小区的RANK值	UE	样本	不要求
38	MR.LteScPUSCHPRBNum	TD-LTE 服务小区的 UE PUSCH 信道占用 PRB 数	eNode B	样本	不要求
39	MR.LteScPUSCHPRBNum	TD-LTE 服务小区的 UE PDSCH 信道占用 PRB 数	eNode B	样本	不要求
40	MR.LteScBSR	TD-LTE 服务小区的 UE 缓冲状态报告	UE	样本	不要求
41	MR.LteSceNBRxTxTimeDiff	TD-LTE 服务小区的 eNode B 收发时间差	eNode B	样本	不要求
42	MR.LteScEarfcn	TD-LTE 服务小区载波号	UE	标识	必选
43	MR.LteScPci	TD-LTE 服务小区的物理小区识别码	UE	标识	必选
44	MR.LteNcEarfcn	TD-LTE 已定义邻区关系和未定义邻区关系的邻区载波号	UE	标识	必选
45	MR.LteNcPci	TD-LTE 已定义邻区关系和未定义邻区关系的物理小区识别码	UE	标识	必选
46	MR.GsmNcellBcch	已定义邻区关系和未定义邻区关系的 GSM 邻区 BCCH 信道号	UE	标识	周期性上报可不支持，事件上报需要支持
47	MR.GsmNcellCarrierRSSI	已定义邻区关系和未定义邻区关系 GSM 邻区载波接收信号强度指示	UE	样本	周期性上报可不支持，事件上报需要支持
48	MR.GsmNcellNcc	已定义邻区关系和未定义邻区关系的 GSM 邻区 NCC	UE	标识	周期性上报可不支持，事件上报需要支持

（续表）

序号	名称	数据含义	测量设备	数据类型	Nanocell 支持要求
49	MR.GsmNcellBcc	已定义邻区关系和未定义邻区关系的 GSM 邻区 BCC	UE	标识	周期性上报可不支持，事件上报需要支持
50	MR.TdsPccpchRSCP	TD-SCDMA 主公共控制物理信道接收信号码功率	UE	样本	周期性上报可不支持，事件上报需要支持
51	MR.TdsNcellUarfcn	已定义邻区关系和未定义邻区关系的 TD-SCDMA 邻区绝对载波号	UE	标识	周期性上报可不支持，事件上报需要支持
52	MR.TdsCellParameterId	已定义邻区关系和未定义邻区关系的 TD-SCDMA 邻区小区参数标识	UE	标识	周期性上报可不支持，事件上报需要支持

3.1.2 MR 数据定位

由于 MR 数据中没有经纬度信息，需要通过邻区信息等进行经纬度回填，常见的定位算法有以下几类。

（1）App 定位方法

通过解析 S1-U 口信令，将用户上报的经纬度提取出来，获取用户位置信息。此方法精度较准，但需在室外才能精确定位，且由于绝大多数 App 的经纬度被加密，无法直接解析得到，可用的样本点数量有限。

（2）TA+AoA（angle of arrival，到达角）定位

根据 TA 估算基站和 UE 之间的距离，再根据 AoA 的角度信息可以获得终端的位置信息。此方法定位精度受环境的影响，在开阔地区定位较准；在高大建筑物较多区域定位精度较差，定位范围为 100～200m。

（3）三角定位

结合 MR 场强信息及网元工程参数信息，利用主服务小区和两个或多个最强的邻区形成的三角形或多边形，计算中心点，并进行场强加权偏移，获得定位结果。然而，现网 MR 数据邻区信息不全的现象占较大比例，因此，三点定位方法可实施性较差，精度不高，定位误差大，且受站间距影响明显。

（4）基于指纹库的定位方法

此方法即特征匹配方法，源于数据库定位，需要预先创建指纹数据库，指纹数据库里存放的是离散的信号强度和位置坐标。由于信号的多径传播对环境具有依赖性，在不同位置其信道的多径特征也不相同，呈现出非常强的特殊性。位置指纹定位技术有效地利用多径效应，将多径特征和位置信息相结合，由于信道的

多径影响在同一个位置点具有唯一性，可将多径结构作为数据库中的指纹。待测点在同样环境中获取接入点发送的无线信号，将接收到的无线信号强度与数据库中的指纹进行匹配，找出最相近的结果进行定位。位置指纹的定位精度与指纹大小、匹配算法等因素有关。

3.1.3　MR 数据弱覆盖分析应用

由于 MR 数据里面包含 RSRP 等信道质量相关数据，可以用来进行网络弱覆盖分析，如图 3-2 所示。

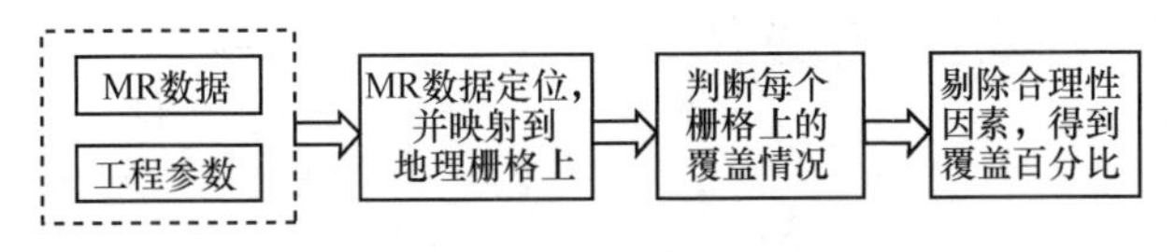

图 3-2　MR 数据用于弱覆盖分析流程

其中，覆盖情况可以定义为：若某一栅格处有一定比例的 MR 条数上报的 RSRP 小于某一门限，那么定义该栅格为弱覆盖栅格。以此类推，便可知道所有 MR 数据栅格的覆盖情况，如图 3-3 所示。

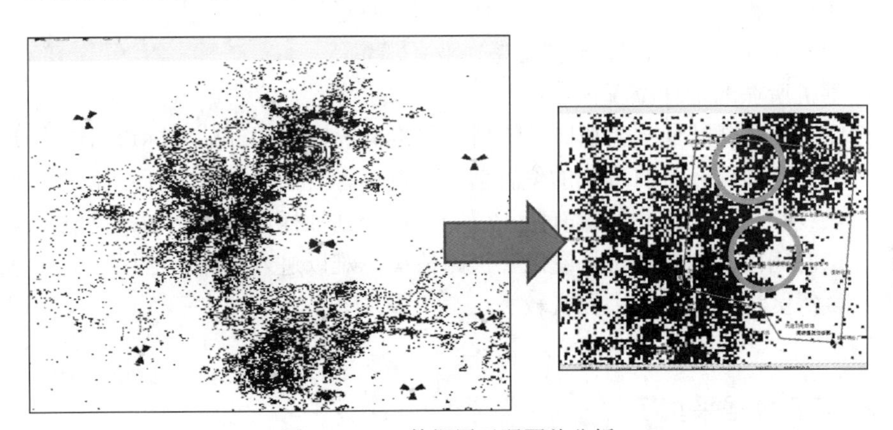

图 3-3　MR 数据用于弱覆盖分析

但是，直接用 MR 数据进行弱覆盖分析会有如下两个问题。

（1）与 TD-SCDMA、WCDMA 相比，LTE 网络仍处于发展阶段，用户量有限，MR 数据样本点数有待提高，因此会出现部分区域没有 MR 数据的情况。此时，会将这些由于 LTE 用户量少而缺少 MR 数据的区域错误地视为弱覆盖区域，最终导致深度覆盖评估不准确。

（2）与室外场景不同，室内用户如果连接到 Wi-Fi 则不会上报 MR 数据，那么，该室内区域会出现没有或者只有少量MR数据的情况。此时，会将这些由于用户没有接入4G网络而缺少MR数据或者只有少量MR数据的区域错误地视为弱覆盖区域，最终导致深度覆盖评估不准确。

因此，可以引入系统仿真数据，与MR数据相结合进行弱覆盖情况分析。核心思想是，对于MR数据量足够多的栅格，直接用MR数据上报的RSRP来评估该栅格是否为弱覆盖栅格；而对于没有或者只有少量MR数据的栅格，可以通过系统仿真的方法得到RSRP，进行是否弱覆盖的评估。最终得到整个网络的覆盖情况及弱覆盖区域。

3.2 基于DT数据的应用

3.2.1 DT数据特点

通过路测仪器采集电平、质量等网络数据，简称DT数据。DT数据包含：

- 服务小区信号强度、业务质量；
- 邻小区的信号强度及信号质量；
- 接入及移动性相关信令过程、成功率、时延等；
- 业务建立成功率、掉线/掉话率、业务质量等；
- 手机所在的地理位置信息；
- DT数据可以真实客观地反映网络覆盖情况，全面评估实际道路网络质量和业务质量；具有准确的位置信息；可进行友商测试，方便对比。但是测试终端种类有限，数量有限，仅能体现个别抽样用户的感知；仅能反映测试时间段的网络情况；受限于道路情况，难以进入窄路、居民住宅、办公楼等区域；人力物力投资较大。

3.2.2 DT数据采集

DT数据采集方法如图3-4所示，DT数据采集分为以下几个步骤。

（1）明确测试规范。需要确定测试目的、指标、测试业务、需要的测试仪表及路线等。

（2）测试准备。测试人员熟读测试规范，编写完成测试脚本，准备测试车辆和测试终端，进行预测试，确保设备可用性。

（3）测试执行。在预先设计好的测试路线上进行测试，保证设备在整个测试过程中正常工作，最后导出测试log，用于数据分析。

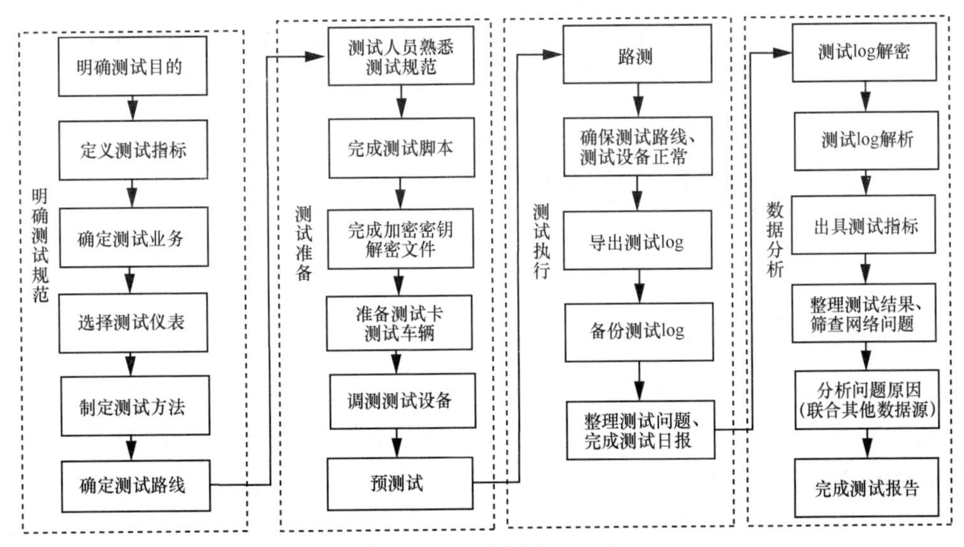

图 3-4　DT 数据采集方法

（4）数据分析。用专门的 log 分析工具，进行测试数据查看及关键指标输出，分析问题并完成测试报告。

3.2.3　DT 数据应用

DT 数据可用于进行网络质量评估和无线网络的优化工作，主要应用于如下几个方面。

（1）全网 KPI 评估，如覆盖质量、干扰质量、移动性分析。其中覆盖主要关注 RSRP 指标，干扰主要关注 SINR 指标，移动性主要关注切换、重选等相关参数配置是否合理等。

（2）定位网络问题，查找异常事件原因等。如果在 DT 数据采集过程中，出现掉线/掉话等问题，可以通过查看信令的方式具体定位问题。

（3）进行传播模型矫正。传统的使用 CW（continuous wave）数据进行传播模型矫正的方法需专门架设天线，配置参数进行专门的路测。将 CW 信号和 DT 数据分别作为信号源的接收功率进行计算和对比，可以发现在传播模型矫正中无论使用 CW 信号还是路测信号，接收机接收的信号功率差异都可以忽略，因此，用 DT 数据进行传播模型矫正是可行的，而且可以节省天线架设时间。其中，利用 DT 数据进行传播模型矫正方法和 CW 类似，具体如下。

- 数据准备：进行车载路测，并记录收集本地的测试信号的场强数据。
- 路测数据后处理：对车载测试数据进行后处理，得到可用于传播模型校正的本地路径损耗数据。

• 模型校正：根据后处理得到的路径损耗数据，校正原有传播模型中的各个参数，使模型预测值和实测值的误差最小。

3.3 基于扫频数据的应用

3.3.1 扫频数据特点

扫频系统是网络分析的重要手段，主要由天线、扫频仪和后台分析操作平台3部分组成，如图3-5所示，其中扫频仪是关键，目前市场上主流的是三模（GSM、TD-SCDMA和TD-LTE）扫频仪。

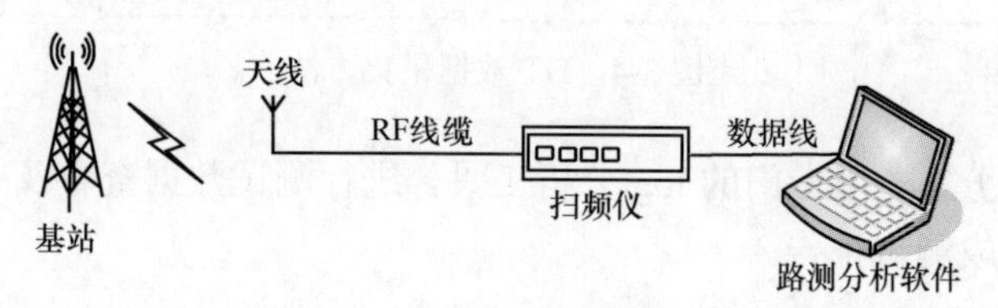

图3-5　扫频系统组成

扫频数据按照用途可分为以下3种。

• 频谱测试：用于清频测试或链接定向天线进行干扰定位。
• CW测试：可用来进行模型矫正。
• 信号解调测试：解调系统消息用于进行小区驻留，解调设定的系统消息，用于干扰定位；不解调系统消息用于信号类型判定，判定后测量信号强度。

3.3.2 扫频数据应用

扫频数据最主要的应用为干扰排查和传播模型矫正，其中，传播模型矫正流程与DT数据传播模型矫正类似，这里重点介绍干扰排查方法与流程。

排除干扰是指在运营商已经投入使用的频点，从某时开始，受到外界的信号干扰，导致通话质量、掉话、切换、拥塞以及网络的覆盖、容量等均受到明显的影响，因此要借助相关仪器查找外界干扰信号的类型及位置等；而确定可用频点则是运营商打算在某一区域内规划使用某频点，在正式投入使用前，应该对该区域进行扫频测试，核查将投入使用的频点在该区域是否存在干扰，以此选择最适合使用的频点。利用扫频数据进行干扰排查的工作步骤主要如下。

（1）测试设备准备：需要提前准备的设备有扫频仪、馈线、定向天线、

GPS 等。

（2）资料准备：了解干扰情况，如是否分时段等。

（3）利用扫频仪进行扫频：查找到受干扰小区，打开扫频仪，设置扫频的频段范围，如对 900MHz 频段进行扫频，可以将起始和终止频点设置为 885MHz 和 909MHz，设置参考电平值。用馈线将定向天线连接至扫频仪的射频端口，将天线以正北方向为起点，顺时针慢慢移动，观察各个方向底噪抬升情况，找出杂波信号最强的方向、记录该方向并截图保存。然后选择与刚才同一条直线相反方向上的点进行相同测试，记录该方向上的底噪抬升情况及截图保存，如图 3-6 所示。至此可以初步确定干扰源的位置为两条方向线的交点处。

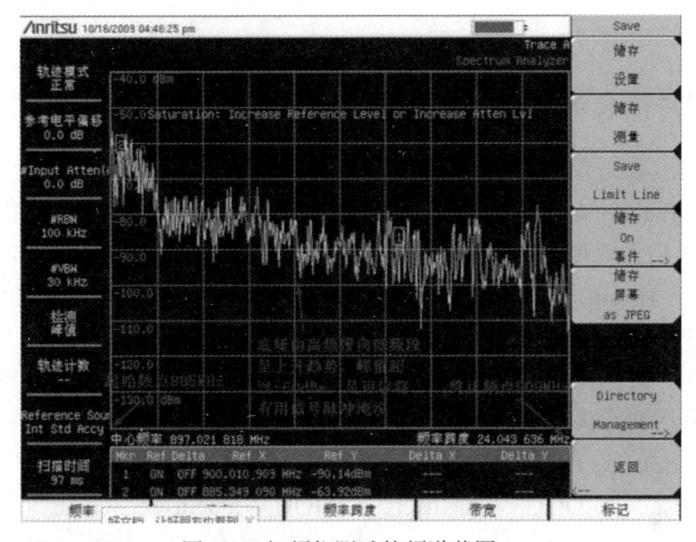

图 3-6　扫频仪测试的频谱截图

（4）干扰判定。假设基站的接收灵敏度是−102dBm，根据规定 $C/I \geqslant 9$dB 时有用信号才能被正确解调，因此此时的杂波信号应该小于或等于−111dBm。

根据扫频仪的测试结果，底噪由高频段向低频段呈上升趋势，其靠近 885MHz 部分底噪已经远超过大部分接收到的手机接入脉冲信号。因此可明确该频段有干扰。

3.4　基于经营分析数据的应用

经营分析数据（简称“经分数据”）包含用户信息、终端信息、市场竞争信息以及业务量信息等，通过分析经分数据，可以有效地应对市场竞争，根据需求适时适当、有针对性地扩充网络、开展新业务，提高网络效率，提高网络规划的精准度。

无线网络规划工具可以通过经分数据的分析完成价值分析，确定哪些是高价值的区域或者小区，在进行扩容或者加站时根据投资额的限制优先考虑高价值区域和小区进行扩容，提高网络规划的有效性。具体可涉及的价值分析维度有用户价值、终端价值、市场竞争、业务价值和高价值综合，其中用户价值、终端价值、市场竞争、业务价值 4 个模块可以针对不同维度上的数据进行价值分析，并以图表和地图显示的方式展示。高价值综合模块综合上述各个维度的结果，根据用户选择的权重对规划区域进行综合分析，得到总得分，并通过 GIS 地图显示。

3.4.1 用户信息数据

用户信息数据包括 DOU（dataflow of usage）、MOU（minutes of usage）和 ARPU（average revenue per user）。DOU 是每个客户月均流量消费额，单位为 MB；MOU 是平均每户每月通话时间（average communication time per month per user），单位为 min；ARPU 是用户平均价值贡献，注重的是一个时间段内运营商从每个用户所得到的利润。可以分别为每一个小区和栅格计算 DOU、MOU、ARPU 价值，这 3 种数据又都包括 2G、3G、4G 3 个系统的数据，因此最后每个小区和栅格可以获得 9 个维度的价值分：

Value.users.2G.DOU, Value.users.2G.MOU, Value.users.2G.ARPU,

Value.users.3G.DOU, Value.users.3G.MOU, Value.users.3G.ARPU,

Value.users.4G.DOU, Value.users.4G.MOU, Value.users.4G.ARPU。

将这些价值分加权汇总后，获得每个栅格的用户价值得分。

DOU 数据、MOU 数据和 ARPU 数据 3 种用户数据信息的统计粒度都有全网级和小区级两种粒度，在统计时都是分段进行统计的，即统计 DOU 数据、MOU 数据和 ARPU 数据处于某种段值范围内的用户数，分别对应表 3-3、表 3-4 和表 3-5。然后根据高、中、低段值的范围定义，可以计算出小区或者栅格的高、中、低价值评分。

表 3-3　DOU 数据表格的表头

其中 DOU ≤ 280MB 用户数	其中 280MB< DOU≤ 400MB 用户数	其中 400MB< DOU≤ 600MB 用户数	其中 600MB< DOU≤ 1GB 用户数	其中 1GB< DOU ≤2GB 用户数	其中 2GB <DOU ≤3GB 用户数	其中 3GB< DOU ≤5GB 用户数	其中 3GB< DOU ≤5GB 用户数	其中 5GB< DOU ≤0GB 用户数	其中 DOU> 10GB 用户数

表 3-4　MOU 数据表格的表头

其中 MOU≤50min 用户数	其中 50min＜MOU≤200min 用户数	其中 200min＜MOU≤400min 用户数	其中 400min＜MOU≤1000min 用户数	其中 MOU＞1000min 用户数

表 3-5　ARPU 数据表格的表头

其中 ARPU≤58 用户数	其中 58 元＜ARPU≤88 元用户数	其中 88 元＜RPU≤188 元用户数	其中 188 元＜ARPU≤288 元用户数	其中 ARPU＞288 元用户数

3.4.2　终端信息数据

终端信息数据统计小区中各等级终端的数量，具体包括该小区中 4G 高端机终端数量、不含 4G 高端机的其他 4G 手机终端数量、3G 手机终端数量、2G 手机终端数量。对这些终端数量的统计见表 3-6，通过表 3-6 可以从终端等级角度分析小区的价值。

表 3-6　终端信息数据表格的表头

小区 ECGI	其中 4G 高端机终端数量	其中不含 4G 高端机的其他 4G 手机终端数量	其中 3G 手机终端数量	其中 2G 手机终端数量

3.4.3　市场竞争数据

市场竞争分析是指通过某种分析方法分析竞争对手，并对它们的资源、市场力量和当前战略等要素进行评价。主要目的是准确判断竞争对手的战略定位和发展方向，估计竞争对手在实现可持续竞争优势方面的能力，以确定自身应该着重考虑的环节。

通信系统中的市场竞争分析数据能提供基于区域的竞争价值和地位，在无线网络规划中要重点考虑市场竞争分析为“高竞争价值”的区域，并且在规划中赋予其高价值分数并优先考虑。

在规划设计具体应用时，要分别为每一个栅格计算 2 个维度的价值分，分别为区域重要性（Value.region）、竞争对手覆盖状况（Value.competitor），将这些价值分加权汇总后，获得每个栅格的市场竞争价值得分 Value.market。

3.4.4 业务量数据

业务量数据包括每日总话务量和每日总数据流量，要对小区级一周七天的业务量数据进行统计。业务量数据代表小区日常所要提供的语音业务以及数据业务能力，代表小区在业务量方面的重要程度，而业务量的大小直接反映了经济收入的多少，因此，从业务量的角度也可以评判出小区的价值。

业务量数据见表 3-7，根据表 3-7 分别为每一个栅格计算话务统计—业务量价值分，数据又分为 2G、3G、4G 3 个系统的数据，因此最后每个栅格可以获得 3 个维度的价值分：Value.traffic.2G，Value.traffic.3G，Value.traffic.4G。将这些价值分加权汇总后，获得每个栅格的用户价值得分 Value.traffic。

表 3-7 业务量数据

ECGI	Day1 总话务量	Day1 总数据流量	Day2 总话务量	Day2 总数据流量	Day3 总话务量	Day3 总数据流量	Day4 总话务量	Day4 总数据流量	Day5 总话务量	Day5 总数据流量	Day6 总话务量	Day6 总数据流量	Day7 总话务量	Day7 总数据流量
	24h，Erl	24h，MB	24h，Erl	24h，MB	24h，Erl	24h，MB	24h，Erl	24h，MB	24h，Erl	24h，MB	24h，Erl	24h，MB	24h，Erl	24h，MB

3.5 基于网管数据的应用

随着移动通信行业的迅猛发展，设备品种逐步增多，容量迅速增大，网管信息化的应用成为必然趋势，网络信息化过程积累了海量数据，这些数据中包含大量对网络规划及扩容有用的信息。通过对海量网管数据的挖掘和分析可以更加精准地找到网络中的容量薄弱环节，了解网络的容量存储能力，有针对性地进行网络扩容方案的选择。

与网络容量规划相关的网管数据主要是小区级的负荷类数据，主要来自网管数据中的话务量统计和流量统计。具体包括以下几类。

（1）流量数据

- 最近 1 个月，小区级每日、每小时上行数据流量；
- 最近 1 个月，小区级每日、每小时下行数据流量；
- 月数据流量。

（2）用户数、RRC 连接数数据

- 规划期末的放号用户数；
- 最近 1 个月，小区级每日、每小时 RRC 连接平均数、最大数；

- 有效 RRC 连接平均数、最大数；
- 当前已部署的 RRC 连接 License 数；
- 最近 1 个月，现网 4G 放号用户数。

（3）PRB 资源数据

- 最近 1 个月，小区级每日、每小时 PDSCH、PDCCH、PUSCH PRB 资源利用率；
- PDSCH、PUSCH 可用 PRB 资源数。

3.5.1　流量数据应用

从网管系统统计的流量相关数据可以得到，到规划期末从吞吐量角度考虑是否需要进行网络扩容。

利用网管统计的流量数据，可以计算最近 1 个月小区级流量忙日、忙时流量占比情况以及上下行流量比例情况；然后根据网络流量增长的预测推算规划期末小区级系统忙时数据流量；将预测的规划期末忙时数据流量与网络能提供的上下行吞吐量门限相比，可以得知从吞吐量能力来说，按照目前的网络能力是否需要在规划期末的时候进行扩容。

3.5.2　RRC 连接数应用

从网管系统统计的用户数、有效 RRC 连接数等相关数据可知，到规划期末从 RRC 连接数满足度考虑是否需要进行网络扩容。

利用网管统计的用户数、RRC 连接数数据，可以计算现网放号用户的有效 RRC 连接占比情况；根据规划期末用户数的规划情况以及当前的有效 RRC 连接占比情况，还要考虑根据不同区域类型的占比修正系统，可以预测计算在规划期末小区级系统忙时 RRC 有效连接平均数需求；将预测的规划期末小区级系统忙时 RRC 有效连接平均数需求与网络能提供的有效 RRC 连接数门限相比，可以得到从 RRC 连接数满足度来说，按照目前的网络能力是否需要在规划期末的时候进行扩容。

3.5.3　PRB 资源数据应用

从网管系统统计的 PRB 资源数和 PRB 资源利用率的相关数据可以得到，到规划期末从 PRB 资源满足度考虑是否需要进行网络扩容。

利用网管统计的 PRB 资源数和 PRB 资源利用率数据，计算最近一个月，现网小区级 PDSCH PRB、PUSCH PRB 频谱效率；根据规划期末的用户及业务模型修正，预测规划期末小区忙时 PDSCH/PUSCH PRB 利用率；将预测出的规划期末小区忙时 PDSCH/PUSCH PRB 利用率与网络的信道利用率门限相比，可以得到从 PRB 资源利用率满足度来说，按照目前的网络能力是否需要在规划期末的时候进行扩容。

第4章

室外场景下的无线网络规划类工具介绍

在室外场景下进行无线网络规划的时候，通常需要解决的问题是哪里需要建站、哪里值得建站、怎么建站和建站效果如何等。下面将围绕这几类问题介绍相关工具。

4.1 无线网络规划工具

无线网络规划工具包括覆盖干扰分析功能模块以及容量分析功能模块，以解决“哪里需要建站”的问题；价值分析功能模块解决“哪里值得建站”的问题；站址规划模块解决“怎么建站”的问题。

4.1.1 功能概述

无线网络规划平台是与移动通信网络规划设计方法紧密贴合的网络规划工具，对网络大数据，包括MR、路测、扫频、DPI、网管、工程参数、地图等海量数据进行采集、整理、统计，并深度挖掘、关联分析，大幅提高数据利用价值，为网络规划设计提供充分的参考依据，并提高规划设计的工作效率。

包括的具体功能模块以及功能模块的描述见表4-1。

表4-1 无线网络规划工具的各功能模块

名称	功能模块描述
MR/ATU/扫频数据处理模块	主要完成MR数据、ATU数据、扫频数据的导入，并对数据完成异常处理
价值分析模块	从用户价值、终端价值、市场竞争、业务价值和高价值综合模块5个维度，以图表和地图显示的方式展示

（续表）

名称	功能模块描述
容量分析模块	根据 4G 小区基础信息及小区级资源配置、业务流量、PRB 利用率、RRC 连接数的统计和分析，计算基于小区和栅格的扩容及建设需求；通过对网络级 RRC 连接数的统计和分析，计算 RRC 连接 License 的扩容需求
覆盖干扰分析模块	通过对 MR、路测、扫频数据的采集、分析，计算基于栅格的弱覆盖、质差、重叠覆盖分布情况，并分析高干扰小区分布情况
站址规划模块	对高价值、容量、覆盖干扰等模块的输出进行关联分析，自动提供初步建设需求

各模块之间的关系以及整体流程如图 4-1 所示。

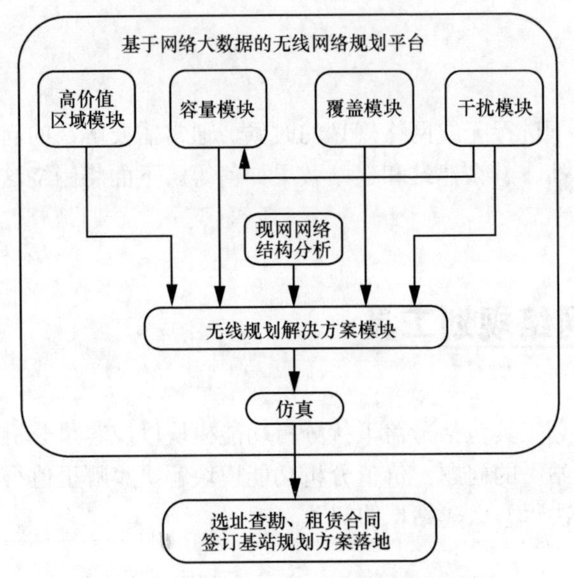

图 4-1　各模块之间的关系以及整体流程

4.1.2　大数据的导入与处理

本模块主要完成 MR 数据、ATU 数据、扫频数据、经分数据以及网管数据的导入，并对数据完成异常处理。

数据的获取需要多部门协同来提取现网数据，其中 MR 数据、扫频数据以及 ATU 数据和网管数据通常源于网络部，经分数据源于业务支撑部门。

4.1.3　高价值模块

高价值模块总体分为 5 个子模块：用户价值、终端价值、市场竞争、业务价值和高价值综合模块。其中前 4 个模块针对不同维度上的数据进行价值分析，以图表和地图显示的方式展示出来；第 5 个模块综合上述各个维度的得分结果，根据用户选择的权重对规划区域进行综合分析，得到总得分结果，并通过 GIS 地图显示。

高价值模块包含的具体分析步骤及流程如图 4-2 所示。

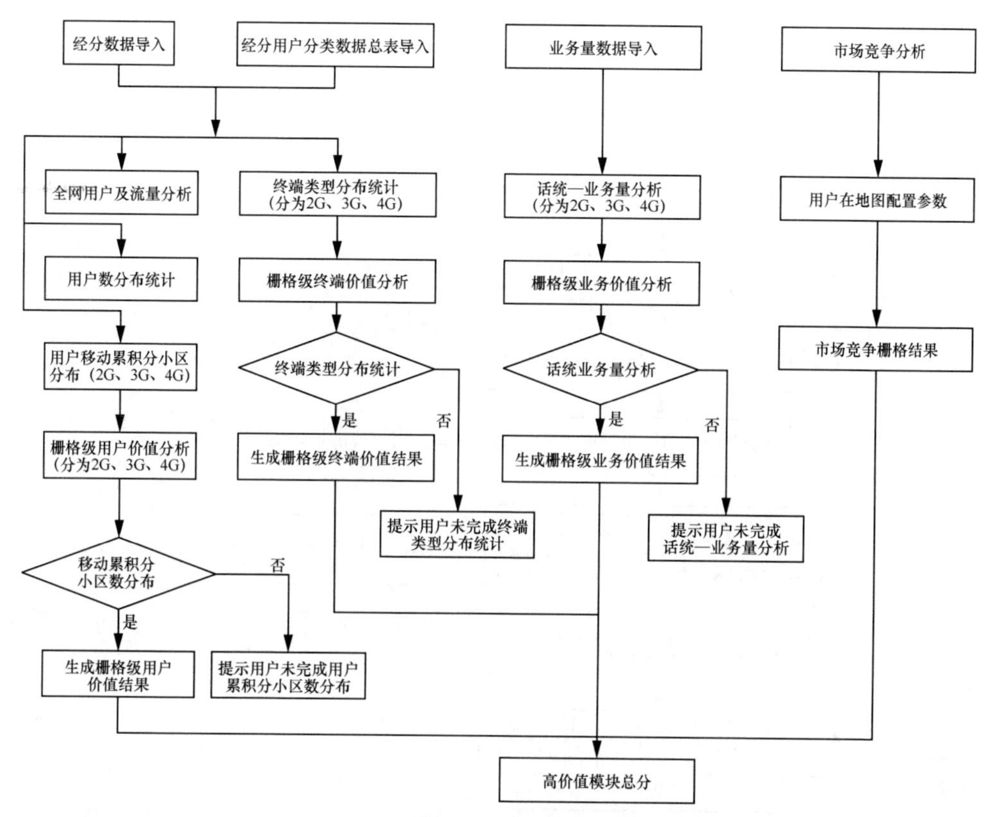

图 4-2　高价值模块的具体分析步骤及流程

高价值模块的功能特点如下。

- 多个维度进行价值分析：用户价值、终端价值、市场竞争、话统业务量。
- 多种粒度进行价值分析：全网分析、小区级分析、栅格级分析。
- 多个系统综合进行价值分析：2G、3G、4G。

高价值模块为站址规划模块提供基于地理栅格的高价值综合评估，为使用者建站提供决策依据。

4.1.4　容量模块

容量模块根据 4G 小区基础信息及小区级资源配置、业务流量、PRB 利用率、

RRC 连接数的统计和分析，计算基于小区和栅格的扩容及建设需求；通过对网络级 RRC 连接数的统计和分析，计算 RRC 连接 License 的扩容需求。容量模块主要包含 3 个部分内容：常规容量处理模块、潮汐容量分析模块、大话务特殊场景分析模块。一期完成“常规容量处理模块”的开发，为“站址规划模块”提供 2 组清单：基于小区的载频扩容需求和基于栅格的容量维度建站需求。

容量模块包含的具体分析步骤及流程如图 4-3 所示。

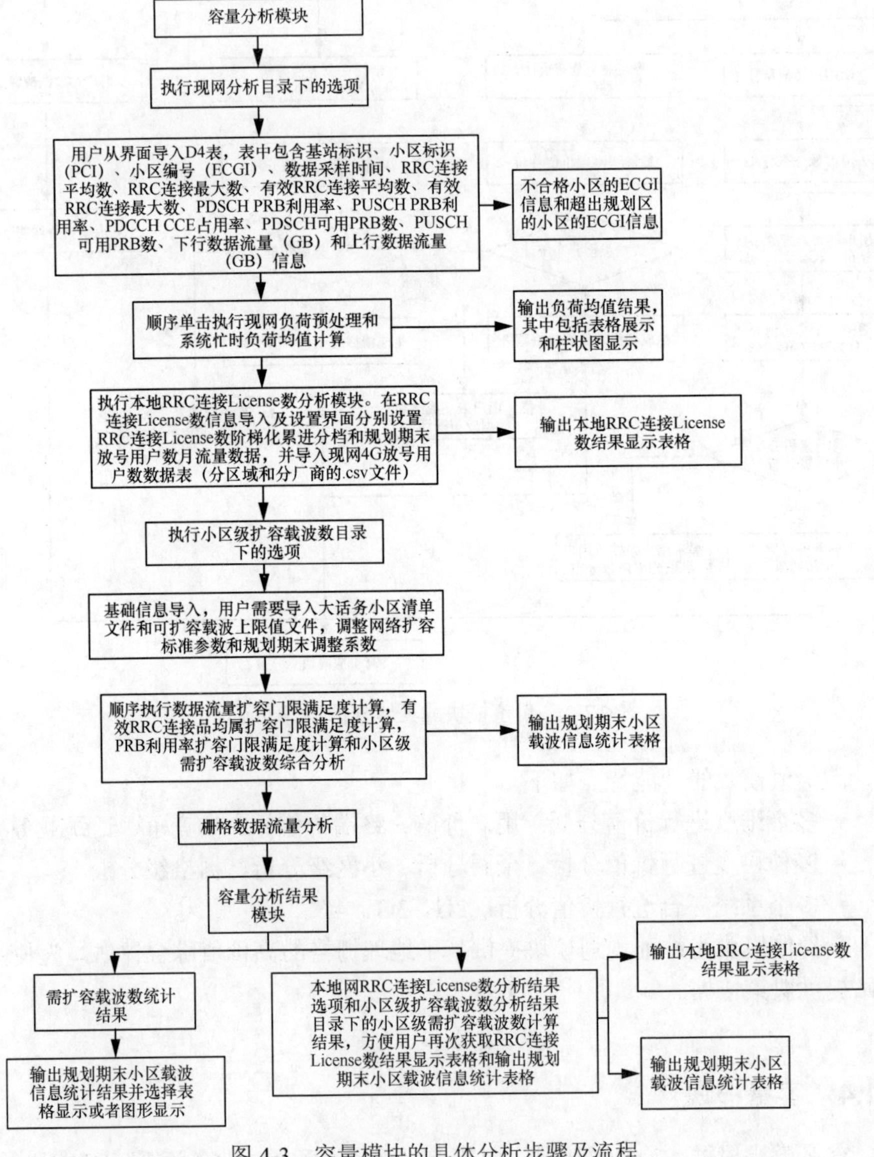

图 4-3　容量模块的具体分析步骤及流程

容量模块容量分析模块的子功能：

- 现网负荷分析；
- 本地网 RRC 连接 License 数分析；
- 小区级需扩容载波数分析；
- 栅格级容量需求分析。

容量模块为站址规划模块提供 2 组清单：小区级本期扩容载波数和栅格级容量需求，为站址规划模块计算加站区域及数量提供依据。

4.1.5　覆盖干扰模块

覆盖干扰模块通过对 MR、路测、扫频数据的采集、分析，计算基于栅格的弱覆盖、质差、重叠覆盖分布情况，分析高干扰小区分布情况。采集 MR、ATU 以及道路扫频等测试数据，对初步统计后的 MR、ATU 以及道路扫频数据进一步统计计算，以栅格为单位分别计算“弱覆盖”“高干扰”特征值，以小区为单位分别计算“过覆盖”特征值。将“弱覆盖”计算结果传递给“无线规划解决方案模块”，作为基于弱覆盖估算站点设置方案的依据；将“高干扰”计算结果传递给“容量模块”，作为计算容量需求的一个参数；将“过覆盖”计算结果传递给“人工布点模块”，作为人工布点设站的可选参考背景。

用户从界面处输入段值和门限值，通过处理从外部导入的真实数据，经过计算处理这些真实数据并结合用户界面输入的段值和门限值，判断栅格处的弱覆盖和干扰情况，且将结果写出到文件中，并在地图上显示出处理后的结果。而这些处理文件会提供给站址规划模块，作为弱覆盖聚合的数据源。

覆盖干扰模块包含的具体分析步骤及流程如图 4-4 所示。

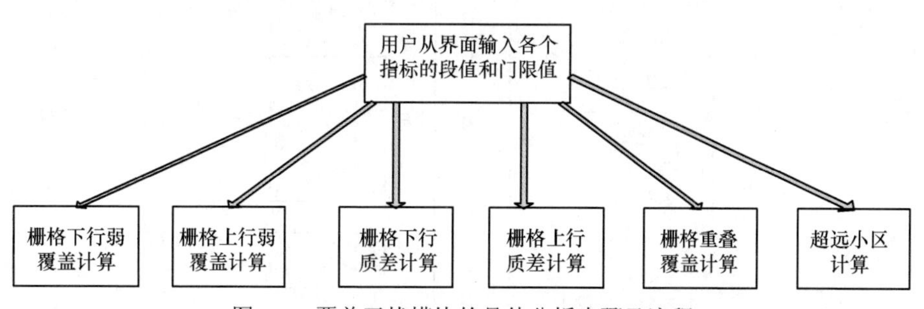

图 4-4　覆盖干扰模块的具体分析步骤及流程

覆盖干扰分析模块为站址规划模块提供以下数据：“弱覆盖”特征值、“高干扰”特征值和“过覆盖”特征值，为站址规划模块计算加站区域和数量以及人工布点设站提供依据。

4.1.6 站址规划模块

站址规划模块是规划设计平台几个通信模块的流程汇聚节点，对高价值、容量、覆盖干扰等模块的输出进行关联分析，自动提供初步建设需求。由用户选择建设策略以确定初步建设方案。同时指导用户完成手工布点，并生成建设方案列表。从“高价值模块”获取基于栅格的价值属性，从“容量模块”获取基于栅格的容量建站需求，从“覆盖干扰模块”获取基于栅格的弱覆盖信息，通过规划算法为“容量”和“覆盖”两个维度的建设需求制定基于区域的建站清单，并根据使用者提供的建设策略完成无线规划解决方案。

站址规划模块主要包括：库数据建立与编辑、弱覆盖预规划、容量预规划、小区扩容预投资计算、用户建设策略选择、建设方案列表生成和输出等功能。

站址规划模块包含的具体分析步骤及流程如图 4-5 所示。

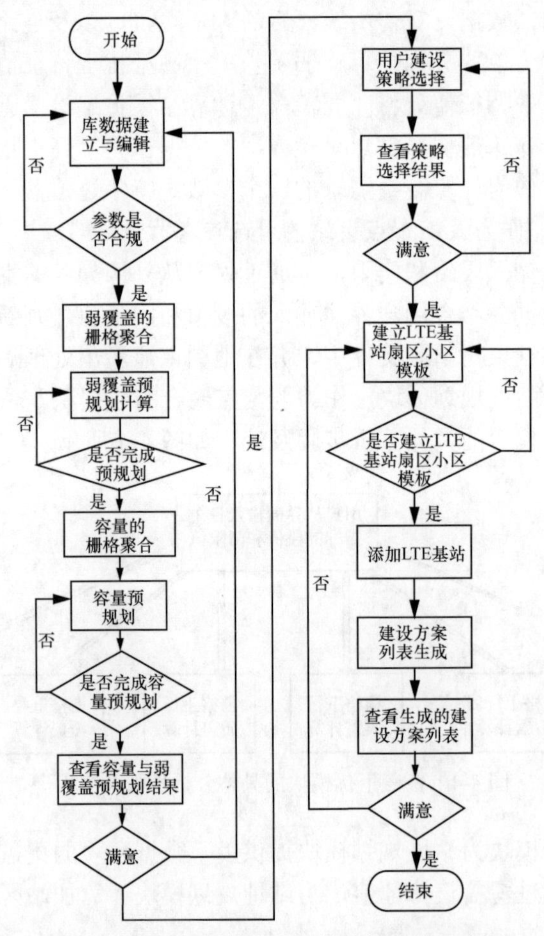

图 4-5 站址规划模块的具体分析步骤及流程

站址规划子模块包含的几个主要业务流程如下：

- 库数据建立与编辑；
- 弱覆盖预规划；
- 容量预规划；
- 用户建设策略选择；
- 建设方案列表生成与输出。

总体规划方案如图 4-6 所示，从“高价值模块”获取基于栅格的价值属性，从“容量模块”获取基于栅格的容量建站需求，从“覆盖干扰模块”获取基于栅格的弱覆盖信息，通过规划算法为“容量”和“覆盖”两个维度的建设需求制定基于区域的建站清单，并根据使用者提供的建设策略完成无线规划解决方案。

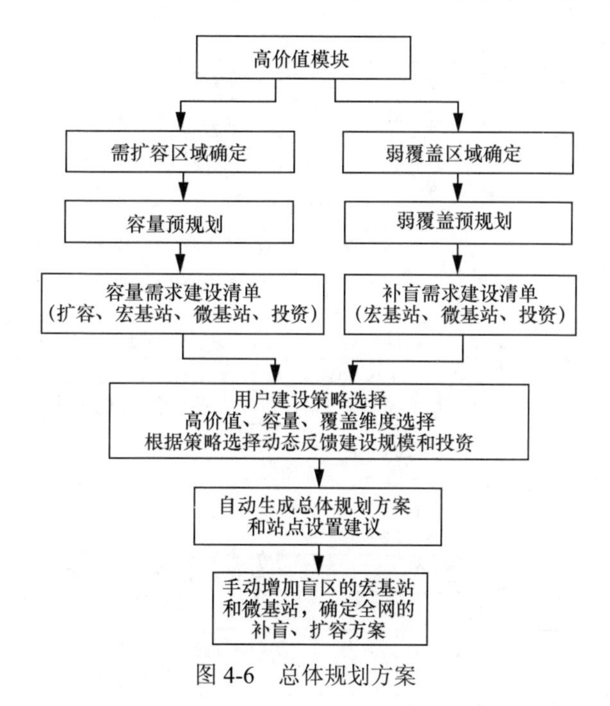

图 4-6　总体规划方案

4.2　无线网络规划仿真工具

4.2.1　功能概述

无线网络规划仿真工具是针对 LTE 和 LTE-Advanced（以下简称 LTE-A）系

统开发的网络规划软件，用于LTE系统的网络仿真、指导网络规划和建设。网络规划工具主要功能包括：频率规划、PCI码资源规划、覆盖预测、业务模型、话务分布、蒙特卡洛仿真、传播模型校正、地理信息系统、网格/小区级统计、射线跟踪、室外覆盖室内分层仿真、DT与CW数据联合传播模型校正、云仿真等。

包括的具体功能模块以及功能模块的描述见表4-2。

表4-2 无线网络规划仿真工具的各模块功能

名称	功能
频率规划	软件提供自动频率规划，支持700MHz、900MHz、Band38等任意频段的同频、异频和移频组网
PCI码资源规划	软件支持PCI码资源手动导入和自动规划两种方式
覆盖预测	用于分析网络的覆盖情况，可提供仿真区域内的RSRP、RSRQ、SINR分布情况
业务模型	通过分组大小、分组时延对业务进行建模
话务分布	通过直接激活终端数、话务密度图两种方式确定参与仿真的终端数目
蒙特卡洛仿真	用于分析网络的容量性能，可输出小区级、网络级上/下行吞吐量、上/下行边缘吞吐量、上/下行RB占用率、接入失败UE比例、激活失败UE比例、UE发射功率等
传播模型校正	对导入数据进行地理平均和地理偏移等预处理，并可根据设定数据筛选条件，在选定要校正的传播模型进行校正后，图形化显示校正结果及其与预测数据的对比
地理信息系统	支持多种地理信息的统计，支持对仿真结果的展示、统计、分析
射线跟踪	利用已有CW路测数据或DT数据对射线跟踪模型进行校正，然后利用校正后的模型进行射线跟踪计算，得到更精确的路损
室外覆盖室内分层仿真与立体图层	支持室外覆盖室内楼宇的分层仿真与立体图层展示，可观察相同楼宇内不同楼层的信号覆盖情况
栅格价值计算与区域划分	计算栅格价值得分并排序；根据用户自定义比例，将整个规划区内的栅格划分为高价值、中价值、低价值3个等级
深度覆盖能力评估	采用MR数据与仿真数据相结合的方式，对网络深度覆盖能力进行评估
分布式仿真	可通过局域网连接进行分布式智能分块仿真
云仿真	具备云仿真能力，可以实现为任意用户在任意时间、任意地点、任意终端上进行任意场景规划仿真与数据分析工作

4.2.2 频率规划

软件提供自动频率规划，支持700MHz、900MHz、Band38等任意频段的同频、异频和移频组网。

软件同时提供手动修改频点功能，用户可查看、配置、修改小区频点信息，以支持任意频段混合组网方案。

4.2.3 PCI 码资源规划

软件支持 PCI 码资源手动导入和自动规划两种方式。

4.2.4 覆盖预测

覆盖预测用于分析网络的覆盖情况，分为两部分：公共信道覆盖预测、业务信道覆盖预测。用户可根据需求，选择需要分析的信道类型、业务种类等。

覆盖预测可提供仿真区域内的 RSRP、RSRQ 和 SINR 分布情况。

根据覆盖预测，可分析出现有网络中存在的弱覆盖、越区覆盖、参数配置不合理等问题。

4.2.5 业务模型

通过分组大小、分组时延对业务进行建模，用户可选择每种业务分组大小、分组时延服从的分布函数，如定值、泊松、正态、指数等，同时可输入分布函数的期望。APC 提供标清语音、高清语音、FTP、Web 浏览、背景类业务、满缓存 FTP 等多种业务模型分组大小、分组时延分布函数及其期望的默认值。

4.2.6 话务分布

通过直接激活终端数、话务密度图两种方式确定参与仿真的终端数目，随后将这些具有位置属性、无线环境属性的不同类型终端均匀分布在仿真区域内，作为蒙特卡洛仿真的输入条件，输出这些终端的吞吐量及状态信息。

4.2.7 蒙特卡洛仿真

蒙特卡洛仿真用于分析网络的容量性能，可输出小区级、网络级上/下行吞吐量、上/下行边缘吞吐量、上/下行 RB 占用率、接入失败 UE 比例、激活失败 UE 比例、UE 发射功率等。

蒙特卡洛仿真流程包括话务分布、接入控制、无线资源分配、干扰更新、功率控制、吞吐量计算等步骤。输出的仿真结果是基于某种无线资源管理算法的干扰稳定后的网络容量性能。

根据蒙特卡洛仿真结果，可分析出现有网络中存在的参数配置等问题。

4.2.8 传播模型校正

支持 CW/DT 测试数据的导入，可对导入数据进行地理平均和地理偏移等预处理，并可根据需要设定数据筛选条件，在选定需要校正的传播模型并对其进行校正后，可图形化显示校正结果及其与预测数据的对比。

4.2.9 地理信息系统

地理信息系统支持业界流行的 Planet 格式数字地图，支持多种地理信息的统计，方便导入和显示基站/小区/中继，方便导入和显示 CW 路测数据。

支持对传播模型校正、覆盖预测等输出结果的直观显示，支持对仿真结果的展示、统计、分析，支持在 GoogleEarth 中展示仿真结果及小区，支持多边形级、网格级、小区级统计，支持话务密度图动态展示。

4.2.10 射线跟踪

基于射线跟踪原理，利用已有的 CW 路测数据或者 DT 数据对射线跟踪模型进行校正，然后利用校正后的模型进行射线跟踪计算，得到更精确的路损。

射线跟踪支持单层及分层仿真。执行射线跟踪功能的前提是必须导入 5m 及更高精度的地图数据。

4.2.11 室外覆盖室内分层仿真与立体图层

基于射线跟踪模型，支持室外覆盖室内楼宇的分层仿真与立体图层展示，可观察相同楼宇内不同楼层的信号覆盖情况。

4.2.12 栅格价值计算与区域划分

基于 2G/3G/4G 流量数据，计算栅格价值得分并排序；根据用户自定义比例，将整个规划区内的栅格划分为高价值、中价值、低价值 3 个等级；将同属性栅格合并为高价值、中价值、低价值区域并提供 GIS 展示，同时统计整个规划区内高价值、中价值、低价值区域流量值。

用户可通过栅格价值计算与区域划分功能直观看到规划区内高价值、中价值、低价值区域分布与相应流量值。

4.2.13　深度覆盖能力评估

具备 MR 数据预处理和定位能力。

采用 MR 数据与仿真数据相结合的方式，对网络深度覆盖能力进行评估。用户可自行设定覆盖门限、有效栅格门限等关键参数。

4.2.14　分布式仿真

APC 可通过局域网连接进行分布式智能分块仿真，从而提高仿真效率，单机版与网络版可混合进行分布式仿真。

4.2.15　云仿真

APC 具备云仿真能力，有效提高规划仿真效率 8～10 倍，扩大仿真规模 5～6 倍，实现为任意用户（Anyuser）在任意时间（Anytime）、任意地点（Anywhere）、任意终端（Anyterminal）上进行任意场景（Anysenario）的 5A 规划仿真与数据分析工作。

4.3　无线网络规划方案审核工具

4.3.1　功能概述

无线网络规划方案审核工具能够分析网络价值需求，为未来精准建网提供重要参考，能智能化分析方案存在的问题，提高方案审核的效率。无线网络规划方案审核工具主要功能包括：小区站间距、过远站搜索、过近站搜索、扇区夹角过小检测、高站筛选、下倾角过小检测、下倾角过大检测、下倾角过小比例、下倾角过大比例、重合检测、站点偏离比例、站点天线高度偏离、站点天线方向角偏离、站点天线下倾角偏离、扇区遮挡检测、站间距初步建议、方位角建议。

包括的具体功能模块以及功能模块的描述见表 4-3。

表 4-3　无线网络规划方案审核工具的各模块功能

名称	功能
小区站间距	计算区域内每个小区的站间距，用于判断站间距是否在要求范围内，提示站间距过大或过小
过远站搜索	计算某站和其他站之间的距离的最小值，若该数值仍大于设定值，则定义为过远站，提示所有的过远站
过近站搜索	计算某站和其他站之间距离的最小值，若该数值小于数值 A，则定义两站为过近站，提示所有的过近站
扇区夹角过小检测	遍历同一站址内任意两个小区的夹角，将角度小于某一门限，定义为夹角过小，提示所有夹角过小的小区
高站筛选	遍历所有站的挂高，将高度高于某一门限的定义为挂高过高。选出并提示所有挂高过高站
下倾角过小检测	遍历所有小区的下倾角，将角度小于某一门限定义为下倾角过小，提示所有下倾用过小的小区
下倾角过大检测	遍历所有小区的下倾角，将角度大于某一门限的定义为下倾角过大，提示所有下倾用过大的小区
下倾角过小比例	计算下倾角过小的小区占总小区的比例
下倾角过大比例	计算下倾角过大的小区占总小区的比例
重合检测	检测经纬度有没有重合
站点偏离比例	根据输入查勘参数，将设计方案的基站站址与规划站址位置对比，判断是否为偏离站点。计算偏离站点占所有站点的比例
站点天线高度偏离	根据输入查勘参数，将天线高度与规划值对比，判断是否为偏离天线
站点天线方向角偏离	根据输入查勘参数，将天线方向角与规划值对比，判断是否为偏离天线方向角
站点天线下倾角偏离	根据输入查勘参数，将天线下倾角与规划值对比，判断是否为偏离天线下倾角
扇区遮挡检测	选定扇区，根据扇区的方向角画角度为 120°、半径为“期望最小视距 A”的扇形，判断扇形圆弧上的所有点是否全是该扇区视距范围内的点
站间距初步建议	根据小区站间距的判断结果，给出站间距的建议
方位角建议	对于某一个站址，根据周围建筑物的情况，给出方位角的建议

4.3.2　小区站间距

计算区域内每个小区的站间距，用于判断站间距是否在要求范围内，提示站间距过大或过小。

4.3.3　过远站搜索

计算某站和其他站之间的距离的最小值，若该数值仍大于设定值，则定义为过远站。选出所有的过远站，用对话框、表格或者地图显示的方式提示用户。

4.3.4　过近站搜索

计算某站和其他站之间的距离的最小值，若该数值小于设定值，则定义两站为过近站。选出所有过近站，用对话框、表格或者地图显示的方式提示用户。

4.3.5　扇区夹角过小检测

遍历同一站址内任意两个小区的夹角，将角度小于某一门限的定义为夹角过小。选出所有夹角过小的小区，用对话框、表格或者地图显示的方式提示用户。

4.3.6　高站筛选

遍历所有站的挂高，将高度高于某一门限的定义为挂高过高。选出所有挂高过高站，用对话框、表格或者地图显示的方式提示用户。

4.3.7　下倾角过小检测

遍历所有小区的下倾角，将角度大于某一门限的定义为下倾角过大。选出所有下倾角太大的小区，用对话框、表格或者地图显示的方式提示用户。

4.3.8　下倾角过大检测

遍历所有小区的下倾角，将角度小于某一门限的定义为下倾角过小。选出所有下倾角太小的小区，用对话框、表格或者地图显示的方式提示用户。

4.3.9　下倾角过小比例

计算下倾角过小的小区占总小区的比例。

4.3.10　下倾角过大比例

计算下倾角过大的小区占总小区的比例。

4.3.11　重合检测

检测经纬度有没有重合。

4.3.12　站点偏离比例

根据输入查勘参数，将设计方案的基站站址与规划站址位置对比，判断是否为偏离站点。计算偏离站点占所有站点的比例。

4.3.13　站点天线高度偏离

定义天线设计挂高与规划值偏差大于 5m 为偏离天线。根据输入查勘参数，对单个站或者一片区域基站进行导入，将天线高度与规划值对比，判断是否为偏离天线。

4.3.14　站点天线方向角偏离

设计天线方向角与规划值偏差大于 10° 的为偏离天线方向角。根据输入查勘参数，对单个站或者一片区域基站进行导入，将天线方向角与规划值对比，判断是否为偏离天线方向角。

4.3.15　站点天线下倾角偏离

设计天线下倾角与规划值偏差大于 3° 的为偏离天线下倾角。根据输入查勘参数，对单个站或者一片区域基站进行导入，将天线下倾角与规划值对比，判断是否为偏离天线下倾角。

4.3.16　扇区遮挡检测

遍历每一个扇区，读取参数“期望最小视距 A”，在扇区周围根据扇区的方向角画角度为 120°、A 为半径的圆弧，判断该扇形圆弧上的所有点对于该扇区来说是否为视距范围内的点；若有的点不是，则判断为“在距离基站某一扇区很近的地方有阻挡”。用对话框、表格或者地图显示的方式提示用户。

4.3.17　站间距初步建议

根据小区站间距的判断结果，给出站间距的建议。

4.3.18　方位角建议

对于某一个站址，根据周围建筑物的情况，给出方位角的建议。

第 5 章

室外场景下无线网络规划类工具实操案例

本章将展示室外场景下无线网络规划类工具的实操案例。

5.1 工程管理

5.1.1 新建

单击“工程→新建”，弹出工程信息对话框，如图 5-1 所示。

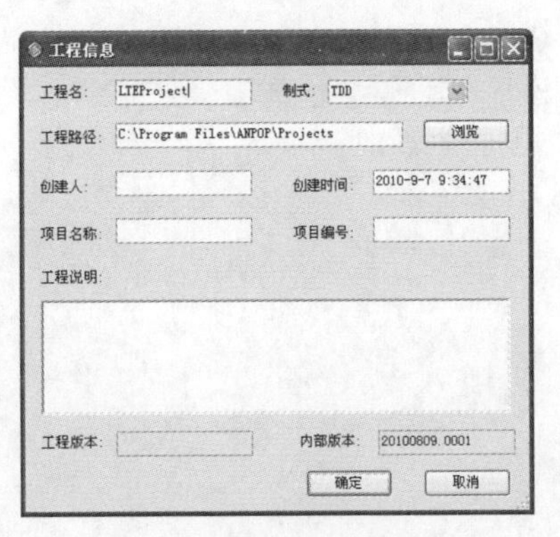

图 5-1　工程信息对话框

弹出的工程信息对话框有默认的工程名、制式、工程路径和创建时间。默认的工程名为 LTEProject，用户可对其进行修改，单击“浏览”按钮可以修改工程路径，创建时间不可修改。工程名与工程路径是必填内容，此外，用户还可以输入其他的相关信息，包括创建人、项目名称、项目编号及工程说明。

5.1.2　打开

如果当前没有正在打开的工程，单击“工程→打开”，直接弹出打开工程对话框，如图 5-2 所示。工程文件的后缀名为.apc。

图 5-2　打开工程对话框

如果当前已经有一个工程处于打开状态，此时再单击“工程→打开”，软件会弹出保存提示对话框，询问用户是否需要保存当前正在打开的工程，如图 5-3 所示。

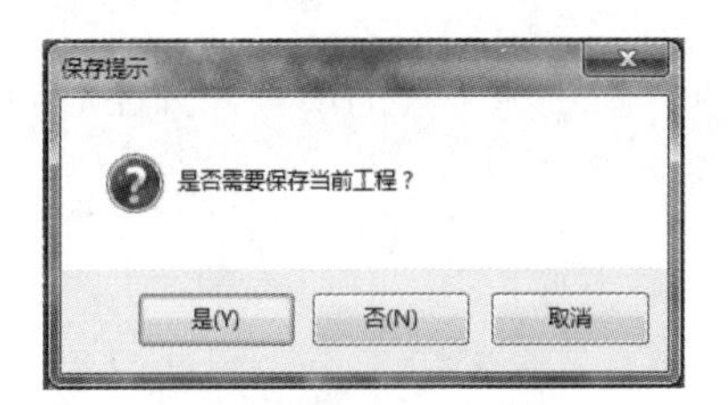

图 5-3　保存提示对话框

如果用户选择“是”，软件会保存当前工程，之后弹出打开工程对话框；如果选择“否”，软件不保存当前工程，之后弹出打开工程对话框；选择“取消”，保持当前工程的现状，不弹出打开工程对话框。

5.1.3　关闭

单击“工程→关闭”，会弹出保存提示对话框，询问用户是否需要保存当前正在打开的工程，如图 5-3 所示。如果用户选择“是”，软件会保存当前工程，之后恢复到软件刚刚启动的状态；选择“否”，不保存当前工程，之后恢复到软件刚刚启动的状态；选择“取消”，保持当前工程的现状。

5.1.4 工程属性

单击“工程→属性”弹出工程属性对话框，如图 5-4 所示。

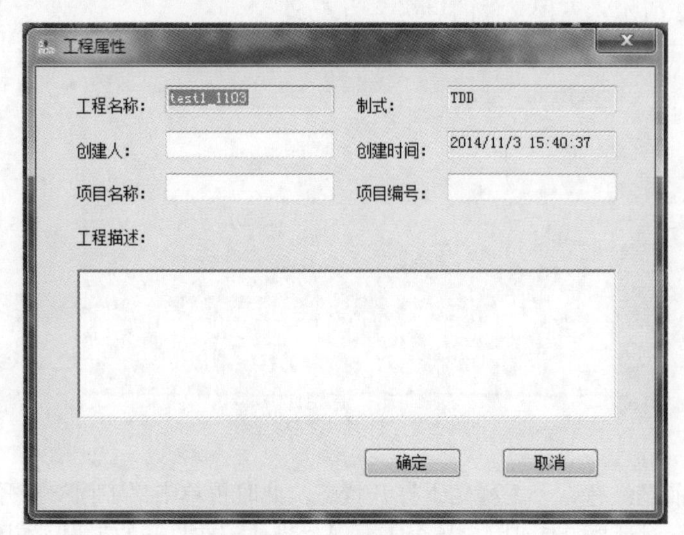

图 5-4 工程属性对话框

在此对话框中，可以查看当前工程的属性，并能对创建人、项目名称、项目编号和工程描述进行修改。

5.1.5 保存

单击“工程→保存”，可以保存当前工程的各种状态，保证下一次打开时页面可以完全恢复。

5.2 地图操作

5.2.1 导入地图

本软件支持 Planet 格式地图的导入。

单击“导入→地图”，弹出导入地图对话框，如图 5-5 所示。此处如果用户直接单击源文件路径后面的“浏览”按钮，选择 clutter 等文件夹的父文件夹，软件会自动找到所有子文件夹的路径并匹配到相应位置，方便用户一次导入所有地图文件。用户也可以选择性地导入某些地图文件，但是地物地貌文件和高度文件是必须要导入的。

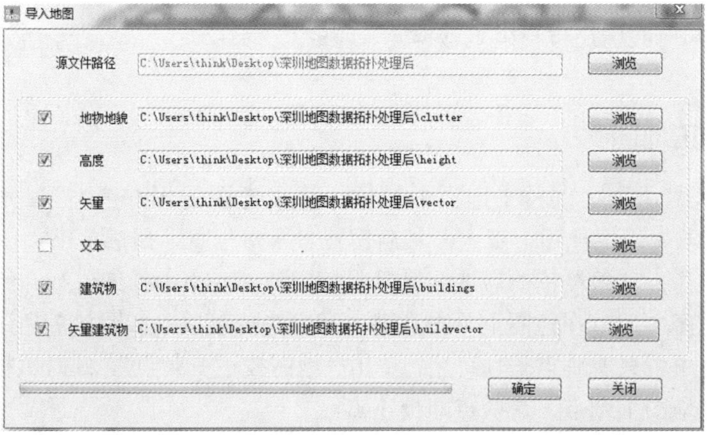

图 5-5　导入地图对话框

用户在导入地图对话框中单击“确定”按钮，系统会自动导入地图。

如果导入地图时导入了 text 数据，导入地图完毕默认不显示 text 图层；只有当地图放大到一定比例时才能显示 text 图层，这样可以使地图外观清晰。

5.2.2　导出地图

本软件支持地图以 Planet 格式进行导出，包括导出全部地图和部分地图两种方式。

（1）导出全部地图

单击“导出→全部地图”，弹出导出地图对话框，如图 5-6 所示。用户单击地图导出路径后面的“浏览”按钮，选择文件夹后，单击“确定”按钮，系统将会把地图导出到指定的文件夹中。

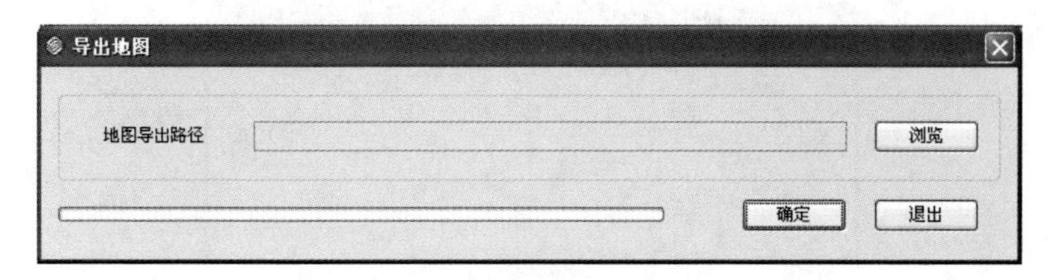

图 5-6　导出地图对话框

（2）导出部分地图

单击“导出→部分地图”，此时，鼠标变为十字符状，在地图上通过单击鼠标左键确定所要导出矩形地图区域的一个顶点，然后通过拖拽确定矩形地图区域的另一个顶点，单击鼠标左键即完成区域的选择，之后弹出导出地图对话框，如图5-6所示，此后的操作与导出全部地图一致。

5.2.3 校正地图

校正地图功能可以校正地图的范围（校正地图的经纬度），具体操作分为3个步骤。首先，在地图上刺点，然后设置参考点信息，最后单击“校正地图”，完成校正操作，获得校正前后地图横纵坐标的范围。下面详细进行介绍。

导入地图之后，在地图上单击右键，弹出快捷菜单，如图5-7所示。此时地图校正子菜单中只有刺点一项可用，单击“地图校正→刺点”，此时鼠标变为十字花状态，在地图上刺点，这些点即校正点。

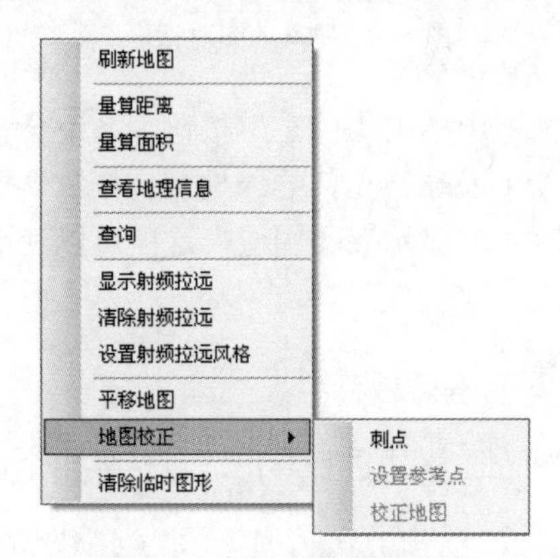

图5-7　地图右键快捷菜单

刺点结束，“地图校正→设置参考点”项被激活，单击“地图校正→设置参考点”，弹出设置校正点对话框，如图5-8所示。此对话框记录了所有刺点的坐标信息。

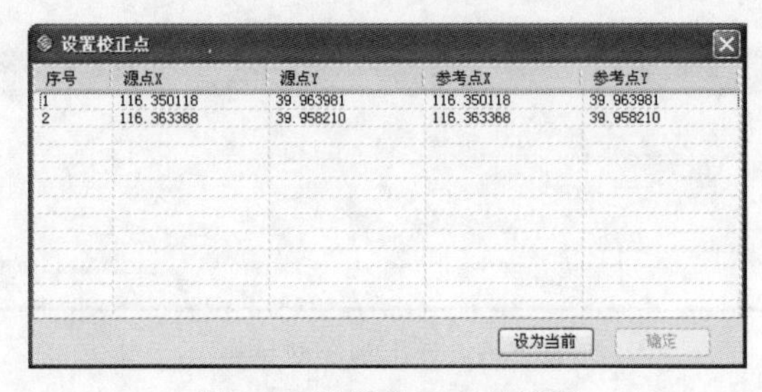

图5-8　设置校正点对话框

选中设置校正点对话框中的某条记录（即某个校正点），双击弹出输入参考点对话框，如图 5-9 所示。此对话框中，源点是地图上刺点的信息，不可编辑，参考点是用户输入的参考经纬度坐标值。

输入参考点
源点
X: 116.350118
Y: 39.963981
参考点
X: 116.350118
Y: 39.963981
确定
取消

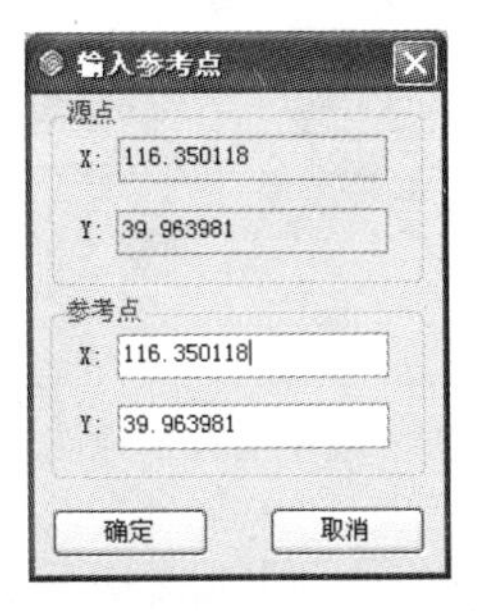

图 5-9　输入参考点对话框

输入参考点的经纬度坐标以后，单击“确定”按钮，将参考点信息传回设置校正点对话框，如图 5-10 所示。

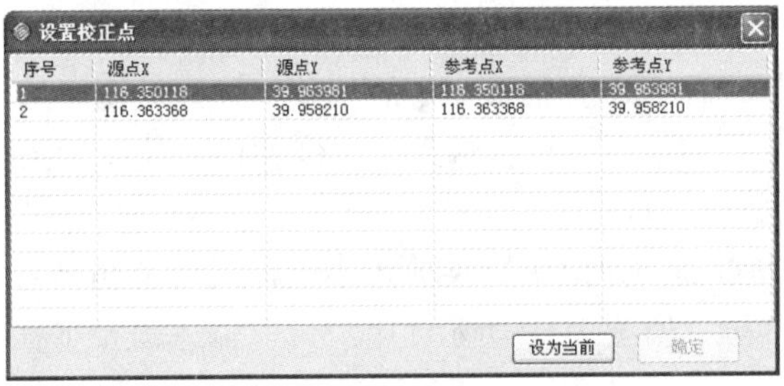
设置校正点
序号
源点X
源点Y
参考点X
参考点Y
1
116.350118
39.963981
116.350118
39.963981
2
116.363368
39.958210
116.363368
39.958210
设为当前
确定

图 5-10　设置校正点对话框

选中刚才设置好的记录，单击“设为当前”按钮，即把此条记录的源点和参考点信息作为校正地图的依据。单击“确定”关闭设置校正点对话框。

再次在地图上单击右键，弹出快捷菜单选择“地图校正→校正地图”，弹出校正地图对话框，如图 5-11 所示。此对话框中给出了校正前横纵坐标的范围和地图分辨率。

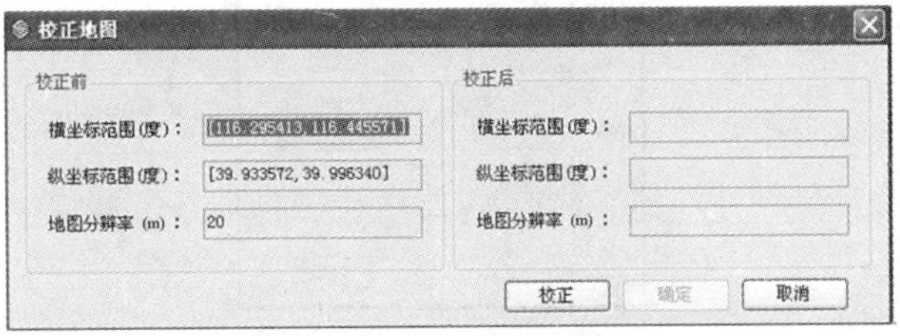
校正地图
校正前
横坐标范围(度)：
[116.295413, 116.445571]
纵坐标范围(度)：
[39.933572, 39.996340]
地图分辨率 (m)：
20
校正后
横坐标范围(度)：
纵坐标范围(度)：
地图分辨率 (m)：
校正
确定
取消

图 5-11　校正前校正地图对话框

在校正地图对话框中单击“校正”按钮，可以获得校正后地图的横纵坐标的范围和地图分辨率，如图 5-12 所示。

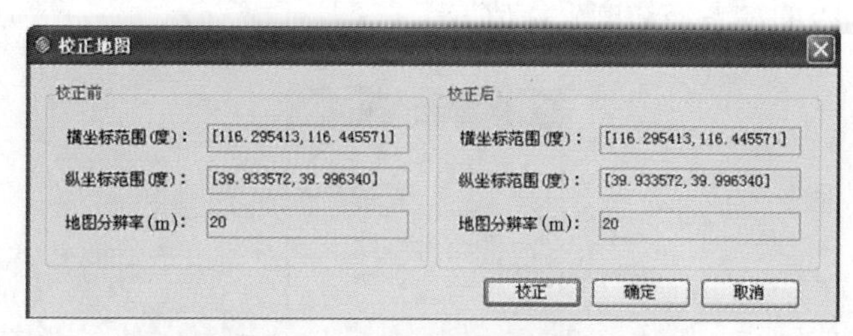

图 5-12　校正后校正地图对话框

若用户此时单击“确定”按钮，则完成校正地图过程，地图的横纵坐标范围变为校正之后的值；若用户单击“取消”，则软件不进行校正操作，仍然维持地图原始的横纵坐标范围。

5.2.4　平移地图

在地图的制作过程中，会带来一定的偏差，导致地图自身的栅格和矢量图可能无法对齐。通过平移地图，可以输入一个偏差值，使矢量图朝上下左右 4 个方向移动，以降低这种偏差。

在地图上单击右键，弹出快捷菜单，菜单样式参考图 5-7，选择平移地图，弹出平移地图对话框，如图 5-13 所示。用户可以输入需要平移的距离，通过单击上移、下移、左移、右移按钮完成矢量图的平移，同时坐标范围部分会实时给出平移后的坐标范围。

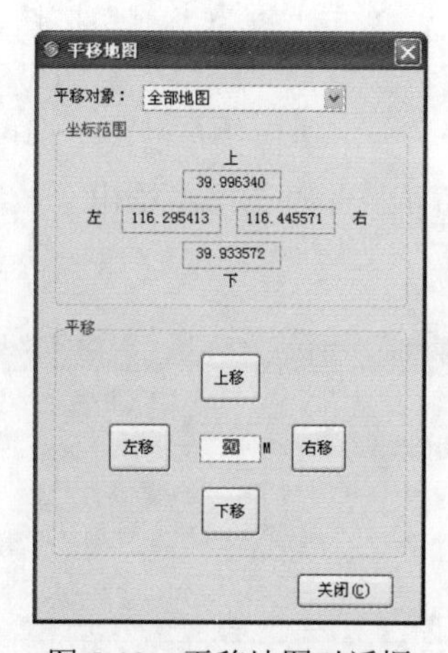

图 5-13　平移地图对话框

5.2.5　查看地理信息

在地图上单击右键，弹出快捷菜单，如图 5-7 所示，选择“查看地理信息”，或者单击工具栏上的“显示地理信息”按钮，在地图上单击某点进行查看，会弹出如图 5-14 所示的信息，包括当前点的地理坐标、投影坐标、Clutter 类型和高度。

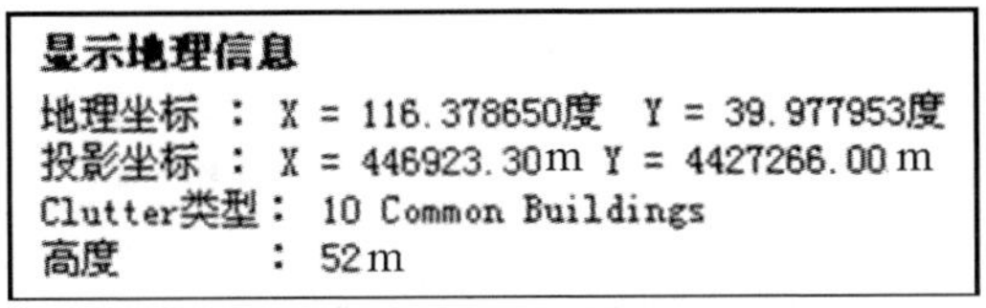

显示地理信息

地理坐标　：X = 116.378650度　Y = 39.977953度
投影坐标　：X = 446923.30m Y = 4427266.00 m
Clutter类型：10 Common Buildings
高度　　　：52m

图 5-14　地理信息显示

5.2.6　编辑地物地貌

单击工具栏上的“编辑地物地貌”按钮，在地图上需要编辑地物地貌属性的地方单击左键，弹出编辑地物地貌对话框，如图 5-15 所示。在此对话框中给出当前地图所包含的所有地物地貌类型，并给出当前选中栅格编辑前的地物地貌类型、经纬度、平面坐标和栅格坐标。

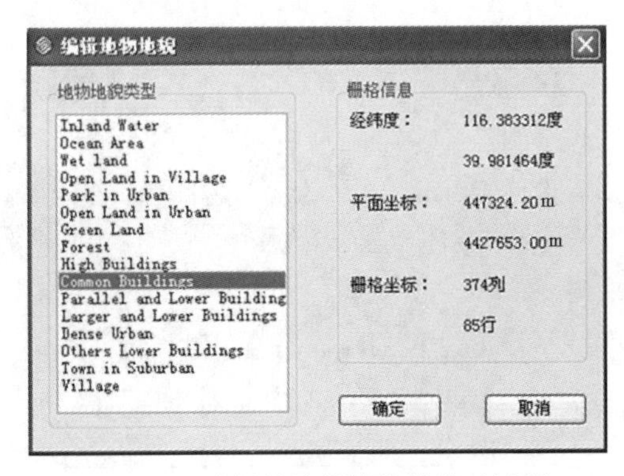

图 5-15　编辑前编辑地物地貌对话框

用户可以在编辑地物地貌对话框中更改当前选中栅格的地物地貌类型，重新选择后，单击“确定”按钮即将当前选中栅格的地物地貌类型更改完毕，如图 5-16 所示。

图 5-17 和图 5-18 给出了某个栅格地物类型由“Common Buildings”更改为“Forest”，对应的地图上的变化情况。

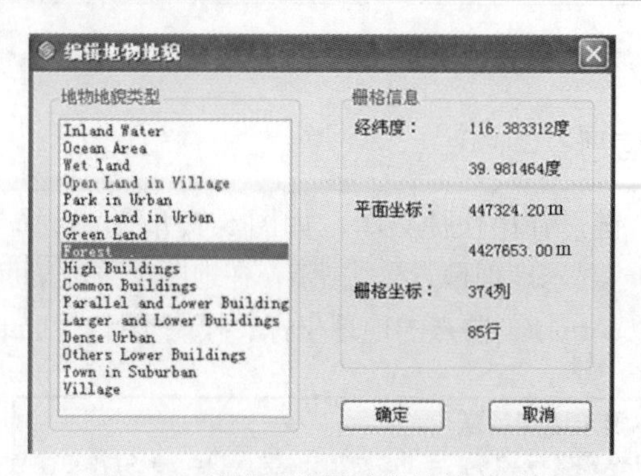

图 5-16　编辑后编辑地物地貌对话框

图 5-17　编辑前地图

图 5-18　编辑后地图

5.2.7　查看剖面图

查看剖面图适用于有高度数据的地图。单击工具栏上的“剖面图”按钮，鼠标变为十字符状态，在地图上绘制两点，绘制第二点完毕，鼠标左键弹起之后弹出两点之间的剖面图，如图 5-19 所示，此外图 5-19 还给出了两点之间的连线经过的栅格数量和第一菲涅尔半径。

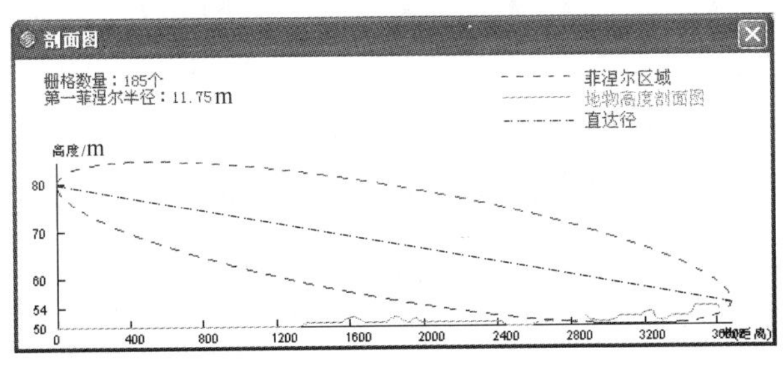

图 5-19　剖面图对话框

5.2.8　配置地物环境参数

单击“网络资源→无线环境设置”，弹出无线环境设置对话框，如图 5-20 所示，此对话框可选择不同无线场景。用户可以在此对话框中单击✚和✕以添加和删除无线环境设置。单击“全部保存”，即可保存所有数据。

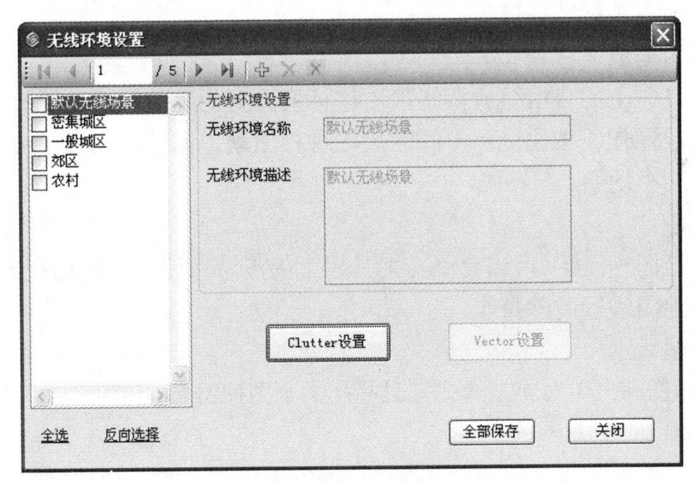

图 5-20　无线环境设置对话框

单击“Clutter 设置”，弹出设置地物类型对话框，如图 5-21 所示，此对话框可给出各种 Clutter 类型名称及所占的比例，此外，用户可以在此设置与地物相关的参数，包括慢衰落标准差、边缘覆盖概率、慢衰落余量和建筑物穿透损耗。

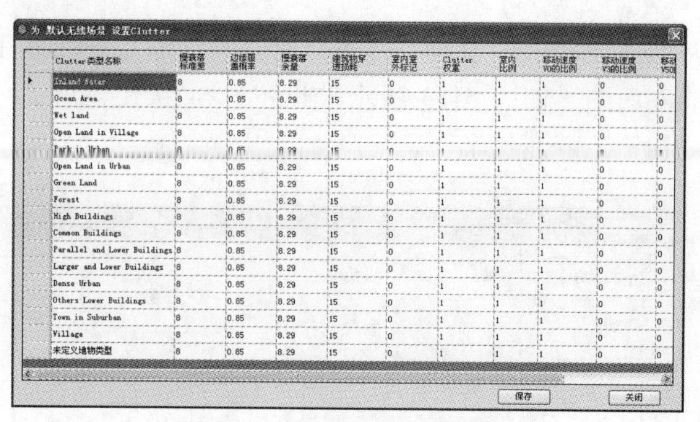

为 默认无线场景 设置Clutter

Clutter类型名称	慢衰落标准差	边缘覆盖概率	慢衰落余量	建筑物穿透损耗	室内室外标记	Clutter权重	室内比例	移动速度V0的比例	移动速度V3的比例	移动 V50
Inland Water	8	0.85	8.29	15	0	1	1	1	0	0
Ocean Area	8	0.85	8.29	15	0	1	1	1	0	0
Wet land	8	0.85	8.29	15	0	1	1	1	0	0
Open Land in Village	8	0.85	8.29	15	0	1	1	1	0	0
Park in Urban	8	0.85	8.29	15	0	1	1	1	[illegible]	[illegible]
Open Land in Urban	8	0.85	8.29	15	0	1	1	1	0	0
Green Land	8	0.85	8.29	15	0	1	1	1	0	0
Forest	8	0.85	8.29	15	0	1	1	1	0	0
High Buildings	8	0.85	8.29	15	0	1	1	1	0	0
Common Buildings	8	0.85	8.29	15	0	1	1	1	0	0
Parallel and Lower Buildings	8	0.85	8.29	15	0	1	1	1	0	0
Larger and Lower Buildings	8	0.85	8.29	15	0	1	1	1	0	0
Dense Urban	8	0.85	8.29	15	0	1	1	1	0	0
Others Lower Buildings	8	0.85	8.29	15	0	1	1	1	0	0
Town in Suburban	8	0.85	8.29	15	0	1	1	1	0	0
Village	8	0.85	8.29	15	0	1	1	1	0	0
未定义地物类型	8	0.85	8.29	15	0	1	1	1	0	0

保存 关闭

图 5-21 设置地物类型对话框

5.2.9 其他地图操作

（1）放大

单击“地图→放大”，或者单击工具栏上的放大按钮，鼠标变为放大镜状态，此时可以对地图进行放大操作。

（2）缩小

单击“地图→缩小”，或者单击工具栏上的缩小按钮，鼠标变为缩小镜状态，此时可以对地图进行缩小操作。

（3）自由缩放

单击工具栏上的自由缩放按钮，鼠标变为自由缩放状态，此时可以对地图进行自由缩放操作。按住鼠标中间的滚轮进行滚动，向前滚动可以放大地图，向后滚动可以缩小地图。

（4）漫游

单击“地图→漫游”，或者单击工具栏上的漫游按钮，鼠标变为漫游状态，此时可以对地图进行漫游操作。

（5）全幅显示

单击“地图→全图”，或者单击工具栏上的全图按钮，地图可以进行全幅显示。

（6）刷新

单击工具栏上的刷新按钮，或者在地图上单击右键选择“刷新地图”，可以刷新地图。

（7）测量距离

单击“地图→测距”，或者单击工具栏上的量算距离按钮，或者在地图上单击右键选择“量算距离”，鼠标变为十字符状态，在地图上画线（单击右键结束绘制），软件可以量算折线的总长度以及当前线段的长度，如图 5-22 所示。

图 5-22　测量距离

（8）测量面积

单击“地图→面积”，或者单击工具栏上的量算面积按钮，或者在地图上单击右键选择“量算面积”，鼠标变为十字符状态，在地图上绘制多边形（单击右键结束绘制），软件可以量算多边形的面积并给出以 m^2 和 km^2 为单位的面积值，如图 5-23 所示。

图 5-23　测量面积

（9）打印

单击“工程→打印”，弹出打印排版对话框，如图 5-24 所示。

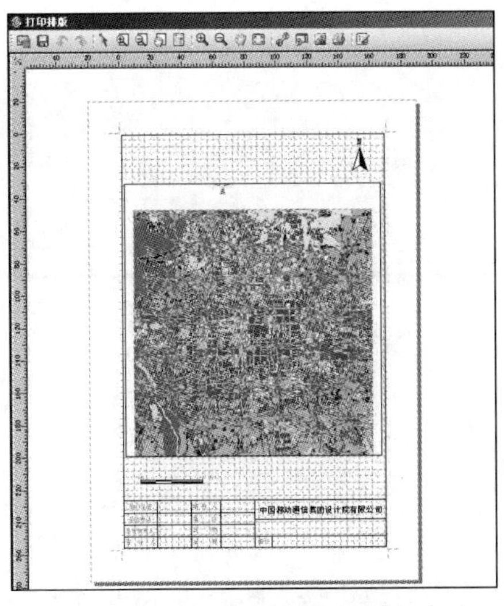

图 5-24　打印排版对话框

单击“打印排版”中的按钮，弹出Layout属性设置对话框，如图5-25所示。

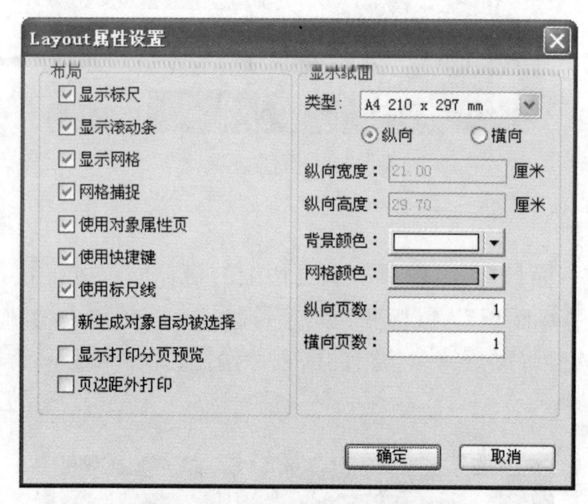

图5-25　Layout属性设置对话框

单击“打印排版”中的按钮，弹出打印对话框，如图5-26所示。软件可以将预览的仿真结果打印出来。

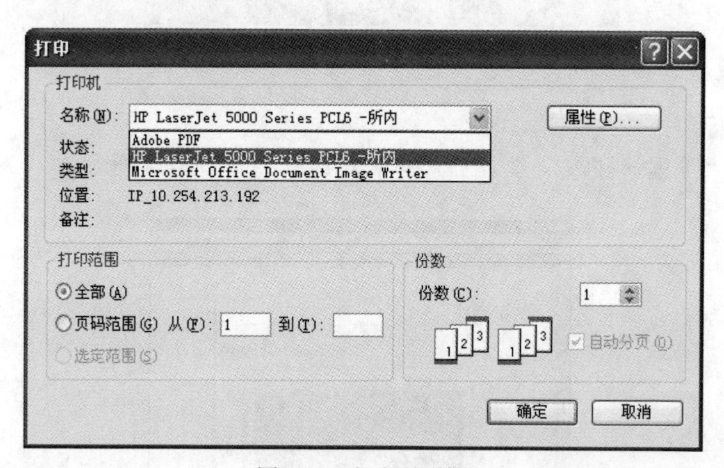

图5-26　打印对话框

5.3　多边形操作

多边形操作中包括多边形与仿真子区域两项。以下以多边形为主要介绍对象。

（1）绘制多边形

单击工具栏上的绘制多边形按钮，或者在“仿真树→多边形文件夹”上单击右键，在弹出的快捷菜单中选择“绘制多边形”，如图 5-27 所示。

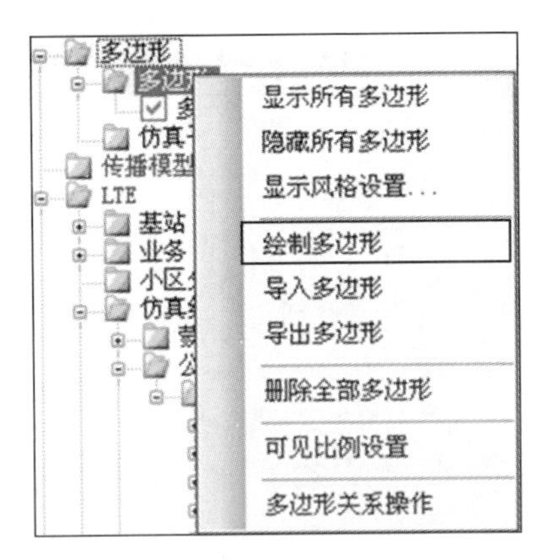

图 5-27　多边形文件夹快捷功能

此时，鼠标变为十字符状，在地图上单击鼠标左键可以绘制多边形的各个节点，软件会自动在两个节点间进行顺序连线，在最后一个节点处单击右键结束绘制。绘制的多边形如图 5-28 所示。

图 5-28　绘制的多边形

（2）导入多边形

在“仿真树→多边形文件夹”上单击右键，弹出快捷菜单（如图 5-27 所示），单击“导入多边形”，弹出导入多边形对话框，如图 5-29 所示，此处可以导入经纬度.mif 格式的文件、平面坐标.mif 格式的文件、经纬度.shp 格式的文件、平面左边.shp 格式的文件，用户需要根据导入的文件类型进行选择。目前 ANPOP 支持平面坐标 MIF 格式文件的导入，即在导入的时候选择平面坐标“MIF 数据文件”格式。导入后，在仿真树多边形处勾选刚才导入的多边形，在 GIS 界面上就可以显示出刚才导入的多边形。

图 5-29　导入多边形对话框

（3）导出多边形

在“仿真树→多边形文件夹”上单击右键，弹出快捷菜单（如图 5-27 所示），单击“导出多边形”，如图 5-30 所示。弹出导出多边形对话框，选择导出多边形存放的目录。此处只能将多边形导出成.mif 格式的文件。选择这种方式导出多边形时将导出地图上所有的多边形。

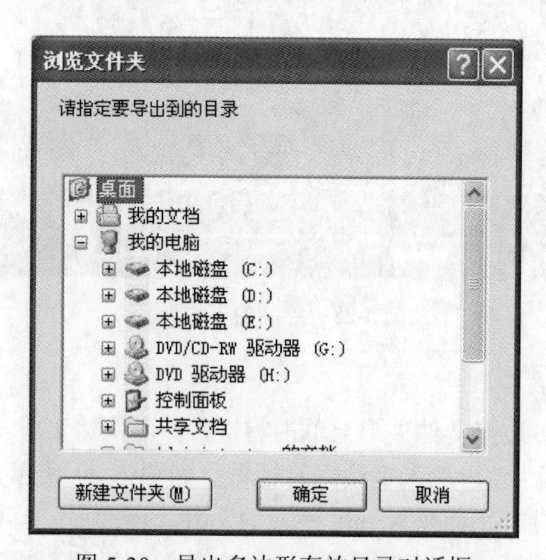

图 5-30　导出多边形存放目录对话框

若要导出地图上某个特定的多边形，一种途径是单击工具栏上的点选按钮，选中需要导出的多边形，然后单击右键，弹出快捷菜单，选择“导出多边形”，如图 5-31 所示。

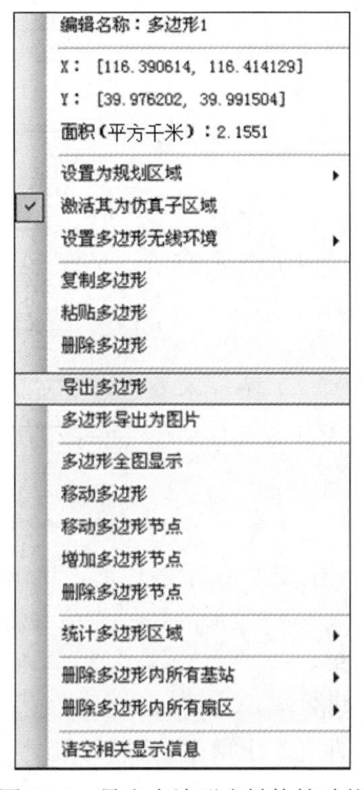

图 5-31　导出多边形右键快捷功能

（4）复制多边形

单击工具栏上的点选按钮，选中需要复制的多边形，然后单击右键，弹出快捷菜单，菜单样式参考图 5-31，单击“复制多边形”，即将选择的多边形复制到剪贴板上。

（5）粘贴多边形

同图 5-31 的操作，在弹出的多边形右键菜单里选择“粘贴多边形”，即将最近复制的多边形粘贴到地图上。

（6）删除多边形

单击工具栏上的点选按钮，选中需要删除的多边形，然后单击右键，弹出快捷菜单，菜单样式参考图 5-31，单击“删除多边形”，即删除了选择的多边形。

若要删除地图上的全部多边形，需要在“仿真树→多边形文件夹”上单击右键，弹出快捷菜单，菜单样式参考图 5-32。单击“删除全部多边形”，即将地图上所有的多边形都清除。

（7）移动多边形节点

单击工具栏上点选按钮，选中某个多边形，单击右键，在弹出的菜单里选择“移动多边形节点”，或者在仿真树→某个多边形数据集上单击右键，在弹出的快捷菜单（如图 5-31 所示）中选择“移动多边形节点”，此时多边形的所有节点呈现为可编辑状态，选中某个节点即可进行移动。

（8）增加多边形节点

单击工具栏上点选按钮，选中某个多边形，单击右键，在弹出的菜单里选择“增加多边形节点”，此时多边形的所有节点呈现为可编辑状态，鼠标单击多边形的边，即在单击处增加了新的节点。

（9）删除多边形节点

单击工具栏上点选按钮，选中某个多边形，单击右键，在弹出的菜单里选择“删除多边形节点”，此时多边形的所有节点呈现为可编辑状态，选中某个节点即可删除该节点。

（10）多边形全图显示

单击工具栏上点选按钮，选中某个多边形，单击右键，在弹出的菜单里选择“多边形全图显示”，地图即以多边形的边界为边界进行全图显示，此功能更加便于分析多边形内的规划结果。

（11）设置多边形显示风格

在“仿真树→多边形文件夹”上单击右键，弹出快捷菜单，如图 5-32 所示。

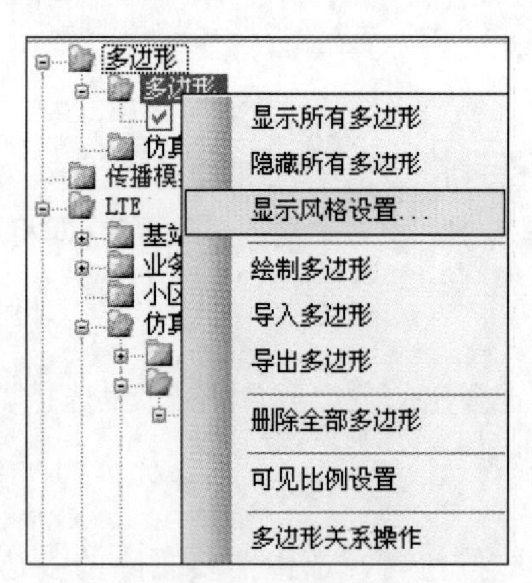

图 5-32　多边形文件夹快捷功能

选择“显示风格设置”，弹出选择填充模式对话框，如图 5-33 所示。在此对话框中可以对选中多边形的颜色、透明度、线型等进行设置。

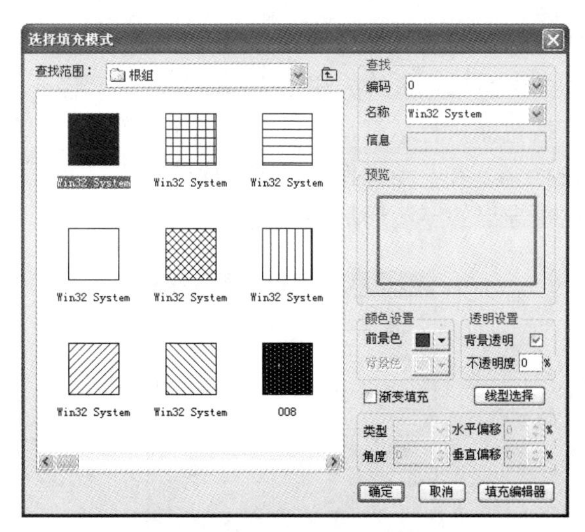

图 5-33　选择填充模式对话框

（12）设置为规划区域

单击工具栏上点选按钮，选中某个多边形，单击右键，在弹出的菜单里选择“设置为规划区域”中的“LTE 规划区域”或“TD-SCDMA 规划区域”或“GSM 规划区域”，可将选中的多边形作为以后 LTE、TD-SCDMA 或 GSM 的规划区域，今后进行的仿真是针对此区域进行的。

（13）设置多边形无线环境

用户可以右键单击多边形（在规划区并已激活为仿真子区域），在弹出的快捷菜单中（如图 5-34 所示）选择适合的多边形无线环境。

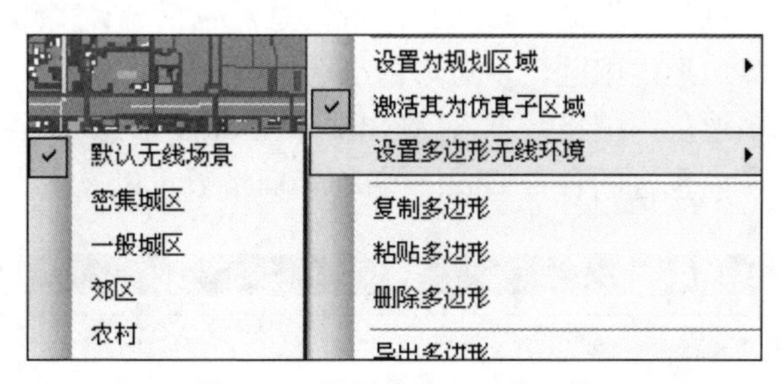

图 5-34　设置多边形无线环境

注：在进行公共信道仿真之前，请预先设置好多边形无线环境，否则软件默认多边形无线环境为“默认无线场景”。

（14）多边形关系操作

在“仿真树→多边形文件夹”上单击右键，弹出快捷菜单（如图 5-32 所示），选择“多边形关系操作”一项，会弹出多边形关系对话框，如图 5-35 所示。输入多边形部分将地图上存在的所有多边形一一列出，“Ctrl＋被点选多边形”可以选择要进行关系操作的多边形。运算方法部分提供 3 种关系操作，即交、并、差操作，单击“执行”按钮即执行运算，输出多边形部分给出操作的结果。用户可对任意两个多边形进行交、并、差操作，得到相应的结果，并且可以导出和删除得到的新多边形。这里导出的多边形是.mif 格式的。

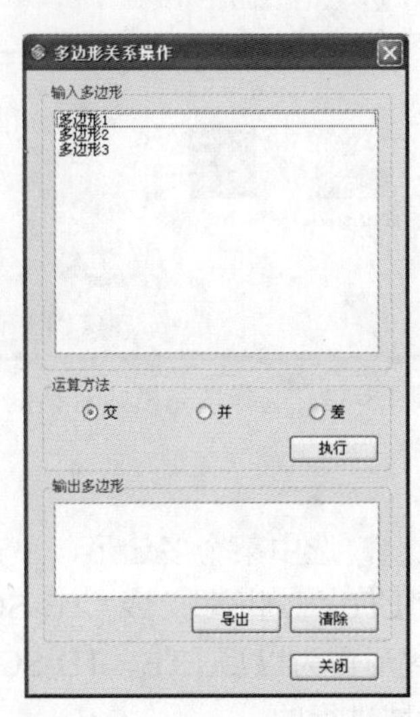

图 5-35　多边形关系对话框

（15）统计多边形区域信息

单击工具栏上点选按钮，选中某个多边形，单击右键，在弹出的菜单里选择“统计多边形区域”可以统计多边形区域信息，包括统计多边形内栅格数据、多边形内基站、多边形内扇区、多边形内小区。

单击“统计多边形内栅格数据”，弹出显示 Clutter 信息对话框，如图 5-36 所示，给出此多边形内包含的各种 Clutter 名称、栅格数量以及所占比例。

显示Clutter信息

	ClutterID	Clutter名称	栅格数量	所占比例
▶	5	Park in Urban	1137	21.13
	6	Open Land in Urban	1092	20.29
	7	Green Land	70	1.30
	9	High Buildings	164	3.05
	10	Common Buildings	1363	25.33
	11	Parallel and Lower Buildings	50	0.93
	12	Larger and Lower Buildings	223	4.14
	13	Dense Urban	39	0.72
*	14	Others Lower Buildings	1243	23.10

图 5-36　显示 Clutter 信息对话框

单击“统计多边形内基站”菜单下的“LTE 基站”“TD-SCDMA 基站”或者“GSM 基站”，弹出基站统计结果对话框，如图 5-37 所示。

图 5-37　基站统计结果对话框

单击“确定”，弹出基站管理对话框，给出多边形内包含基站的基本信息。以 LTE 基站为例，如图 5-38 所示。

图 5-38　基站管理对话框

单击“统计多边形内扇区”菜单下“LTE 扇区”“LTE 扇区（仅激活）”“TD-SCDMA 扇区”“TD-SCDMA 扇区（仅激活）”“GSM 扇区”“GSM 扇区（仅激活）”中的一种，弹出相应的扇区统计结果，如图 5-39 所示。

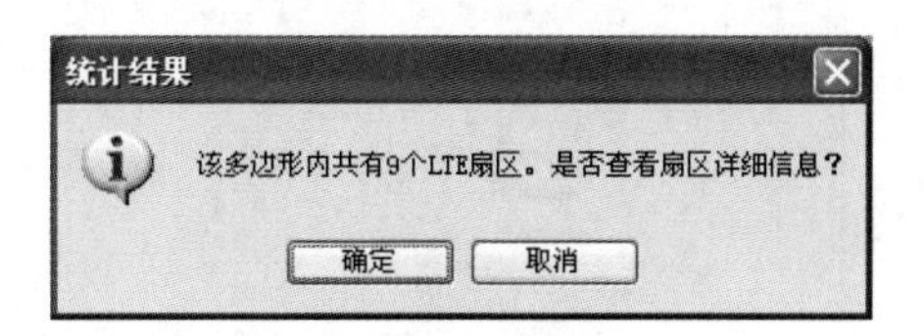

图 5-39　扇区统计结果对话框

单击“确定”，弹出扇区管理对话框，给出多边形内包含扇区的基本信息。以 LTE 扇区为例，如图 5-40 所示。

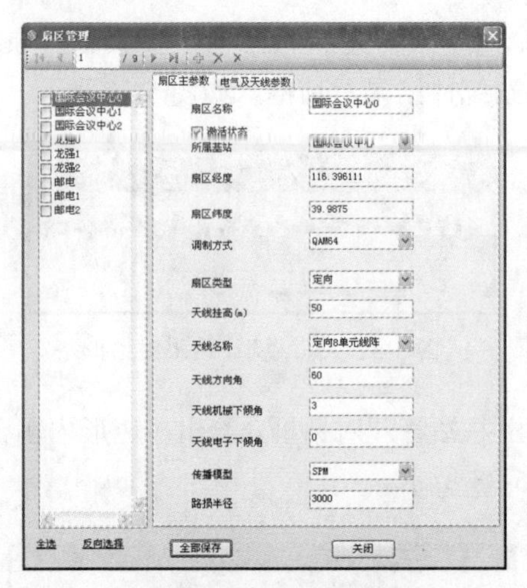

图 5-40　扇区管理对话框

单击“统计多边形内小区”菜单下“LTE 小区”“LTE 小区（仅激活）”“TD-SCDMA 小区”“TD-SCDMA 小区（仅激活）”“GSM 小区”“GSM 小区（仅激活）”中的一种，弹出小区统计结果对话框，如图 5-41 所示。

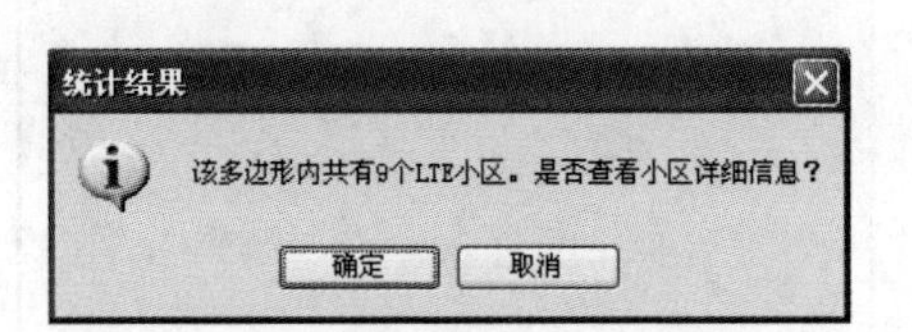

图 5-41　小区统计结果对话框

单击“确定”按钮，弹出相应的小区管理对话框，给出多边形内包含的小区的基本信息，如图 5-42 所示。

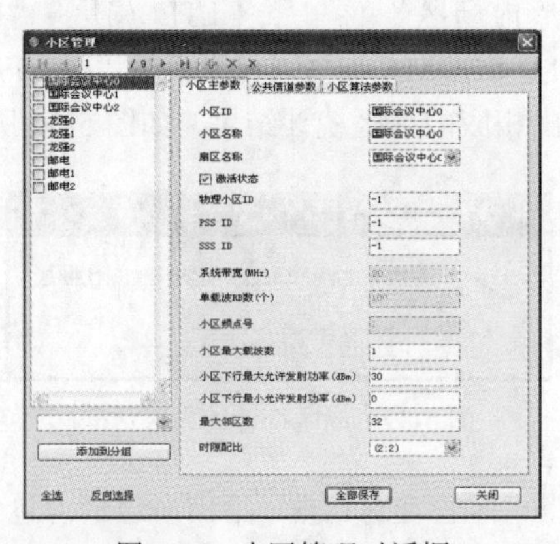

图 5-42　小区管理对话框

（16）删除多边形内所有基站

单击工具栏上点选按钮，选中某个多边形，单击右键，在弹出的菜单里选择“删除多边形内所有基站”，或者在“仿真树→某个多边形数据集”上单击右键，在弹出的快捷菜单中选择“删除多边形内所有基站”，此时会弹出确认对话框，提示用户删除操作不可恢复，如果单击“确定”，则此多边形内所有基站和扇区均被删除；若单击“取消”，软件不做任何操作。

（17）删除多边形内所有扇区

删除多边形内所有扇区菜单也位于多边形的右键菜单里，单击此菜单，弹出确认对话框，提示用户删除操作不可恢复，如果单击“确定”，则此多边形内所有扇区均被删除，基站不会被删除；若单击“取消”，软件不做任何操作。

（18）清空相关显示信息

单击工具栏上点选按钮，选中某个多边形，单击右键，在弹出的菜单里选择“清空相关显示信息”，软件会将多边形内的显示信息删除。

（19）编辑多边形名称

单击工具栏上点选按钮，选中某个多边形，单击右键，在弹出的菜单里选择“编辑名称”，或者在“仿真树→某个多边形数据集”上单击右键，在弹出的快捷菜单中选择“重命名”，此时弹出编辑多边形名称对话框，如图 5-43 所示。用户可以在此对话框中输入新的多边形名称，单击“确定”后，仿真树上对应多边形的名称也将改变。

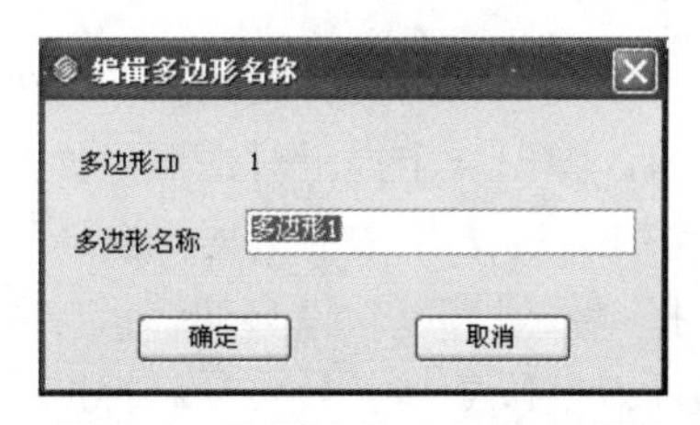

图 5-43　编辑多边形名称对话框

5.4　基站与扇区操作

5.4.1　基站操作

（1）手动添加基站

当基站扇区小区统一模板建好后，选择相应的模板，单击工具栏上的添加基站按钮，鼠标在地图上需要添加基站的地方点中，系统会在具体的位置上完成基站的添加。

（2）导入导出基站列表

单击“导入→LTE 小区”“导入→TD 小区”“导入→GSM 小区”弹出导入基站对话框，如图 5-44 所示。

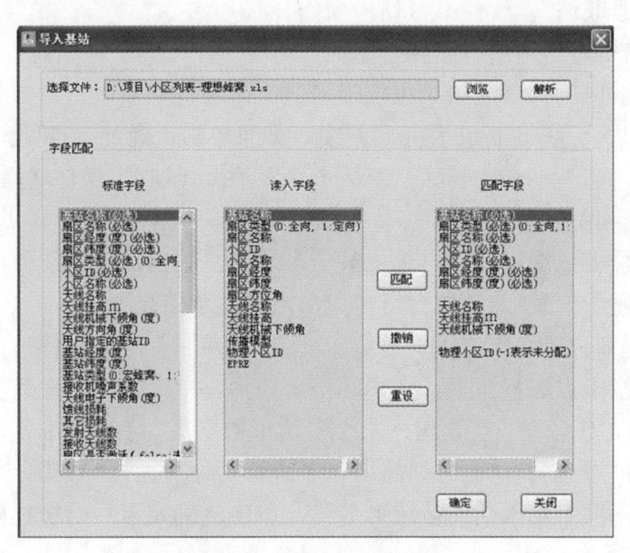

图 5-44　导入基站对话框

单击“浏览”按钮，获取要导入的文件的路径，此处只支持 Excel 格式文件的读取。单击“解析”按钮，弹出一个提示对话框“如果该 Excel 文件中存在公式，请先进行以下操作：将 Excel 表格中的数据‘全选’，复制到一张新的 Excel 表格中，选择性粘贴时选择‘数值’”，软件自动解析导入文件的首行字段，显示在导入小区信息对话框的读入字段处，并且自动将标准字段与读入字段相同的字段匹配到匹配字段列表中。此外，用户将软件要求的标准字段和对应读入字段匹配后，单击“匹配”按钮，匹配后的字段显示在匹配字段列表里，待必选字段一一匹配以后，单击“确定”按钮，可成功导入小区，对应基站扇区图标会出现在地图的相应位置上。若字段匹配错误，可以选中匹配字段中错误的字段，单击“撤销”以后重新进行匹配。单击“重设”按钮将清空匹配字段列表，用户需要全部重新进行匹配。若必选字段没有全部匹配，单击“确定”按钮以后，软件会提示“要求必选的字段没有全部选上！”。若有匹配错误的情况发生，单击“确定”按钮以后，软件会提示“数据库读写错误”。

单击“导出→小区列表”弹出导出小区存放目录对话框，如图 5-45 所示，可以 Excel 格式的文件导出当前规划区域内的小区信息。

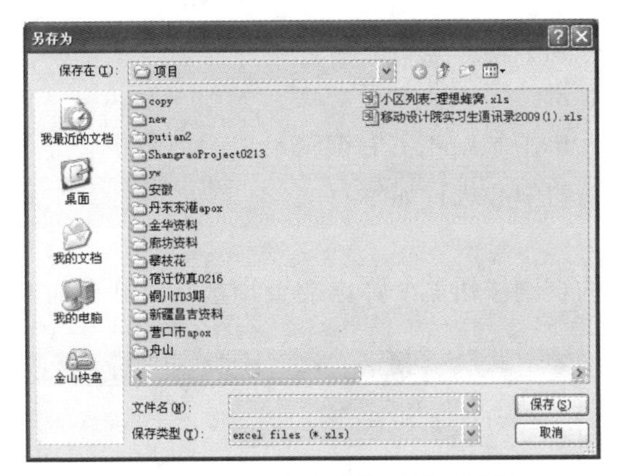

图 5-45　导出小区存放目录对话框

（3）移动基站

单击工具栏上的点选按钮，选中地图上的某个基站，单击右键弹出“基站相关”快捷菜单，如图 5-46 所示。

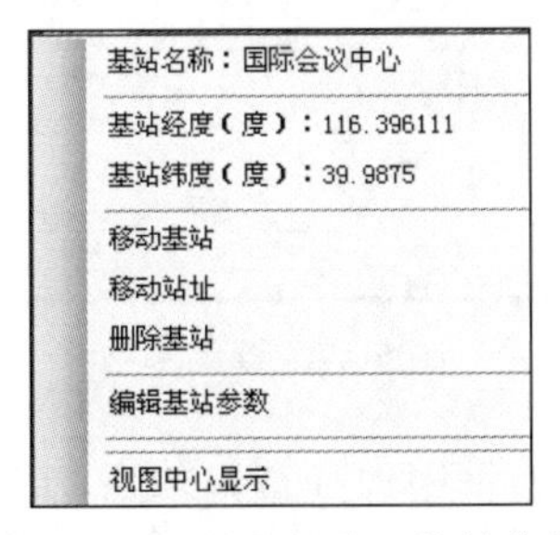

图 5-46　“基站相关”快捷菜单

选择“移动基站”，通过拖动可以将整个基站（包括基站和此基站下的所有扇区）移至新位置。

（4）移动站址

与图 5-46 的移动基站类似，单击基站相关右键菜单里的移动站址菜单，可将基站移动至新位置，但基站下的扇区位置不会和基站一起移动到指定位置。

（5）删除基站

单击工具栏上的点选按钮，选中要删除的基站，单击右键弹出快捷菜单，选择“删除基站”菜单，弹出提示信息“删除操作不可恢复，确认要删除么？”，如用户单击“确定”，则选中的基站被删除；若单击“取消”，软件不做任何操作。

（6）编辑基站参数

选中某个基站，单击基站相关右键菜单里的编辑基站参数菜单，弹出基站管理对话框，此时可以修改此基站相关参数，修改完毕单击“全部保存”按钮即可将修改后的参数保存到数据库里。

（7）地图中心显示

选中某个基站，单击基站相关右键菜单里的视图中心显示菜单，可以将选中的基站作为整个地图的中心进行显示。

（8）查询基站

单击工具栏上的查询按钮，弹出的查询基站对话框如图 5-47 所示。

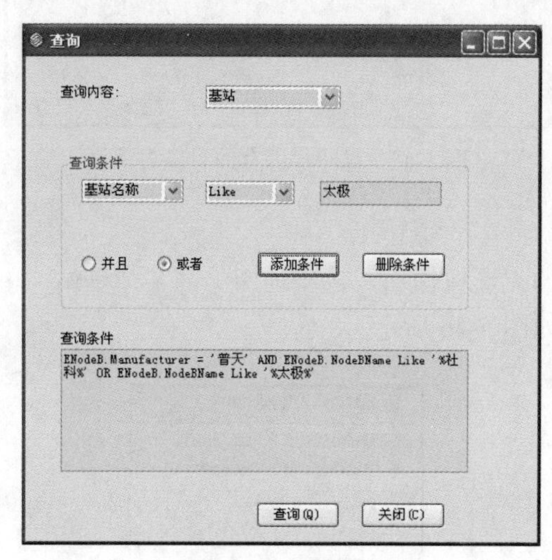

图 5-47　查询基站

用户可以在查询内容下拉框中选择查询基站、扇区或小区。在查询条件部分，提供了丰富的运算符，可以拼凑各种条件的 SQL 语句，支持模糊查询，可以查询符合各种条件的基站，查询功能十分强大。

本例中首先拼凑查询条件“设备商=普天”，单击“添加”按钮，将此条件添加到 SQL 语句文本框部分，再拼凑查询条件“基站名称 Like 社科”，与前一条件的关系为“与”，单击“添加”按钮，将此条件添加到 SQL 语句文本框部分，最后拼凑查询条件“基站名称 Like 太极”，与前一条件的关系为“或”，单击“添加”按钮，将此条件添加到 SQL 语句文本框部分，最后单击“查询”按钮，地图上查询到的基站会进行高亮显示。单击“撤销”按钮可以撤销最近一次添加的查询条件。

5.4.2　扇区操作

（1）添加扇区

选中某个扇区，单击扇区相关右键菜单里的“编辑扇区参数”菜单，弹出扇区管理对话框，或者单击“网络资源→网络资源管理→扇区”，单击按钮，如图

5-48 所示，用户可以输入所添加扇区的一些信息，填写完毕单击“全部保存”，此扇区信息便被存储到数据库中进行管理，同时在地图上相应位置呈现出新增扇区的图标。

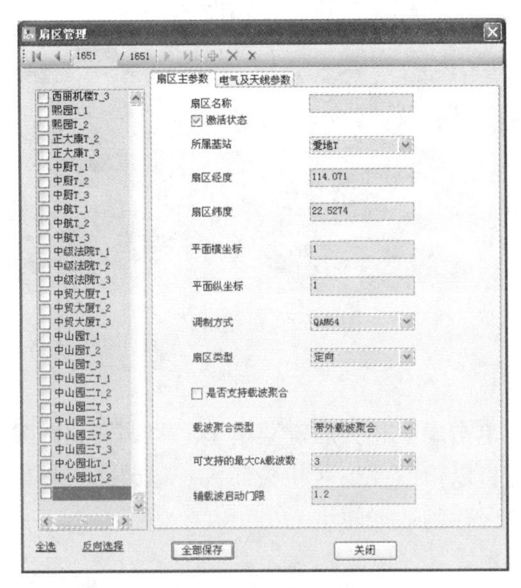

图 5-48　扇区管理对话框

（2）删除扇区

单击工具栏上的点选按钮，选中要删除的扇区，单击右键弹出快捷菜单，如图 5-49 所示。选择“删除扇区”菜单，弹出提示信息“删除操作不可恢复，确认要删除么？”，若用户单击“确定”，则选中的扇区被删除；若单击“取消”，软件不做任何操作。

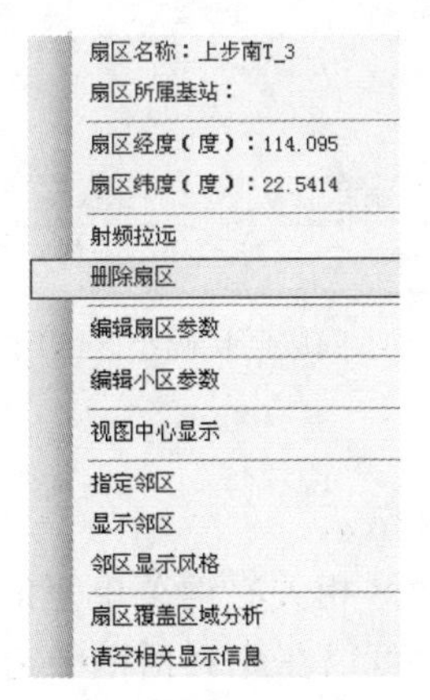

图 5-49　扇区快捷功能

（3）射频拉远

单击工具栏上的点选按钮，选中要进行射频拉远的扇区，单击右键弹出快捷菜单（如图 5-49 所示），选择“射频拉远”，此时选中扇区变为可拖动状态，拖动此扇区至新位置，完成射频拉远操作，如图 5-50 所示。

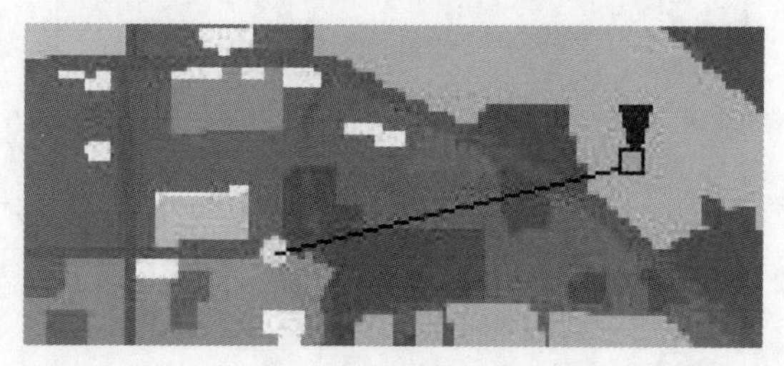

图 5-50　射频拉远

（4）编辑扇区参数

选中某个扇区，单击扇区相关右键菜单里的“编辑扇区参数”菜单，弹出扇区管理对话框，此时可以修改此扇区相关参数，修改完毕单击“全部保存”按钮即可将修改后的参数保存到数据库里。

（5）地图中心显示

选中某个扇区，单击扇区相关右键菜单里的“视图中心显示”菜单，可以将选中的扇区作为整个地图的中心进行显示。

（6）指定邻区

选中某个扇区，右键单击选择“指定邻区”，选择主小区，如图 5-51 所示。

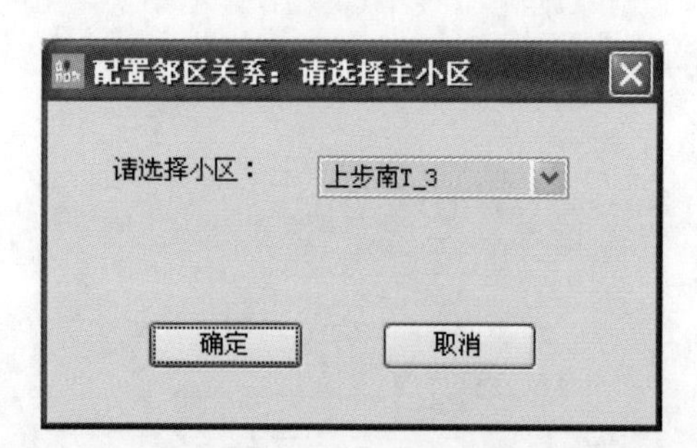

图 5-51　选择显示同频同扰码小区的扇区作为主小区

（7）显示邻区

选中某个扇区，如图 5-48 所示。

做完邻区规划后，单击扇区相关右键菜单里的“显示邻区”菜单，弹出对话框，如图 5-52 所示，用户可以在此对话框中选择此扇区下的某个小区和邻区制式。

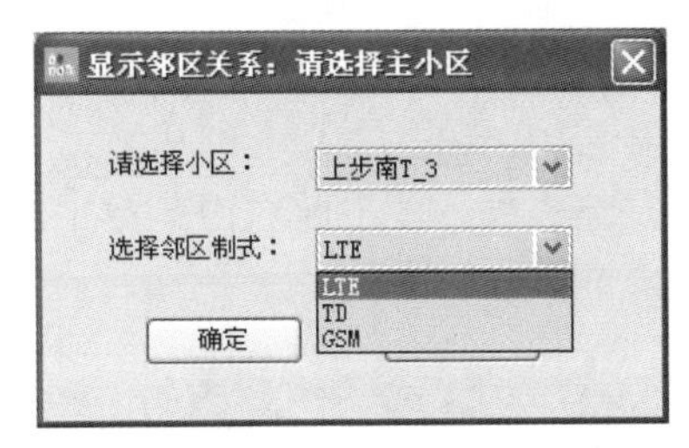

图 5-52　选择显示同频小区的主小区

单击“确定”按钮，地图上会高亮显示当前所选择小区的邻区，如图 5-53 所示。此时显示的是规划区内主小区 LTE 制式的所有邻区。

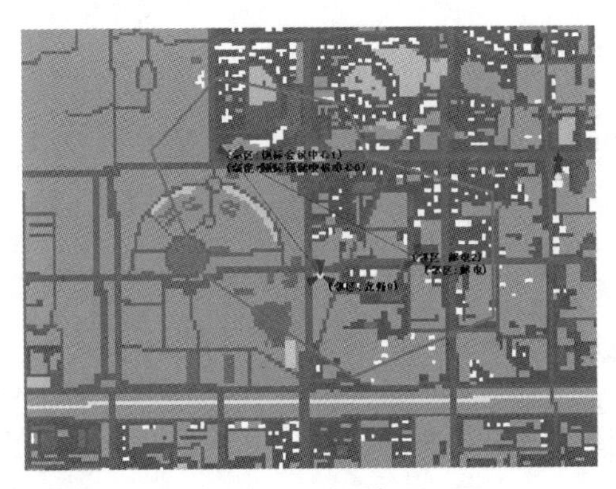

图 5-53　显示邻区

（8）邻区显示风格

选中某个扇区，如图 5-49 所示。

单击扇区相关右键菜单里的“邻区显示风格”菜单，弹出对话框，如图 5-54 所示，用户可以在此对话框中设置邻区显示风格。

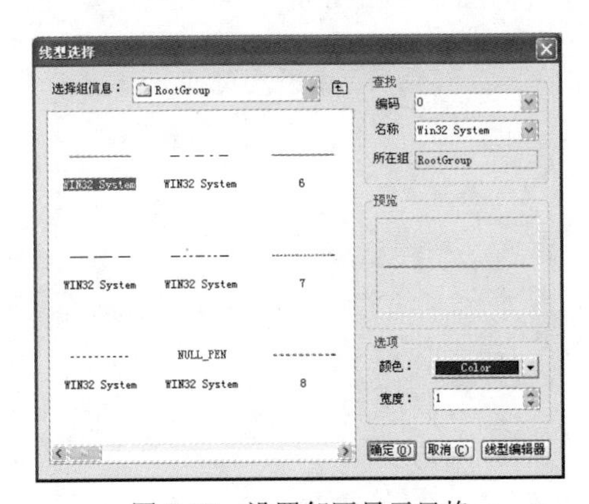

图 5-54　设置邻区显示风格

（9）查询扇区

具体的查询操作参见第 5.4.1 节的（8）查询基站。

参见图 5-7 中的地图右键菜单，单击此右键菜单中的“查询”菜单，弹出查询扇区对话框如图 5-55 所示。

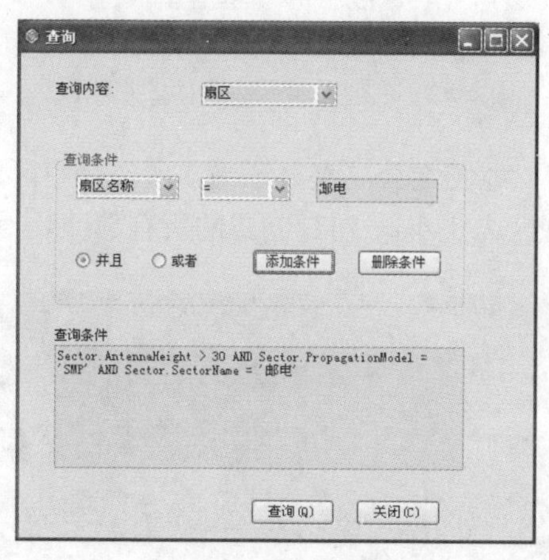

图 5-55　查询扇区

本例查询天线挂高大于 30m 且所使用传播模型为 SPM 且扇区名称包含“邮电”的扇区。

5.5　MR/ATU/扫频数据导入

单击“大数据导入→ MR/ATU/扫频数据处理→数据文件导入”，跳出文件导入对话框，导入相关文件如图 5-56 所示。

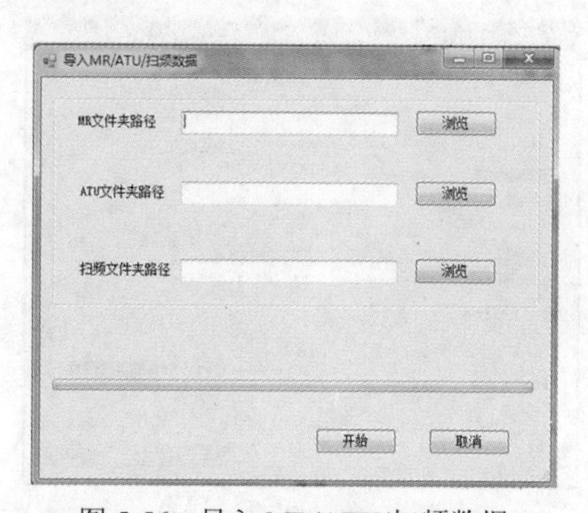

图 5-56　导入 MR/ATU/扫频数据

5.6　高价值模块

5.6.1　高价值相关数据导入

单击“大数据导入”，界面如图 5-57 所示，导入数据分为“经分数据导入”“经分用户分类数据总表导入”“业务量数据导入”。

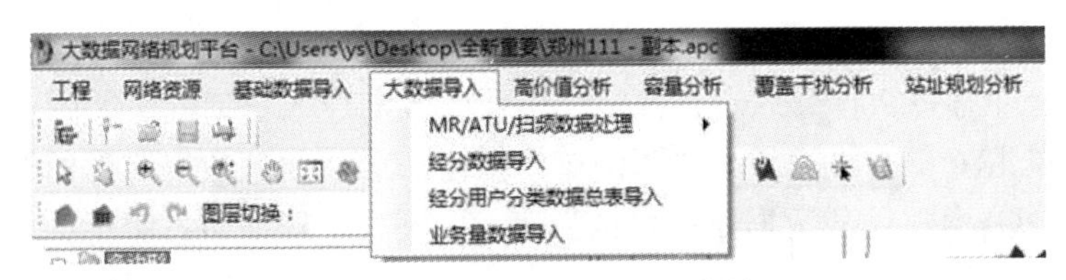

图 5-57　高价值数据导入菜单

（1）经分数据导入

单击“经分数据导入”按钮，弹出经分数据导入对话框，如图 5-58 所示，用户通过下拉选框选择经分数据类型，可选类型分为 2G、3G、4G。直接单击源文件路径后面的“浏览”按钮，选择经分数据文件夹的对应路径，软件会自动找到所有文件夹下的数据文件，方便用户一次导入所有的数据文件。

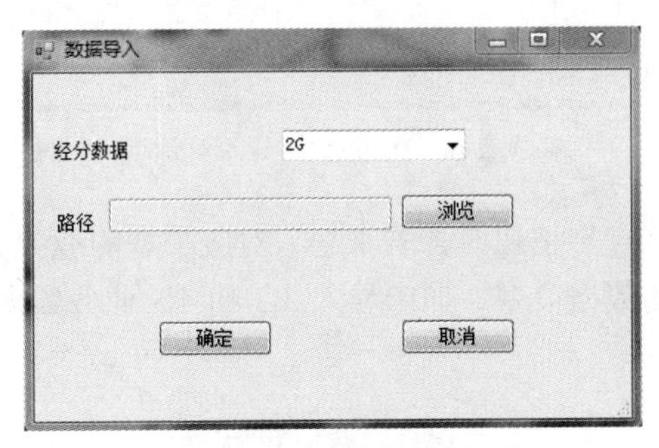

图 5-58　经分数据导入对话框

（2）经分用户分类数据总表导入

单击“经分用户分类数据总表导入”按钮，弹出经分用户分类数据总表导入对话框，如图 5-59 所示，用户通过下拉选框选择经分数据类型，可选类型分为 2G、3G、4G。直接单击源文件路径后面的“浏览”按钮，选择经分数据文件夹的对应路径，软件会自动找到所有文件夹下的数据文件，方便用户一次导入所有的数据文件。

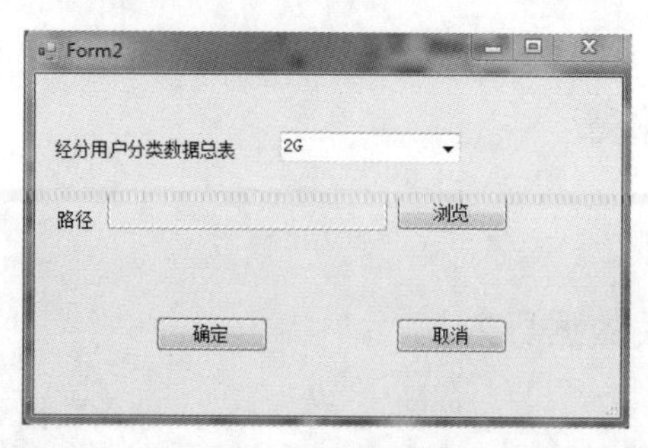

图 5-59　经分用户分类数据总表导入对话框

（3）业务量数据导入

单击“业务量数据导入”按钮，弹出业务数据导入对话框，如图 5-60 所示，用户直接单击源文件路径后面的“浏览”按钮，选择业务数据文件的对应路径，其中 2G、3G、4G 业务数据路径可以为空，即不导入对应数据类型的业务数据。

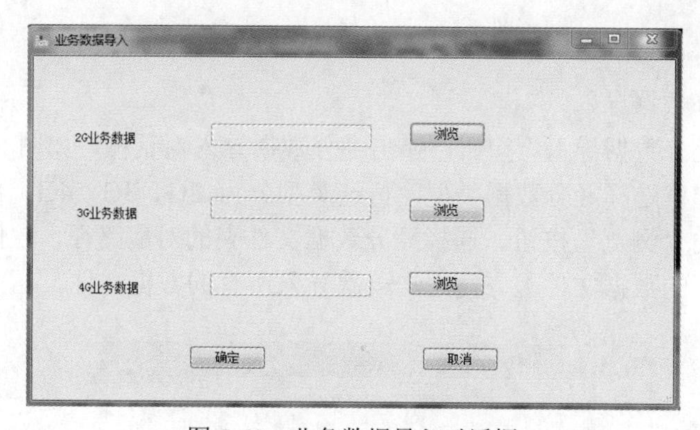

图 5-60　业务数据导入对话框

当用户单击“确定”按钮时，若未导入对应类型的业务数据系统会弹出对话框提示用户未导入的数据类型，如未导入 3G 和 4G 业务数据，弹出如图 5-61 所示的对话框。

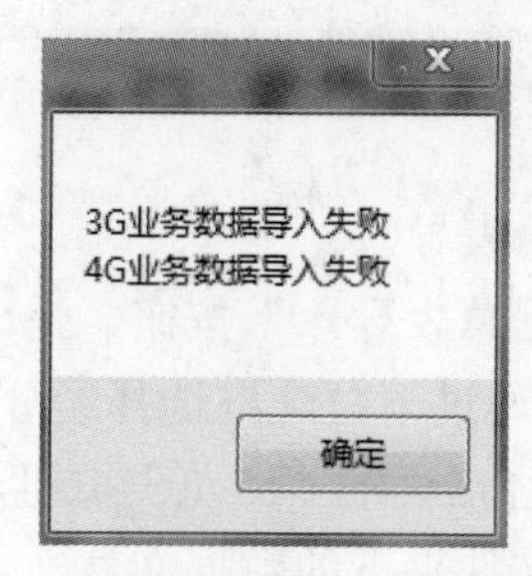

图 5-61　业务数据导入失败提示对话框

（4）高价值数据模板

高价值数据模板如图 5-62 所示。

图 5-62　高价值数据模板

5.6.2　用户价值分析

单击“高价值分析→用户价值分析”在子菜单中可以选择“全网用户及流量分析”“全网用户数分布统计”“小区级用户数分布统计”“栅格级用户价值分析”等与用户价值相关的操作，如图 5-63 所示。

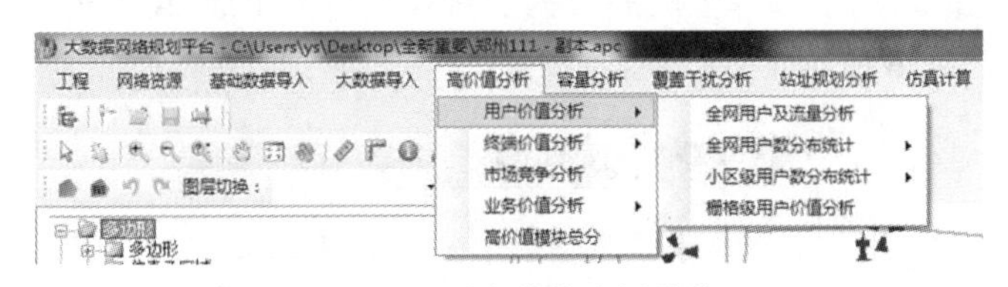

图 5-63　用户价值分析菜单

（1）全网用户及流量分析

单击“全网用户及流量分析”按钮，对已经导入的现网数据进行分析，生成全网用户及流量分析图表结果，输出如图 5-64 所示的对话框。

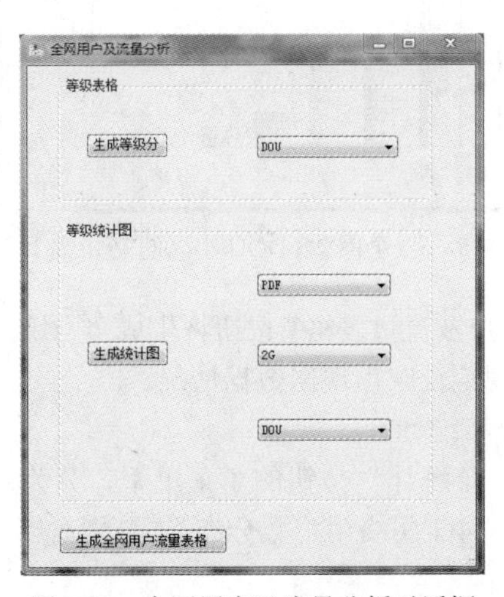

图 5-64　全网用户及流量分析对话框

用户可以通过选择等级表格中的下拉选框，选择生成 DOU、MOU、ARPU 等级分布表格，选择完成后，通过单击“生成等级分布”按钮，将会生成对应下拉选框内容的 DOU、MOU、ARPU 的等级分布表格，图 5-65 所示为全网 DOU 等级分布统计表。

等级分布统计表

文件

网络\用户数（个）	其中DOU小于等于100MB用户数	其中100MB DOU 200MB用户数	其中200MB DOU 400MB用户数	其中400MB DOU 600MB用户数	其中600MB DOU 1GB用户数	其中1GB DOU 2GB用户数	其中2GB DOU 3GB用户数	其中DOU大于3GB用户数
2G	1157368.71	331190.14	310593.14	124585.71	66736.86	14089.57	881.14	309.43
3G	334276.86	211244	258325.86	148118.29	117096.86	42139.57	5704.57	4039.14
4G	125742	125466.86	248621.57	205711.29	263955	213142.71	57792.29	39158.29

图 5-65　全网 DOU 等级分布统计表

等级统计图中的下拉选框由上到下分别是 PDF、CDP 图表选框，用于选择生成的图表类型；2G、3G、4G 数据选框，用于选择生成的图表的数据；DOU、MOU、ARPU 数据选框，用于选择生成的数据的对应类型，生成 2G DOU 小区的 PDF 统计图，如图 5-66 所示。

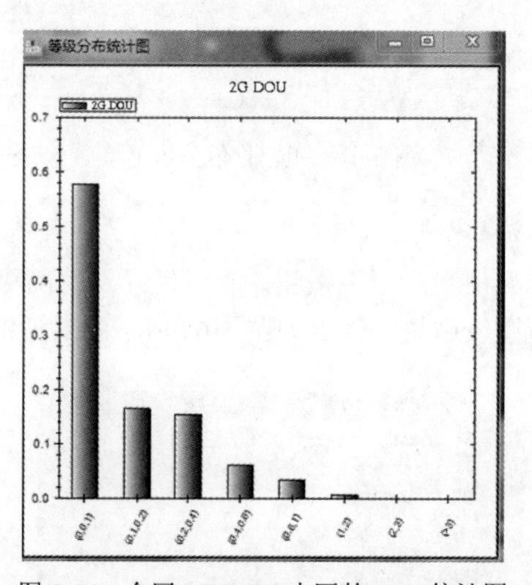

图 5-66　全网 2G DOU 小区的 PDF 统计图

单击“生成全网用户及流量表格”按钮将生成全网用户流量统计表和统计图，如图 5-67 所示，能直观地反映出现网数据情况。

（2）全网用户数分布统计

在“全网用户数分布统计”按钮的子菜单下，分为“2G 网络用户数分布”“3G 网络用户数分布”“4G 网络用户数分布”，分别对应 2G、3G、4G 数据的统计计算，如图 5-68 所示。

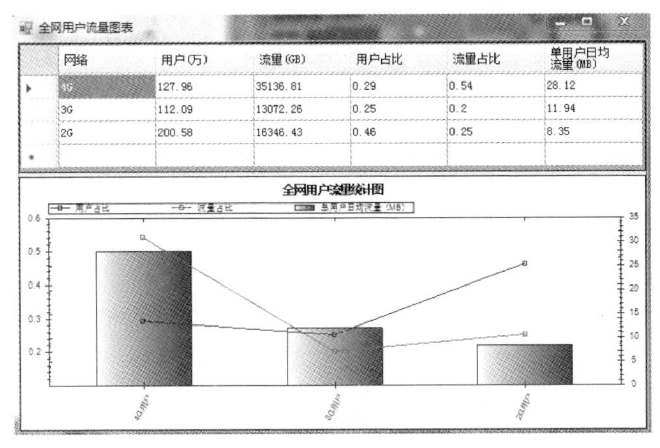

网络	用户(万)	流量(GB)	用户占比	流量占比	单用户日均流量(MB)
4G	127.96	35136.81	0.29	0.54	28.12
3G	112.09	13072.26	0.25	0.2	11.94
2G	200.58	16346.43	0.46	0.25	8.35

图 5-67　全网用户流量分析统计图表

全网用户及流量分析
全网用户数分布统计
小区级用户数分布统计
栅格级用户价值分析
2G网络用户数分布
3G网络用户数分布
4G网络用户数分布

图 5-68　全网用户数分布统计菜单

选取其中的“2G 网络用户数分布”为例，其他两个按钮的操作步骤相同。单击“2G 网络用户数分布”按钮，将弹出如图 5-69 所示的对话框。

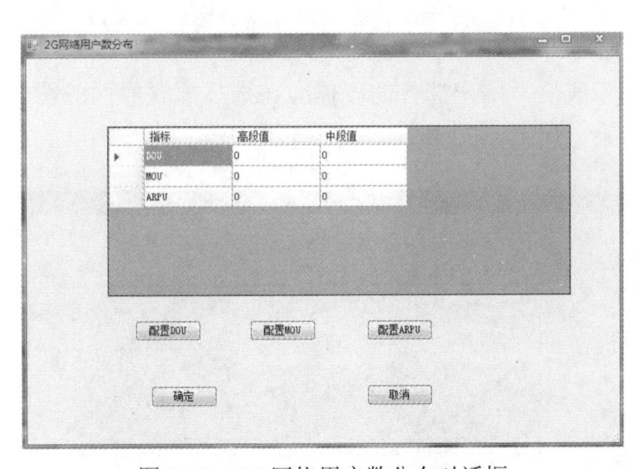

指标	高段值	中段值
DOU	0	0
MOU	0	0
ARPU	0	0

图 5-69　2G 网络用户数分布对话框

用户可以通过单击下方的“配置 DOU”“配置 MOU”“配置 ARPU”按钮来配置对应参数。每个配置界面操作相同，此处选取“配置 DOU”作为说明对象，单击“配置 DOU”按钮，弹出如图 5-70 所示的对话框。

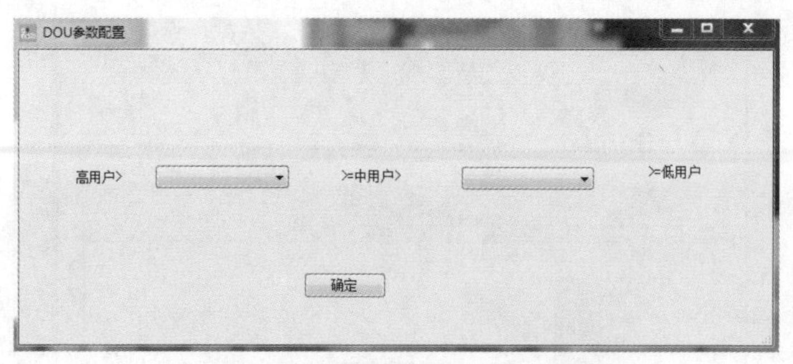

图 5-70　2G 用户 DOU 参数配置对话框

在每个下拉选框中可以选择不同等级分布的段值，段值来源于输入数据文件 index 文件中对应的段值，在用户选择段值的过程中，要求高用户与中用户的段值要大于中用户与低用户的段值，否则程序会提示用户选择有错误，请用户重新选择，如图 5-71 所示。

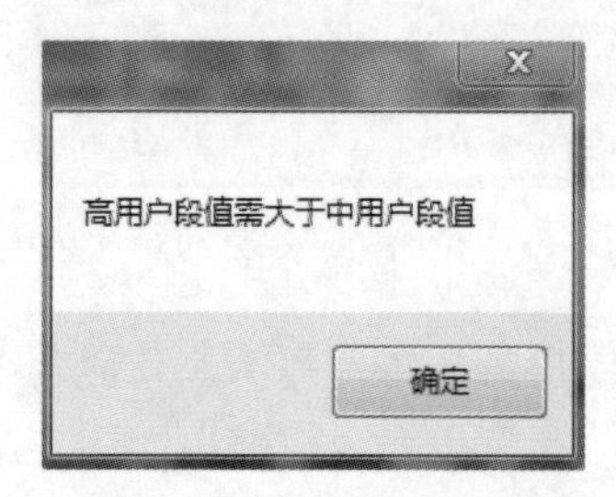

图 5-71　2G 用户 DOU 参数配置错误提示对话框

当用户选择完成后，用户选择的段值会在选择配置界面的图表中显示，方便用户查看选择结果，如图 5-72 所示。

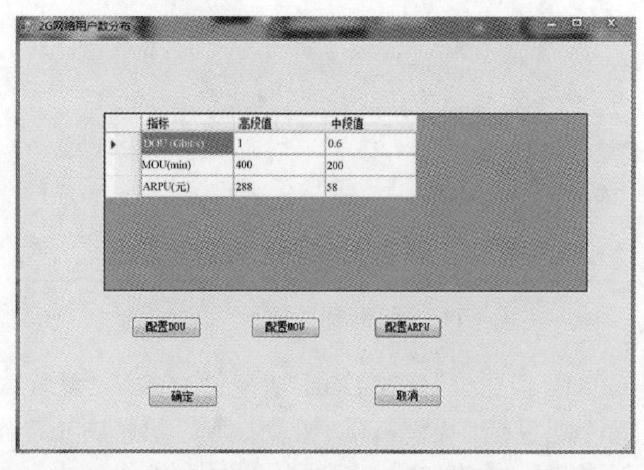

图 5-72　2G 用户 DOU 参数配置结果显示对话框

DOU、MOU、ARPU 全部配置完成后，单击“确定”按钮，开始分析数据，统计完成后弹出如图 5-73 所示的对话框。

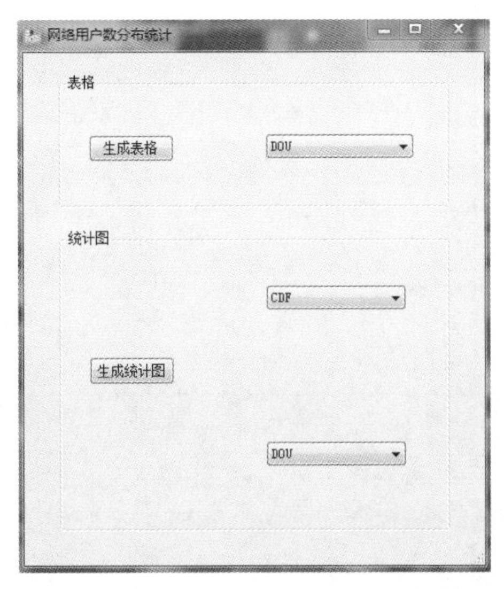

图 5-73　2G 用户数分布统计结果对话框

在统计表的操作框中，用户可以通过下拉选框选择要生成的表格类型 DOU、MOU 或 ARPU 分析结果统计表格，单击“生成表格”按钮，生成对应用户选择的统计表格，如图 5-74 所示，生成 2G DOU 小区的用户数分布统计结果。

网络用户数分布统计结果表

文件

用户类型	DOU	用户数（万）	用户占比
高DOU用户	DOU>1	1.53	0.76%
中DOU用户	0.6<DOU≤1	6.67	3.33%
低DOU用户	DOU≤0.6	192.37	95.91%

图 5-74　2G DOU 小区的用户数分布统计结果表格

在统计图的操作框中，用户可以通过第一个下拉选框选择生成 CDF 或 PDF 图，在第二个下拉选框中，选择要生成的表格类型 DOU、MOU 或 ARPU 分析结果统计图。单击“生成统计图”按钮，生成对应用户选择的统计图，如图 5-75 所示，生成 2G DOU 小区的用户数分布统计图。

（3）小区级用户数分布统计网络

在“小区级用户分布统计”按钮的子菜单下，分为“2G 小区数分布”“3G 小区数分布”“4G 小区数分布”，对应 2G、3G、4G 数据的统计计算，如图 5-76 所示。

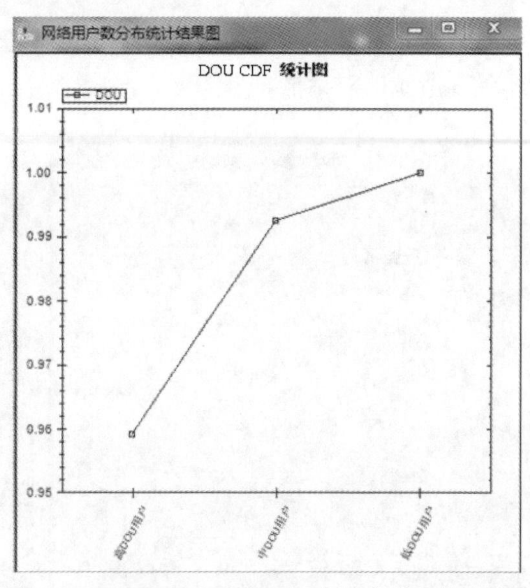

图 5-75　2G DOU 小区的 CDF 用户数分布统计结果

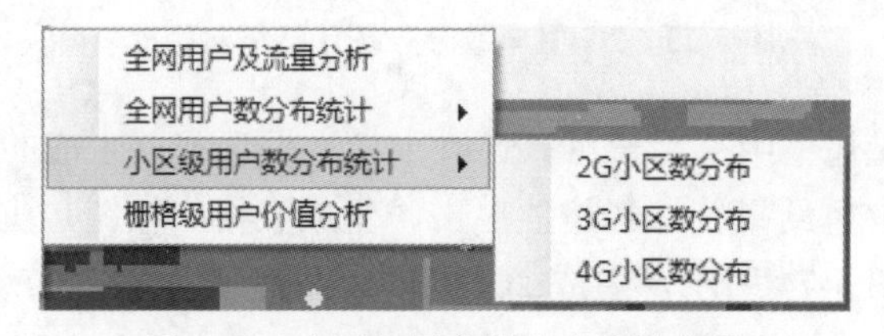

图 5-76　小区级用户数分布统计菜单

选取其中“2G 小区数分布”按钮作为操作说明，其他按钮的操作流程相同。单击“2G 小区数分布”按钮，弹出如图 5-77 所示的对话框。

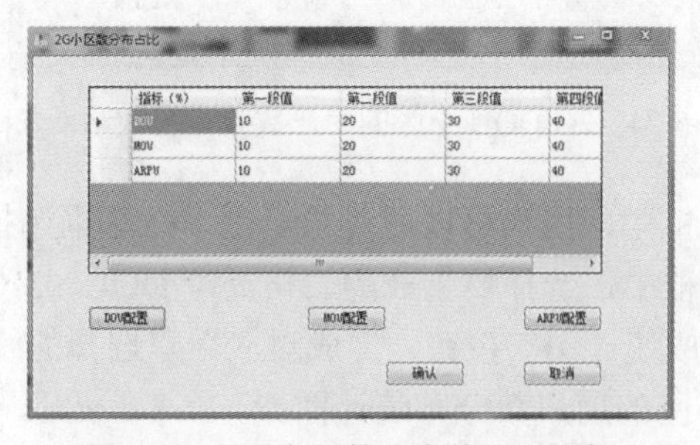

图 5-77　2G 小区数分布统计对话框

用户可以通过“DOU 配置”“MOU 配置”“ARPU 配置”按钮配置对应的段值参数，3 个按钮的操作流程相同，选取其中“DOU 配置”按钮操作来说明。

单击“DOU 配置”按钮，弹出如图 5-78 所示的对话框。

参数配置

第一段值

第二段值

第三段值

第四段值

确认

图 5-78　2G 小区数分布参数配置对话框

用户可以在输入框中输入需要的段值，单击“确认”按钮后，用户输入的段值将在配置界面的表格中显示，方便用户查看输入结果。DOU、MOU、ARPU 全部完成配置后，单击“确认”按钮，开始分析数据，统计完成后将弹出如图 5-79 所示的对话框。

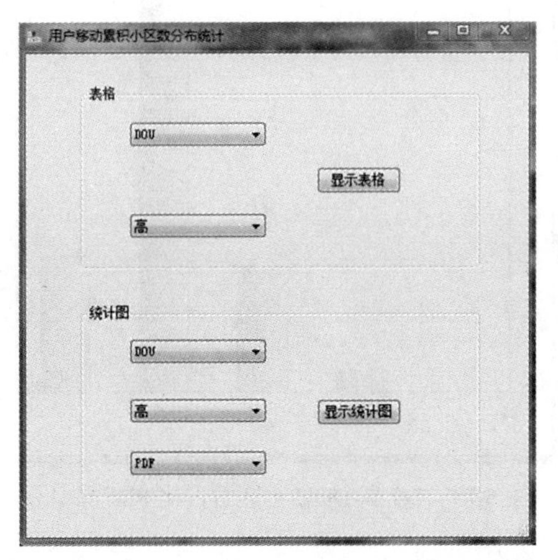

图 5-79　2G 小区级分布结果统计对话框

在表格操作框中，用户可以通过下拉选框选择要生成高等级、中等级或低等级的 DOU、MOU 或 ARPU 表格，图 5-80 所示为单击“显示表格”生成的 2G 高 DOU 小区分布统计表格。

小区数分布结果统计表

文件

高DOU用户占比	小区数	小区占比
>40	14	0.19
(30, 40)	44	0.61
(20, 30)	12	0.17
(10, 20)	2	0.03
(0, 10)	0	0

图 5-80　2G 高 DOU 小区分布统计表格

在统计图操作框中，通过下拉选框，选择高等级、中等级或低等级的 DOU、MOU 或 ARPU 的 CDF 或 PDF 统计图，单击“显示统计图”生成如图 5-81 所示的 2G 高 DOU 小区数占比 PDF 统计图。

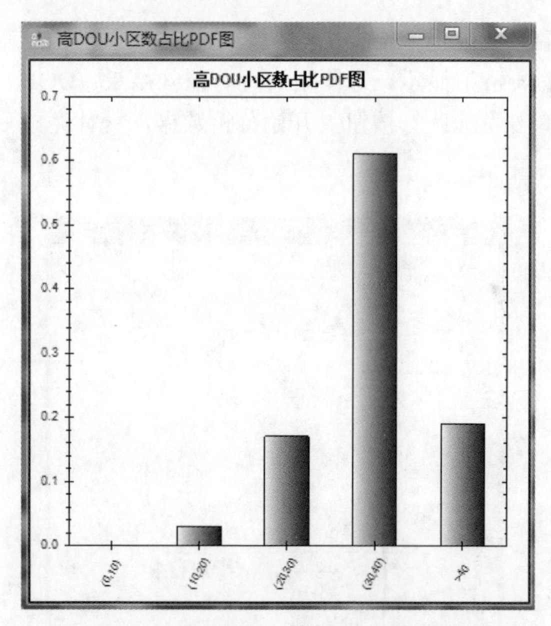

图 5-81　2G 高 DOU 小区数占比 PDF 统计图

（4）栅格级用户价值分析

用户至少要完成 2G、3G、4G 用户移动累积小区数分布统计中的两个，单击“栅格级用户价值分析”按钮，会弹出如图 5-82 所示的对话框；否则会提示用户未完成“用户移动累积小区数分布”，如图 5-83 所示。

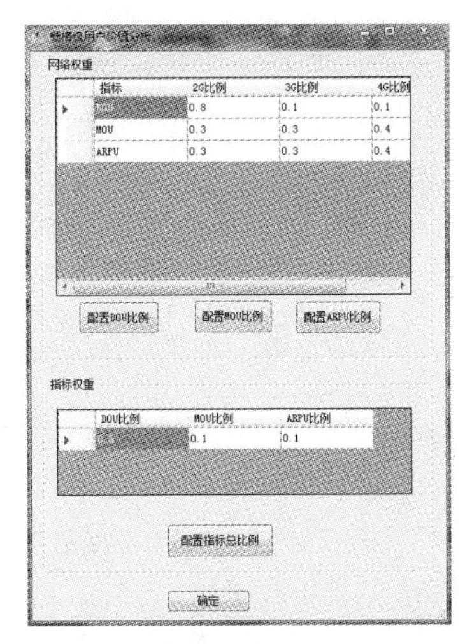

图 5-82　栅格级用户价值分析对话框

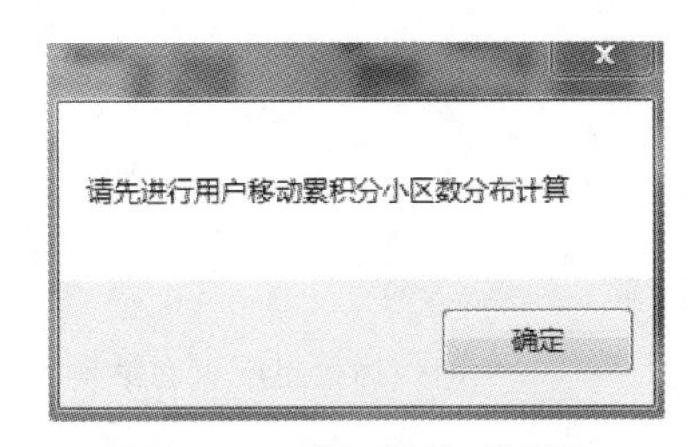

图 5-83　错误提示对话框

在弹出的对话框中，“配置 DOU 比例”“配置 MOU 比例”“配置 ARPU 比例”按钮分别对应配置 DOU、MOU、ARPU 中 2G、3G、4G 所占的权重，3 个按钮配置操作相同，以“配置 DOU 比例”按钮作为说明示例，单击“配置 DOU 比例”，弹出如图 5-84 所示的对话框。

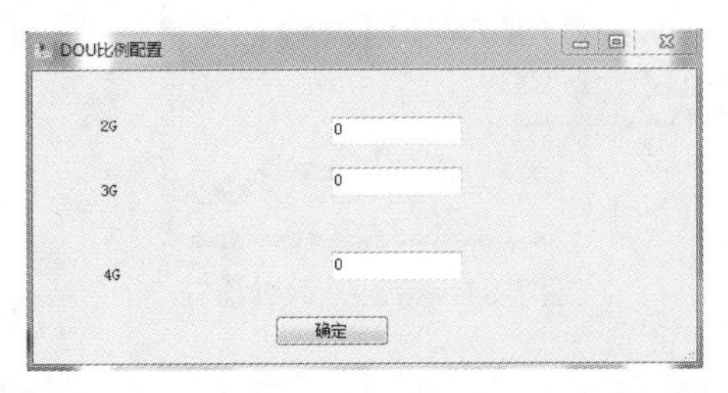

图 5-84　DOU 栅格级用户价值网络权重配置

用户在输入框中输入对应 2G、3G、4G 的权重，输入权重要求 3 个权重的加和为 1，如果不为 1，则提示用户输入有误，需要重新输入，如图 5-85 所示。

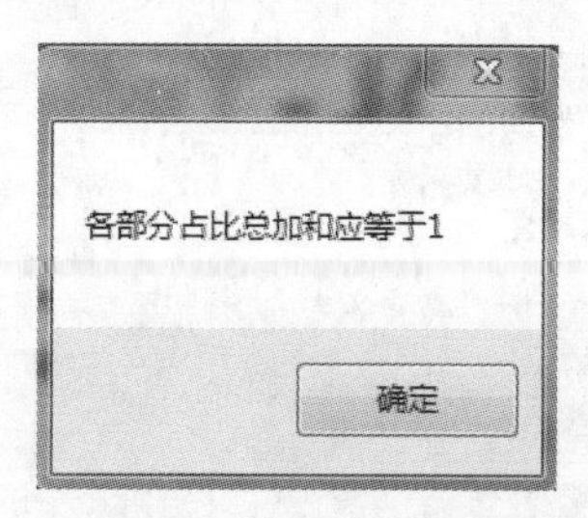

图 5-85　错误提示对话框

单击“确定”按钮后，用户输入的段值将在配置界面的表格中显示，方便用户查看输入结果。

单击“配置指标总比例”按钮，将对全网中 DOU、MOU、ARPU 所占指标权重进行配置，弹出如图 5-86 所示的对话框。

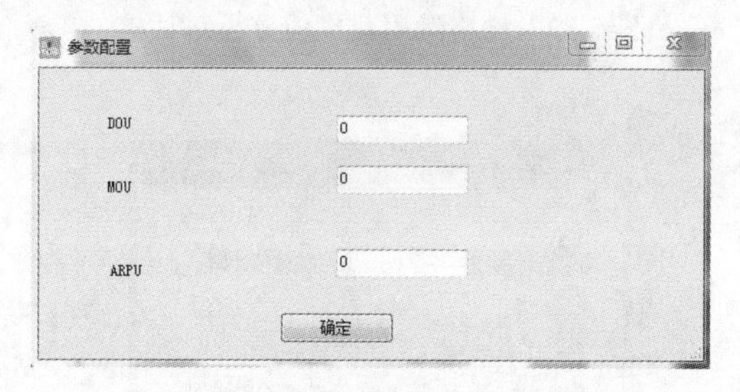

图 5-86　全网指标权重配置对话框

用户在对应的输入框中输入 DOU、MOU、ARPU 在统计计算中所占的比重，输入的权重值要求加和等于 1，否则会提示用户输入有误，需要重新输入，如图 5-87 所示。

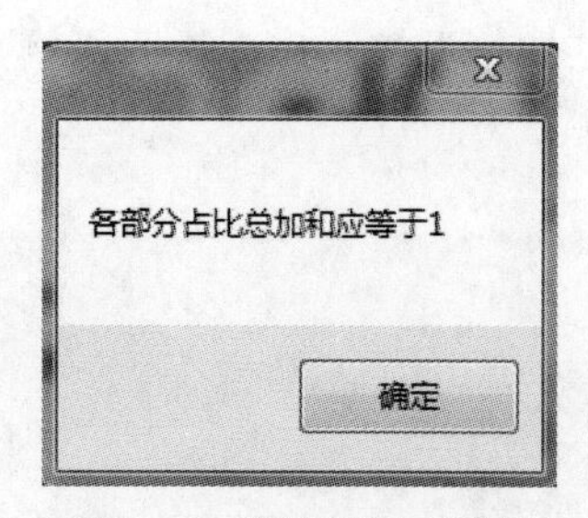

图 5-87　错误提示对话框

单击“确定”按钮后，用户输入的段值将在配置界面的表格中显示，方便用户查看输入结果。

在主界面中单击“确定”，系统会开始计算栅格级用户价值得分情况，并生成相关文件，供后续使用。

通过在主界面左侧树状结构图中选择“四网协同规划→高价值模块”可以把计算得到的栅格级分析结果显示在地理地图上，如图 5-88 所示。

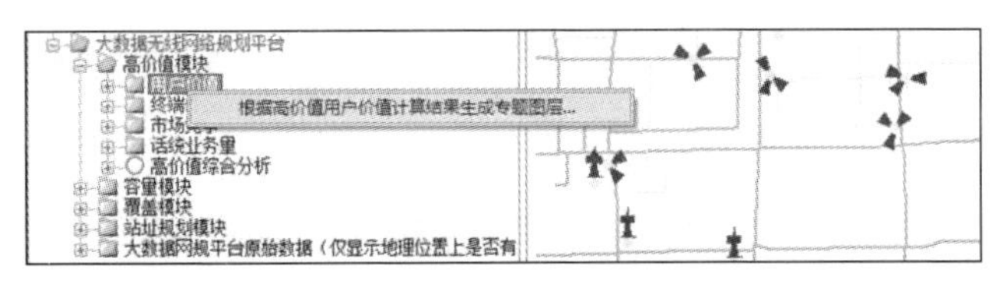

图 5-88　栅格级分析地图结果

右键单击用户价值生成图层后，可以在子树中选择要显示的图层，如图 5-89 所示。

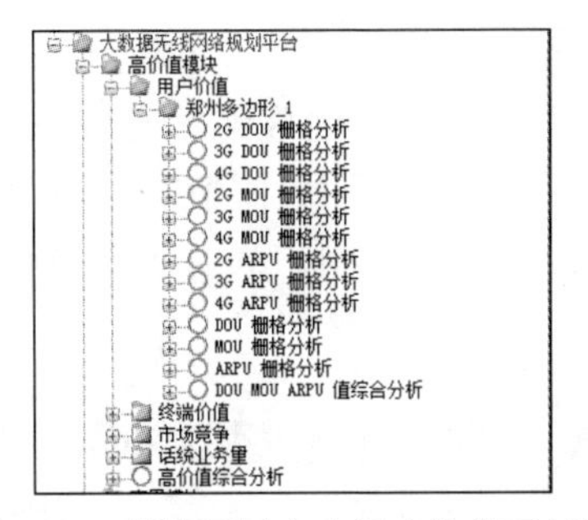

图 5-89　栅格级用户中用户价值子树图

单击要显示的图层可以在主界面中看到栅格级价值分析结果，如图 5-90 所示。

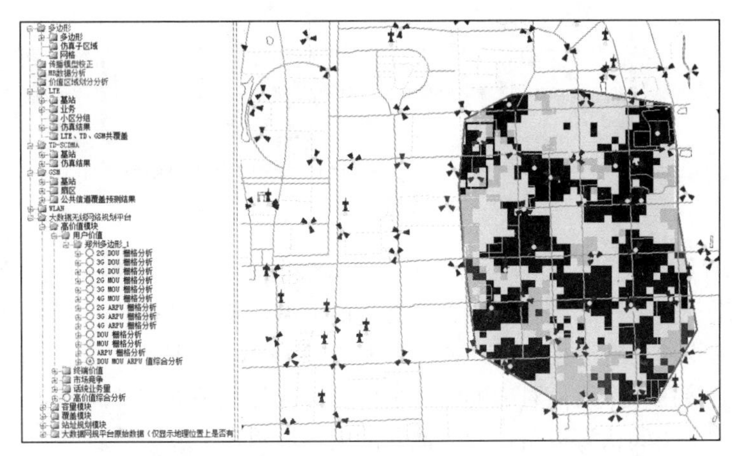

图 5-90　栅格级用户中栅格级价值分析结果

5.6.3 终端价值分析

单击“高价值分析→终端价值分析”，在终端价值分析的子菜单下可以选择“终端类型分布统计”和“栅格级终端价值分析”等操作，如图 5-91 所示。

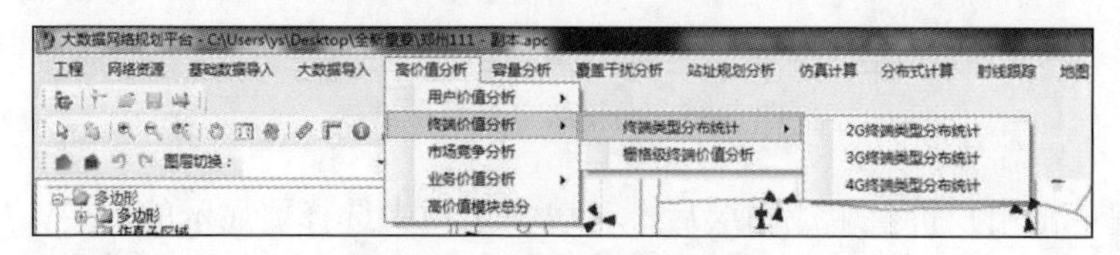

图 5-91 终端价值分析菜单

（1）终端类型分布统计

终端类型分布统计子菜单下包括“2G 终端类型分布统计”“3G 终端类型分布统计”“4G 终端类型分布统计”，3 个按钮的操作流程相同，以“2G 终端类型分布统计”按钮的操作流程作为示例说明，单击“2G 终端类型分布统计”按钮，弹出如图 5-92 所示的对话框。

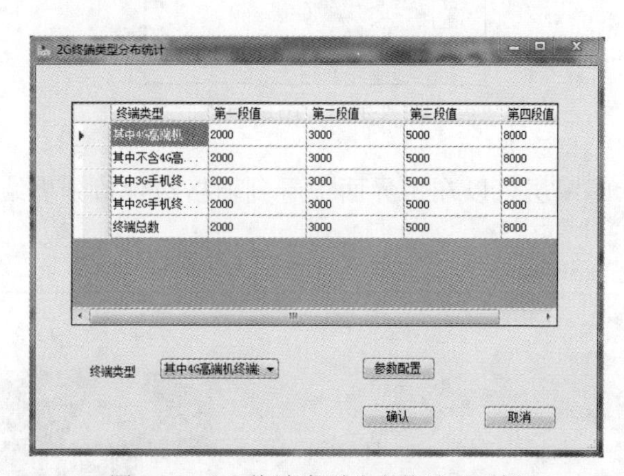

图 5-92 2G 终端类型分布统计对话框

其中，“终端类型”列的数据是根据经分数据表中的终端类型得到的，用户可以通过终端类型下拉选框选择要配置终端的类型，单击“参数配置”按钮，对下拉选框中的终端类型进行配置，弹出如图 5-93 所示的对话框。

用户直接在每个段值对应的输入框中，对应各个终端类型的分布，输入相应的段值，单击“确认”按钮，用户输入的段值显示在主界面的表格中，方便用户查看。所有参数配置完成后，单击“确认”按钮，开始进行终端类型分布计算，计算完成后弹出如图 5-94 所示的对话框。

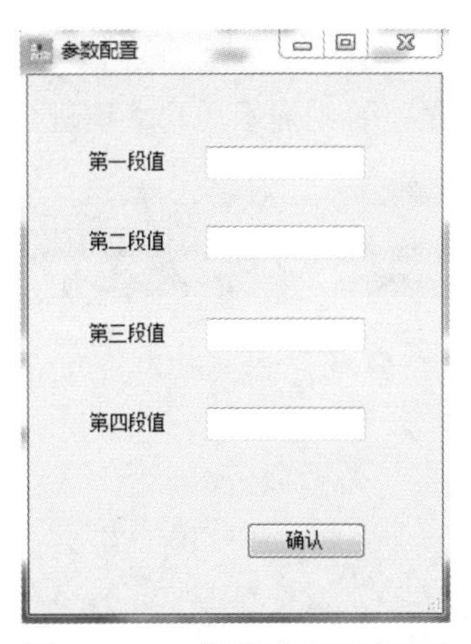

图 5-93　2G 终端类型配置界面

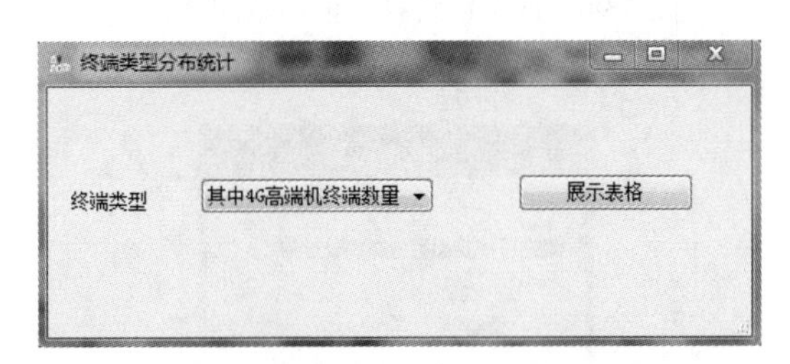

图 5-94　2G 终端类型分布统计计算对话框

用户通过终端类型的下拉选框，可以选择生成对应的终端类型分布统计表格，单击展示表格弹出当前对应终端类型名称的分布统计表格，其中 2G 终端类型分布结果统计表如图 5-95 所示。

终端类型分布统计结果

文件

其中4G高端机终端数量	小区数量	小区数量/小区总数
8000<其中4G高端机终端数量	0	0%
5000<其中4G高端机终端数量≤8000	0	0%
3000<其中4G高端机终端数量≤5000	0	0%
2000<其中4G高端机终端数量≤3000	0	0%
其中4G高端机终端数量≤2000	72	100%

图 5-95　2G 终端类型分布结果统计表

（2）栅格级终端价值分析

单击“四网协同→高价值模块→终端价值分析”，在终端价值分析的子菜单下单击“栅格级终端价值分析”按钮，进行栅格级终端价值分析计算，用户至少要完成 2G、3G、4G 终端价值分析中的两个，单击“栅格级终端价值分析”按钮，会弹出如图 5-96 所示对话框，否则提示用户“请进行终端类型分布统计计算”，如图 5-97 所示。

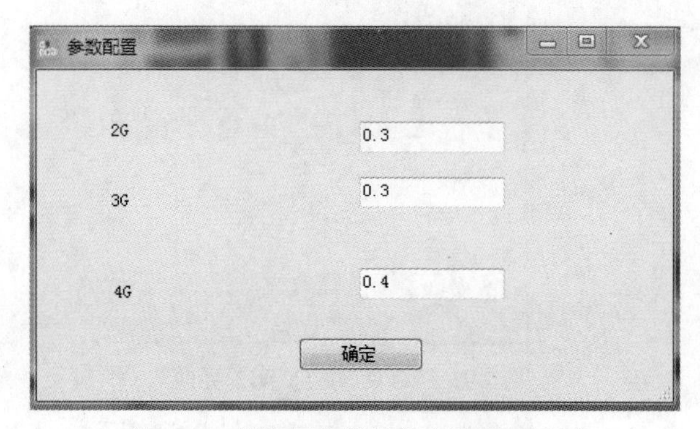

图 5-96　栅格级终端价值参数配置界面

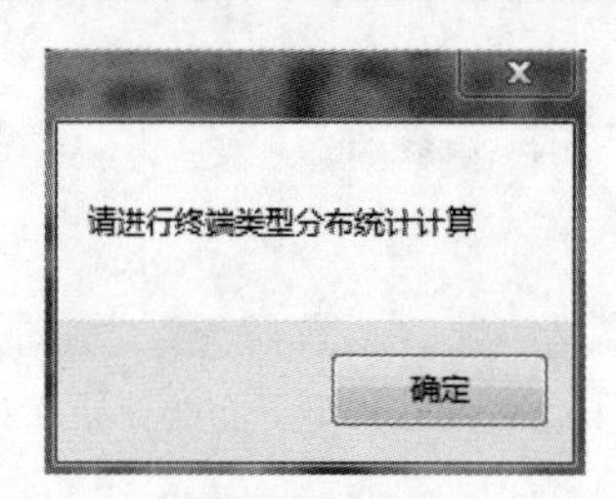

图 5-97　终端类型分布统计错误提示

用户通过在对应数据类型后面的输入框中输入 2G、3G、4G 数据对应的权重，输入权重要求 3 个权重的加和为 1，如果不为 1，则提示用户输入有误，需要重新输入，如图 5-98 所示。

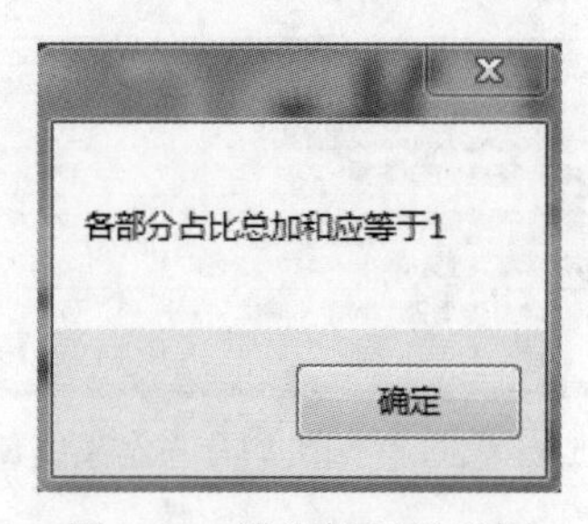

图 5-98　错误提示对话框

正确输入数据权重后，单击“确定”按钮，系统将计算栅格级终端价值，生成对应结果，供后续计算使用。

通过在主界面左侧树状结构图中选择“大数据无线网络规划平台→高价值模块”可以把计算得到的栅格级分析结果显示在地理地图上，如图 5-99 所示。

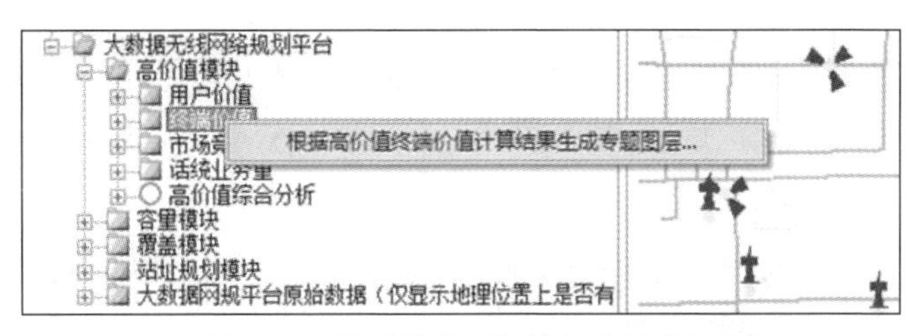

图 5-99　终端价值下栅格级分析结果

右键单击用户价值生成图层后，可以在子树中选择要显示的图层，如图 5-100 所示。

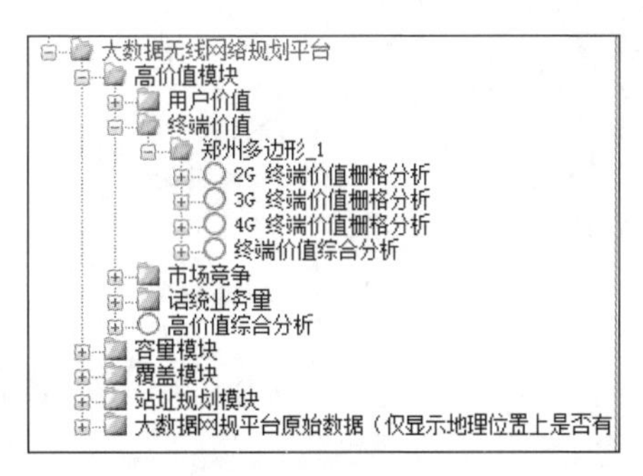

图 5-100　终端价值子树图

单击要显示的图层可以在主界面中看到终端价值下栅格级价值分析结果，如图 5-101 所示。

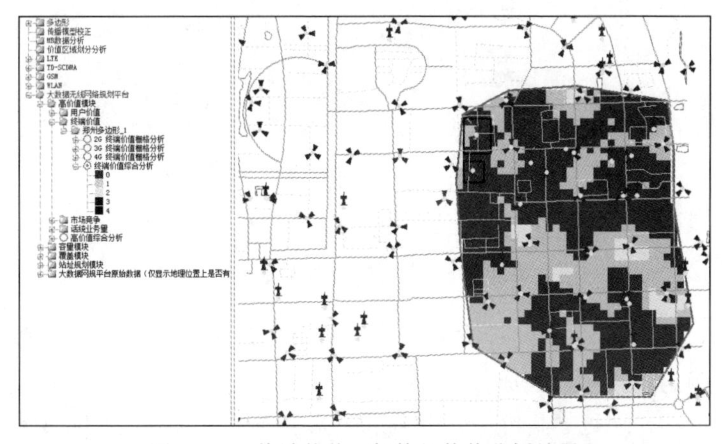

图 5-101　终端价值下栅格级价值分析结果

5.6.4 市场竞争分析

进行市场竞争价值分析前，用户需要给规划区域进行打分，首先选中地图中的规划区域，单击右键，选择“四网协同→多边形区域打分（四网协同）”，如图5-102所示。

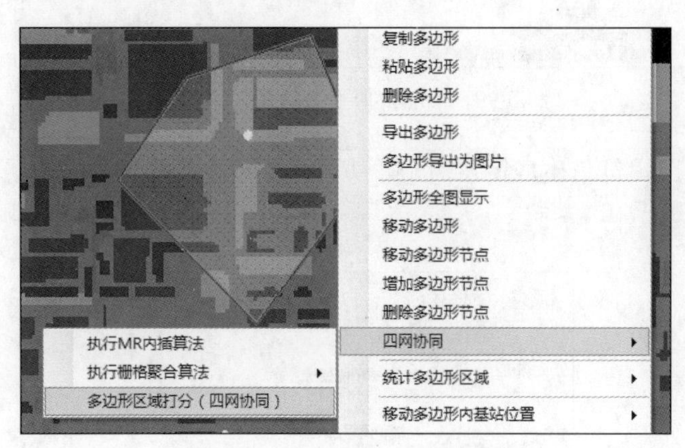

图 5-102　多边形区域打分菜单

单击“多边形区域打分（四网协同）”按钮，弹出如图5-103所示的对话框，对当前规划区域进行打分。

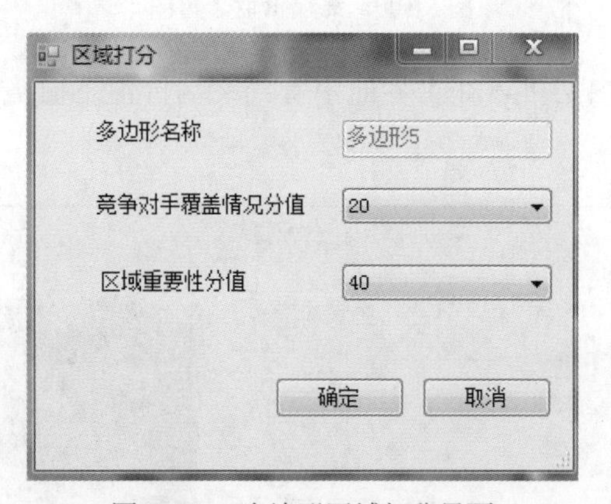

图 5-103　多边形区域打分界面

用户通过下拉选框可以对该区域内竞争对手覆盖情况和区域重要性进行打分，单击“确定”按钮，完成打分。

打分完成后，通过“高价值分析→市场竞争分析”，如图5-104所示，对市场竞争进行分析。

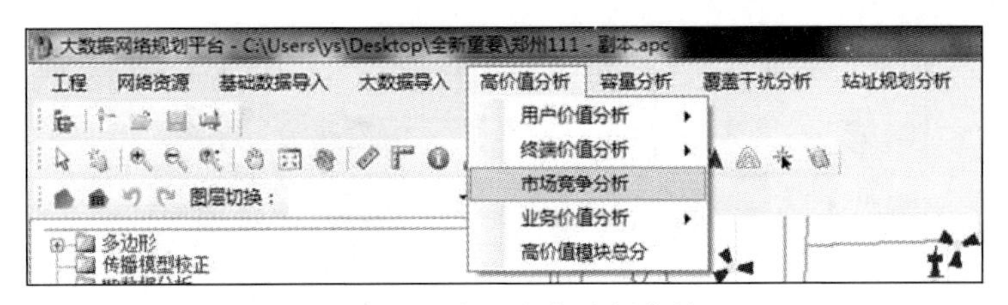

图 5-104　市场竞争分析菜单

单击“市场竞争分析”按钮，系统将进行市场竞争分析，生成对应市场价值结果，供后续计算使用。

通过在主界面左侧树状结构图中选择“四网协同规划→高价值模块”可以把计算所得到的栅格级分析结果显示在地理地图上，如图 5-105 所示。

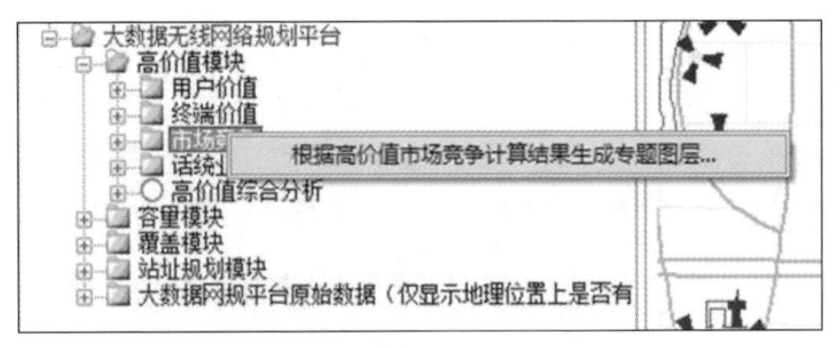

图 5-105　市场竞争下栅格级分析结果

右键单击用户价值生成图层后，可以在子树中选择要显示的图层，如图 5-106 所示。

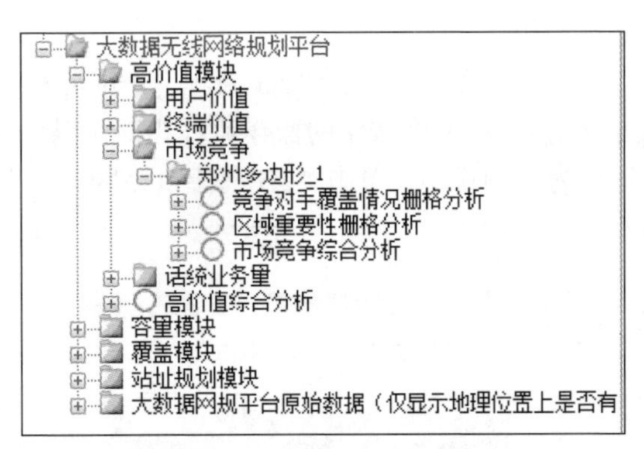

图 5-106　市场竞争子树图

单击要显示的图层可以在主界面中看到栅格级价值分析结果，如图 5-107 所示。

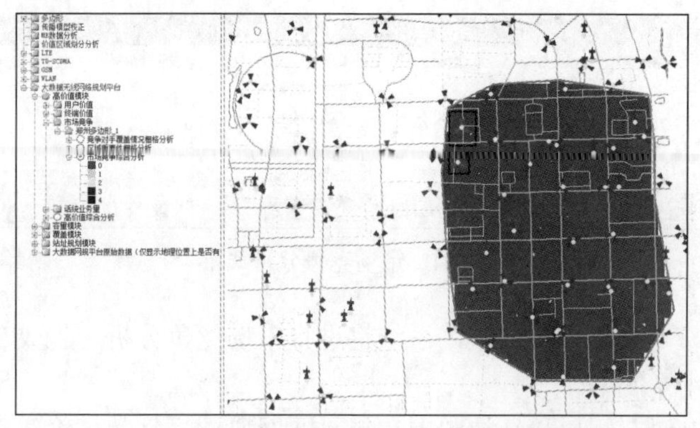

图 5-107　市场竞争下栅格级价值分析结果

5.6.5　业务价值分析

单击“高价值分析→业务价值分析”，在业务价值分析的子菜单下可以选择“话统—业务量分析”和“栅格级业务价值分析”等操作，如图 5-108 所示。

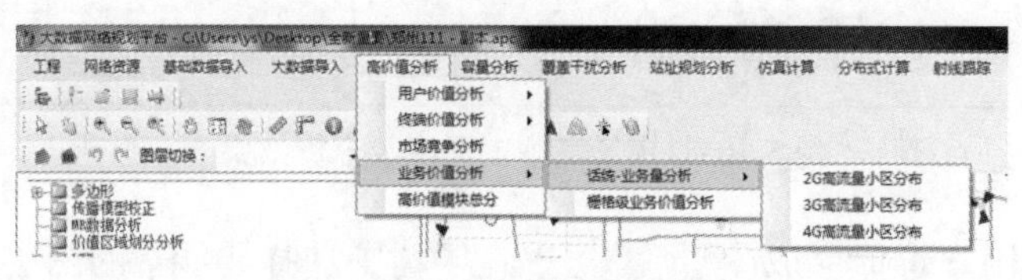

图 5-108　业务价值分析菜单

（1）话统—业务量分析

话统—业务量分析统计子菜单下包括“2G 高流量小区分布”“3G 高流量小区分布”“4G 高流量小区分布”，3 个按钮的操作流程相同，以“2G 高流量小区分布”按钮的操作流程作为示例说明，单击“2G 高流量小区分布”按钮，弹出如图 5-109 所示的对话框。

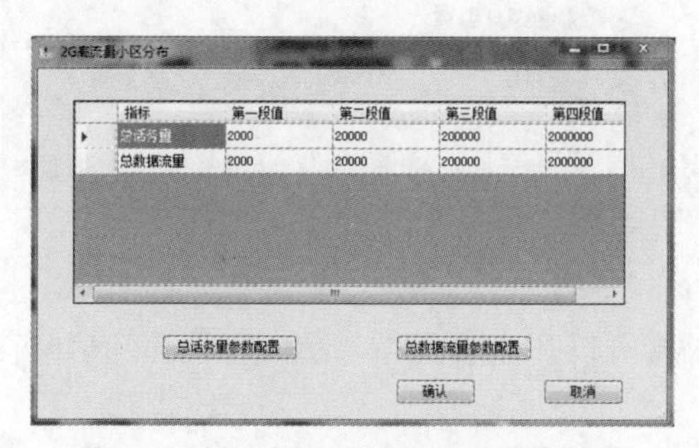

图 5-109　2G 高流量小区分布配置界面

用户可以通过“总话务量参数配置”和“总数据流量参数配置”对这两个参数进行配置，单击“总话务量参数配置”按钮，弹出如图 5-110 所示的对话框。

图 5-110　2G 高流量小区总话务量参数配置界面

用户直接在每个段值对应的输入框中输入对应总话务量分段段值，单击“确认”按钮，用户输入的段值显示在主界面的表格中，方便用户查看。“总数据流量参数配置”流程与“总话务量参数配置”相同。全部配置完毕后，单击“确认”按钮，弹出如图 5-111 所示的对话框。

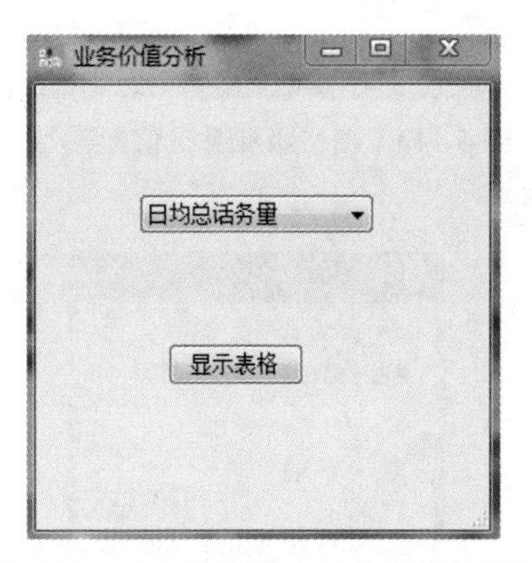

图 5-111　2G 高流量小区分布统计界面

用户可以通过对话框中的下拉选框选择生成日均总话务量统计表格或日均总数据流量统计表格，单击“显示表格”按钮，生成对应下拉选框中的统计结果表格，如图 5-112 所示，生成 2G 日均总话务量结果表格。

业务价值分析结果统计表

文件

日均总话务量	小区数量	小区占比
2000000<日均总话务量	0	0%
200000<日均总话务量≤2000000	0	0%
20000<日均总话务量≤200000	0	0%
2000<日均总话务量≤20000	0	0%
日均总话务量≤2000	71	100%

图 5-112　2G 高流量小区日均总话务量统计结果表格

（2）栅格级业务价值分析

单击“四网协同→高价值模块→业务价值分析”，在业务价值分析的子菜单下单击“栅格级业务价值分析”按钮，进行栅格级业务价值分析计算，用户至少要完成 2G、3G、4G 高流量小区部分分析中的两个，单击“栅格级业务价值分析”按钮，会弹出如图 5-113 所示对话框，否则提示用户“请进行话统—业务量分析计算”，如图 5-114 所示。

图 5-113　栅格级业务价值配置界面

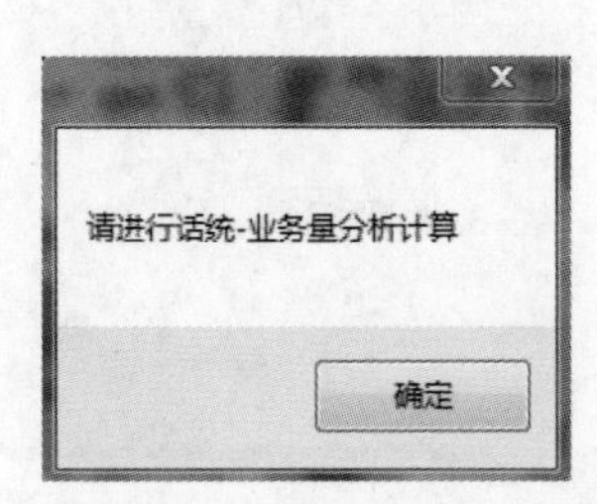

图 5-114　栅格级业务价值分析错误提示

用户通过在对应数据类型后面的输入框中输入 2G、3G、4G 数据对应的权重，输入权重要求 3 个权重的加和为 1，如果不为 1，则提示用户输入有误，需要重新输入，如图 5-115 所示。

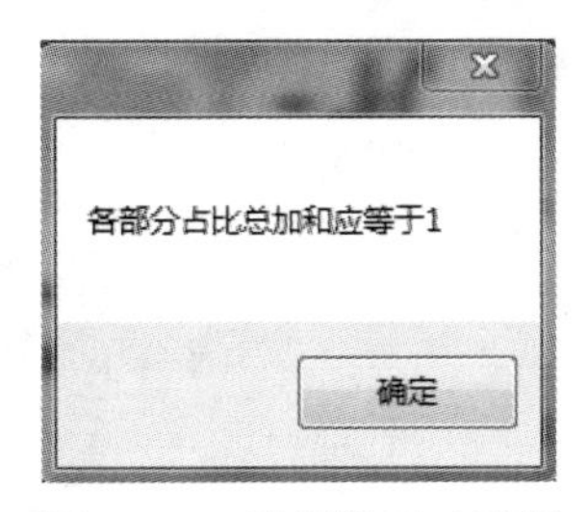

图 5-115　错误提示对话框

正确输入数据权重后，单击“确定”按钮，系统将会计算栅格级业务价值分析，生成对应结果，供后续计算使用。

通过在主界面左侧树状结构图中选择“大数据无线网络规划平台→高价值模块”可以把计算得到的栅格级分析结果显示在地理地图上，如图 5-116 所示。

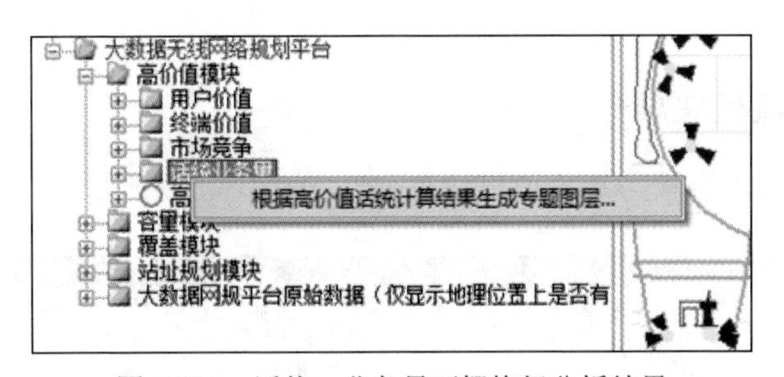

图 5-116　话统—业务量下栅格级分析结果

右键单击用户价值生成图层后，可以在子树中选择要显示的图层，如图 5-117 所示。

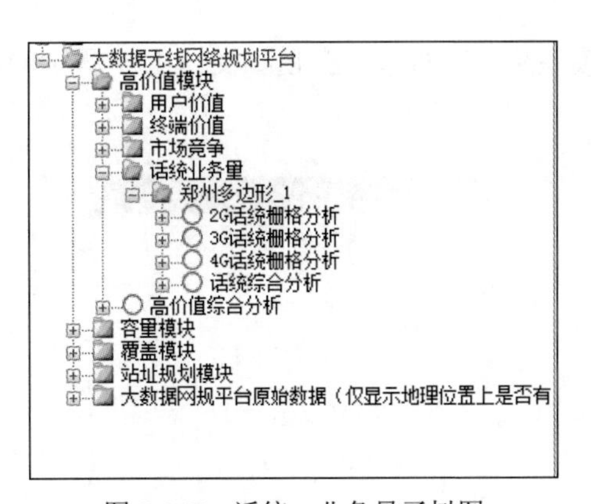

图 5-117　话统—业务量子树图

单击要显示的图层可以在主界面中看到栅格级价值分析结果，如图 5-118 所示。

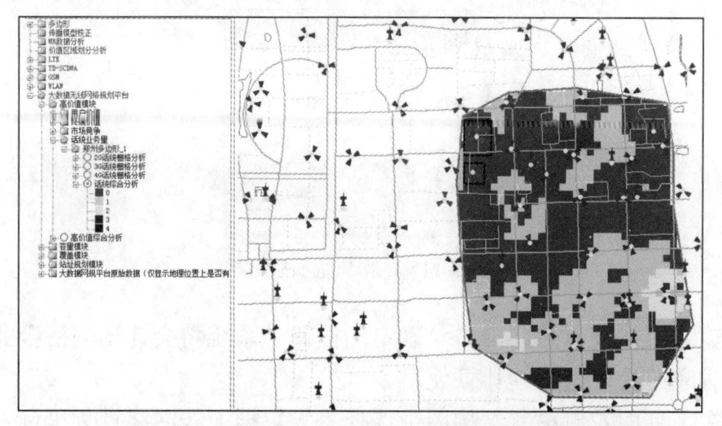

图 5-118　话统—业务量下栅格级价值分析结果

5.6.6 高价值模块总分

单击“高价值分析→高价值模块总分”，如图 5-119 所示。

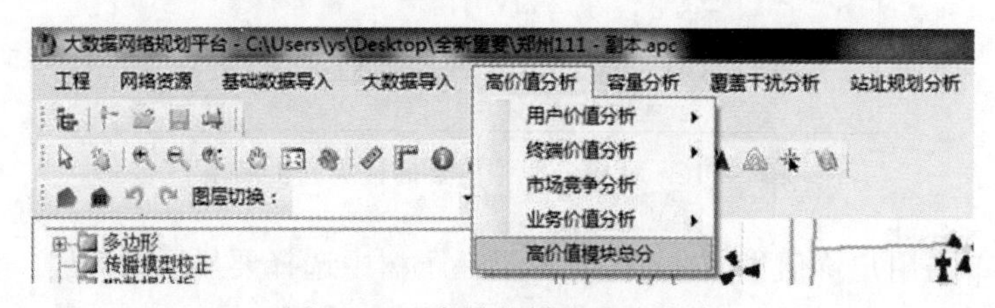

图 5-119　高价值模块总分菜单

单击“高价值模块总分”按钮，弹出如图 5-120 所示的对话框，对各个子模块的权重进行配置。

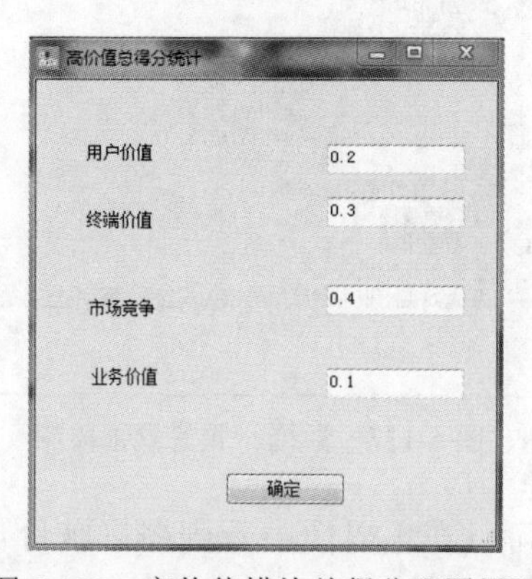

图 5-120　高价值模块总得分配置界面

用户在各个子模块对应的输入框中输入该模块所占权重，输入权重要求 3 个权重的加和为 1，如果不为 1，则提示用户输入有误，需要重新输入，如图 5-121 所示。

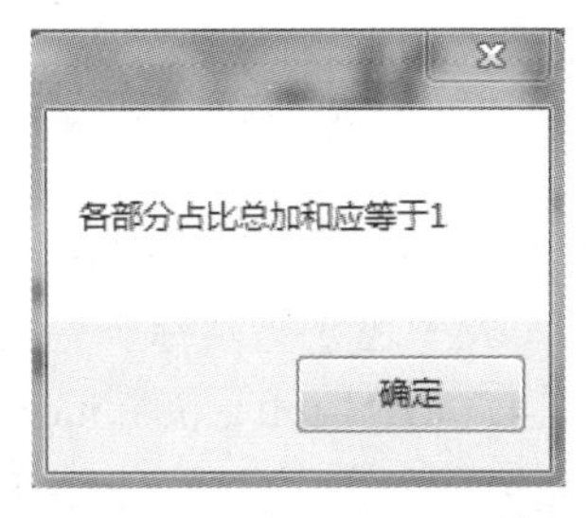

图 5-121　错误提示对话框

正确输入数据权重后，单击“确定”按钮，系统将会计算高价值模块总分，生成对应结果，供后续计算使用。

直接在左侧树状菜单中选择高价值综合分析，可以在地图上展示高价值综合分析结果，如图 5-122 所示。

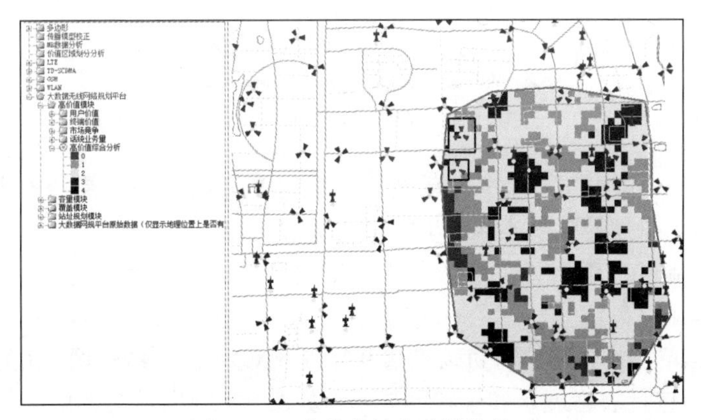

图 5-122　高价值综合分析结果

5.7　容量模块

5.7.1　现网负荷分析

本功能实现计算现网中的负荷信息，如图 5-123 所示。

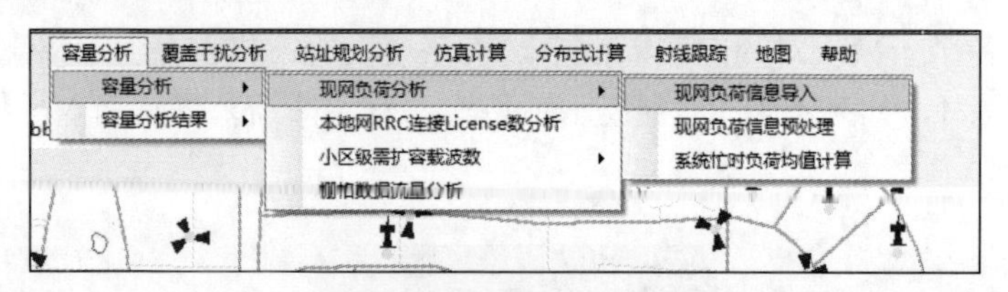

图 5-123　现网负荷分析图

第一步，单击“现网负荷信息导入”，进入如图 5-124 所示界面，导入如图 5-124 所示的 D4 数据表信息，表中包含基站标识、物理小区标识（physical cell identifier，PCI）、小区编号（E-UTRAN cell global identifier，ECGI）、数据采样时间、RRC 连接平均数、RRC 连接最大数、有效 RRC 连接平均数、有效 RRC 连接最大数、PDSCH PRB 利用率、PUSCH PRB 利用率、PDCCH CCE 占用率、PDSCH 可用 PRB 数、PUSCH 可用 PRB 数、下行数据流量（GB）和上行数据流量（GB）信息。

图 5-124　D4 数据表

执行完第一步操作，程序会反馈给用户相关信息，其中包括不合格小区的 ECGI 信息和超出规划区的小区的 ECGI 信息。

第二步，单击“现网负荷信息预处理”，这里对第一步筛选之后的有效数据进行合并补全操作。

第三步，单击“系统忙时负荷均值计算”，计算小区系统忙时，并输出负荷均值结果，其中包括表格展示和柱状图显示，如图 5-125 所示。

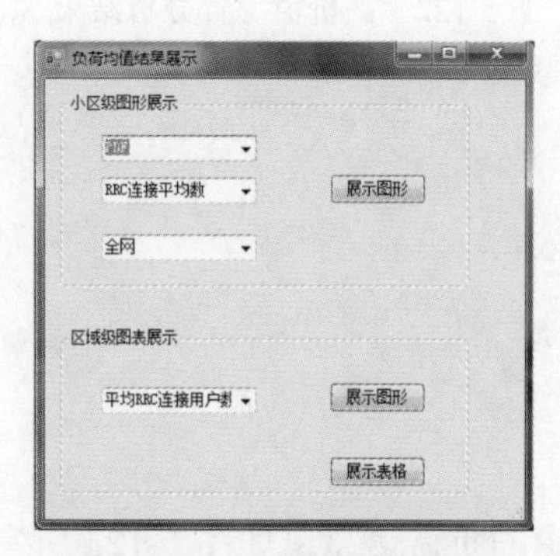

图 5-125　负荷均值结果展示

单击“小区级图形展示”模块中的“展示图形”按钮，展示如图 5-126 所示的折线图。

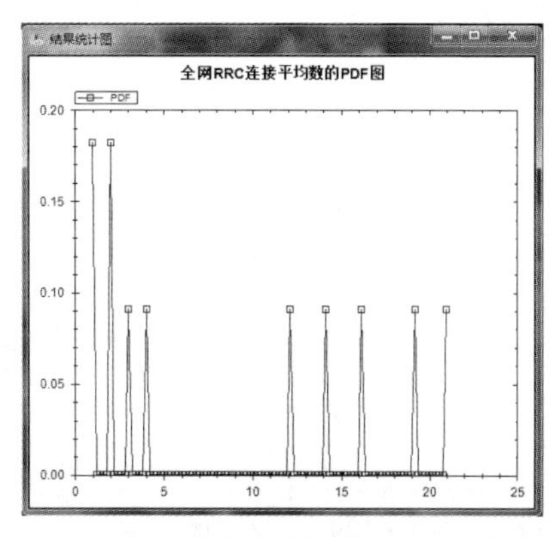

图 5-126　负荷均值结果折线图展示

单击“区域级图表展示”模块中的“展示图形”和“展示表格”按钮，展示图形如图 5-127 所示，区域级表格展示结果如图 5-128 所示。

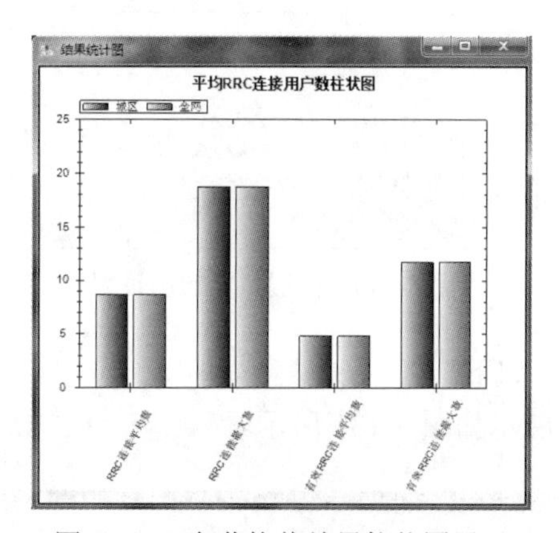

图 5-127　负荷均值结果柱状图展示

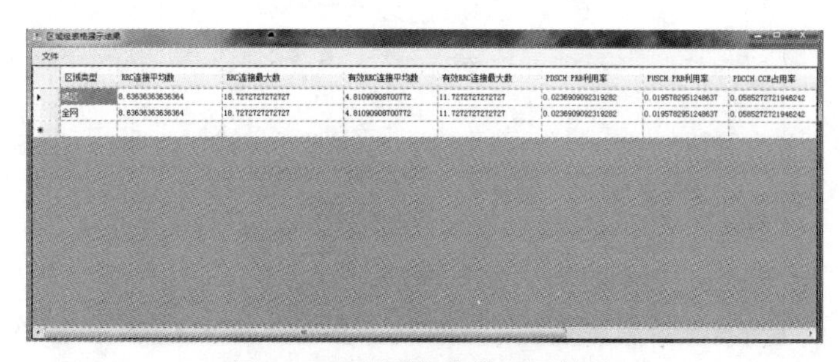

区域类型	RRC连接平均数	RRC连接最大数	有效RRC连接平均数	有效RRC连接最大数	PDSCH PRB利用率	PUSCH PRB利用率	PDCCH CCE占用率
城区	8.63636363636364	18.7272727272727	4.81090908700772	11.7272727272727	0.0236909092319282	0.0195782951248637	0.0585272721946242
全网	8.63636363636364	18.7272727272727	4.81090908700772	11.7272727272727	0.0236909092319282	0.0195782951248637	0.0585272721946242

图 5-128　区域级表格展示结果

图层展示操作步骤：鼠标左键单击界面左侧的树，在想要观察结果的模块部分（图 5-129 中以容量模块为例），鼠标右键单击“容量”模块，选择“根据容量计算结果生成专题图层”，如图 5-129 所示。

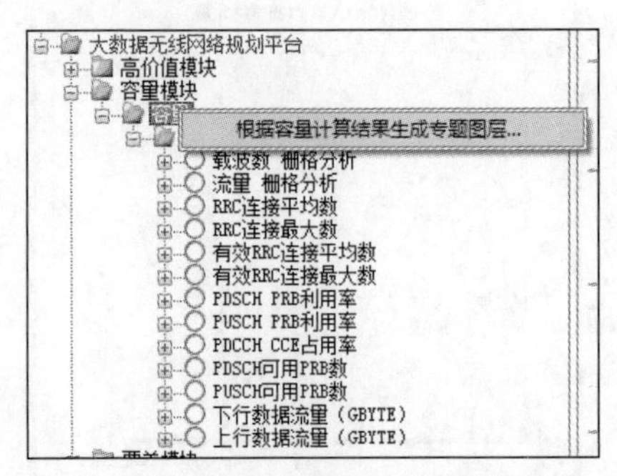

图 5-129　容量选项子树

同时对应结果的颜色也可以调整，如图 5-130 所示，鼠标右键单击想要调整的结果，按照 GIS 模块的说明调整。

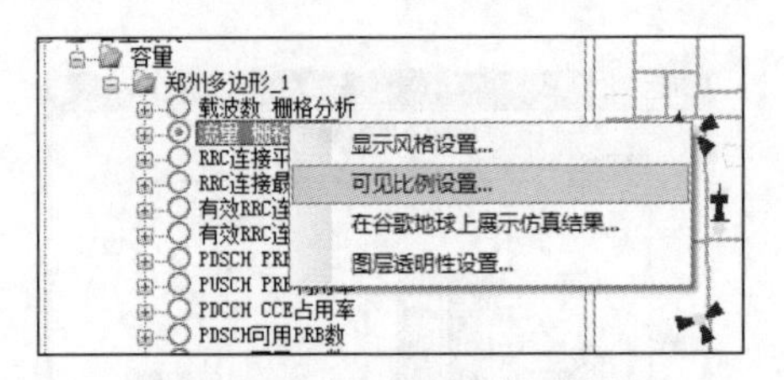

图 5-130　图层可见比例设置

对应图层结果展示如下。

RRC 连接平均数展示如图 5-131 所示。

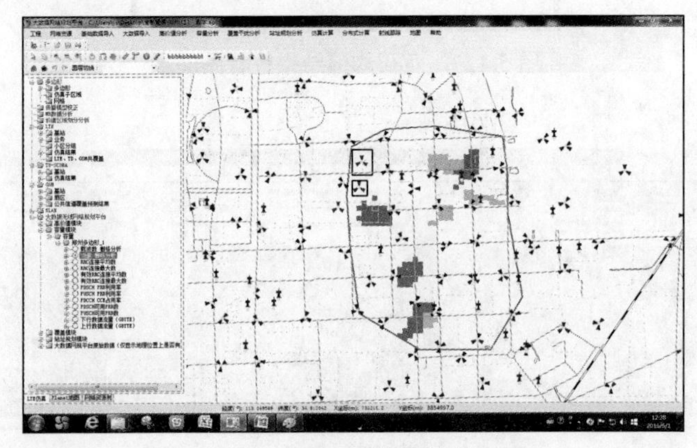

图 5-131　RRC 连接平均数展示

RRC 连接最大数展示如图 5-132 所示。

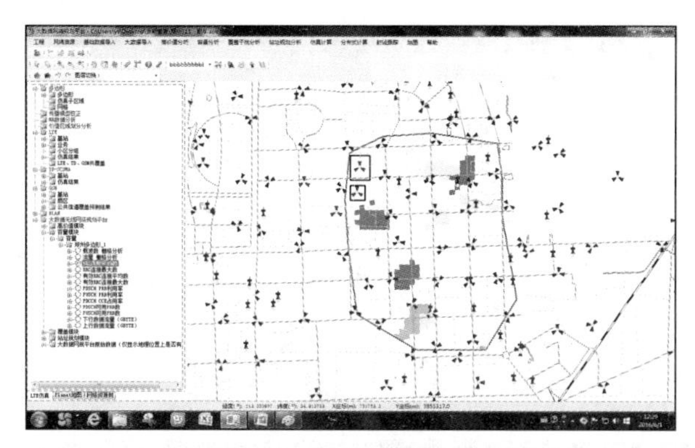

图 5-132　RRC 连接最大数展示

有效 RRC 连接平均数展示如图 5-133 所示。

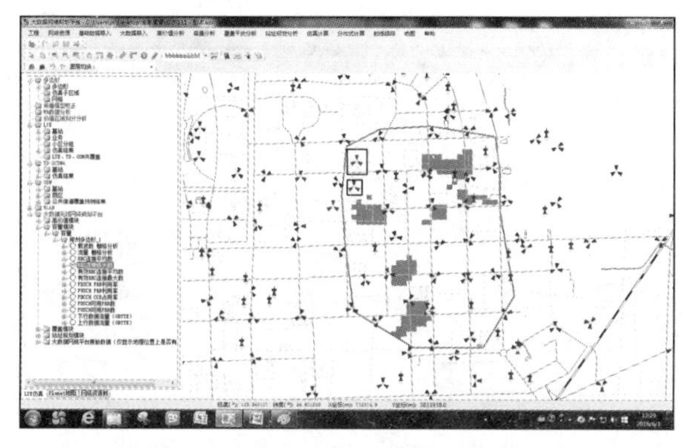

图 5-133　有效 RRC 连接平均数展示

有效 RRC 连接最大数展示如图 5-134 所示。

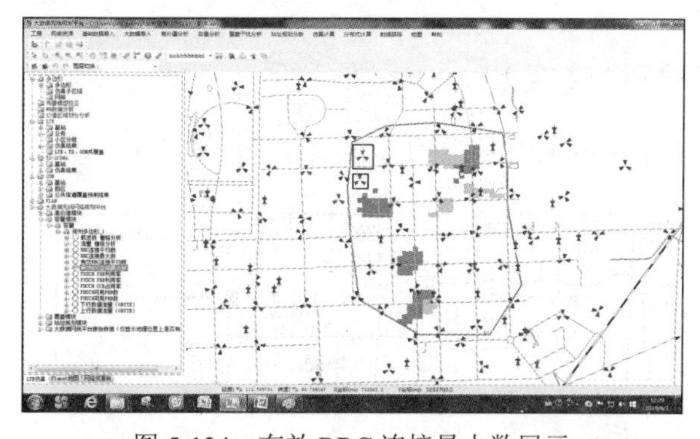

图 5-134　有效 RRC 连接最大数展示

下行数据流量展示如图 5-135 所示。

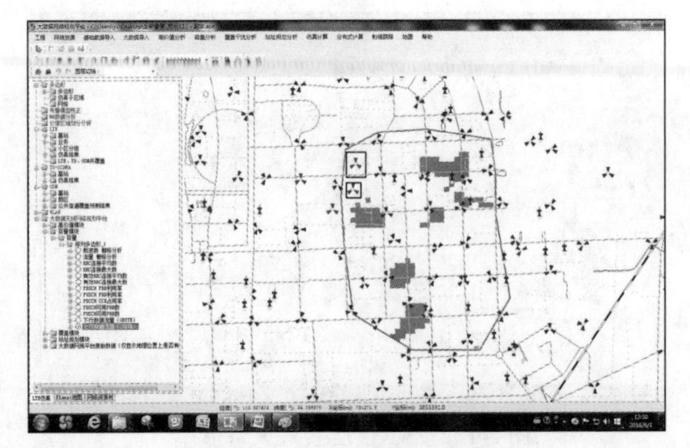

图 5-135　下行数据流量展示

上行数据流量展示如图 5-136 所示。

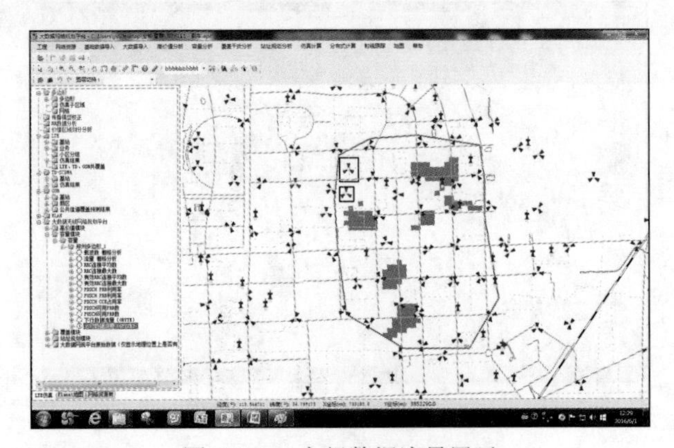

图 5-136　上行数据流量展示

5.7.2　本地网 RRC 连接 License 数分析

计算规划期末本地网 RRC 连接 License 数，如图 5-137 所示。

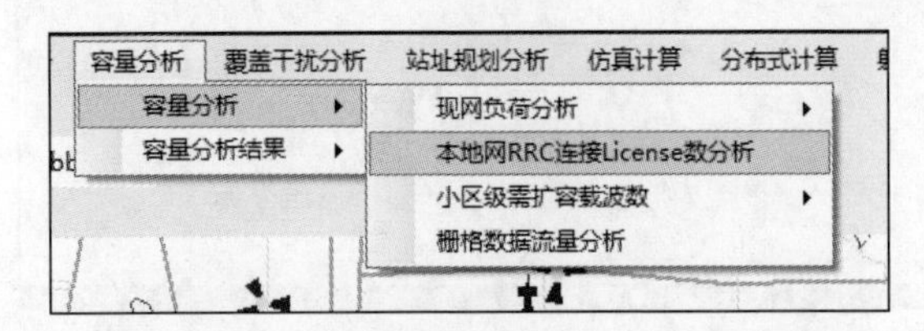

图 5-137　本地网 RRC 连接 License 数分析

第一步，单击“本地网 RRC 连接 License 数分析”，并进入如图 5-138 所示的界面，按照要求完成参数设置（规划期末放号数（见表 5-1）月流量以及累计段值的增/删/改操作）和现网 4G 放号用户数信息表导入。

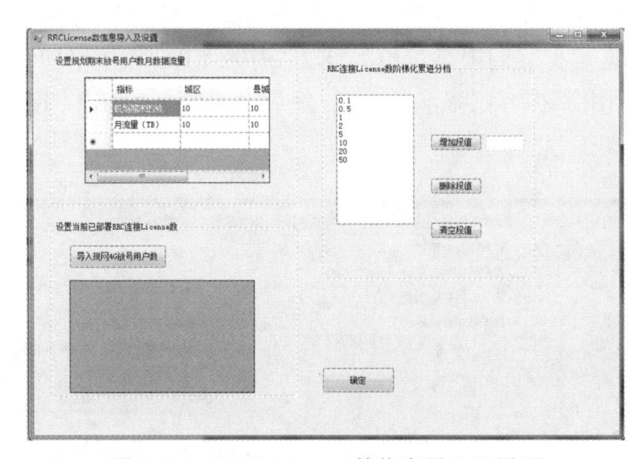

图 5-138　RRC License 数信息导入及设置

表 5-1　D4PhoneNum 表:（分厂商分区域的规划期末放号数）

厂商	城区	县城	农村
华为	50000	50000	50000
中兴	0	0	0
大唐	0	0	0
爱立信	0	0	0
诺西	0	0	0
阿朗	0	0	0
烽火	0	0	0
普天	0	0	0

第二步，完成上述信息导入之后，单击“确定”，完成计算，并返回结果，如图 5-139 所示。

RRCLicense数结果显示

文件

指标	华为	中兴	大唐	爱立信	诺西	阿朗	烽火	普天
本地网当前已…	10	10	10	10	10	10	10	10
规划期末RRC…	0.019	0	0	0	0	0	0	0
阶梯化规划期…	0	0	0	0	0	0	0	0

图 5-139　RRC License 数结果显示

5.7.3 小区级需扩容载波数

图 5-140 为小区级需扩容载波数，通过此模块计算可以得到 3 种满足度，分别是：K1（数据流量扩容门限满足度）、K2（有效 RRC 连接平均数扩容门限满足度）、K3（PRB 利用率扩容门限满足度）。然后在已知 K1、K2、K3 的基础上继续计算得到小区级需扩容载波数计算结果。

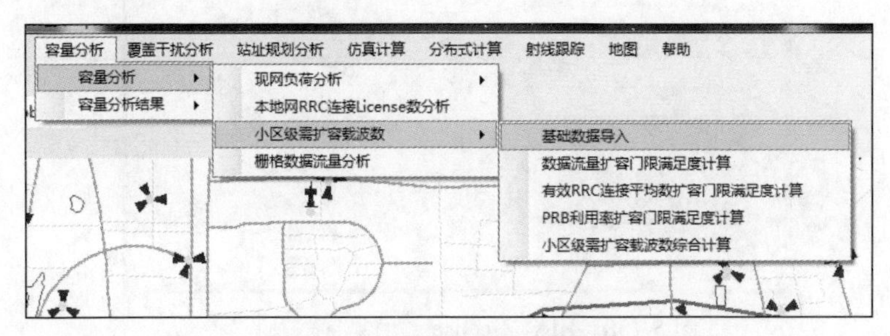

图 5-140 小区级需扩容载波数

第一步，单击“基础数据导入”，进入如图 5-141 所示的界面，完成数据表和参数配置。

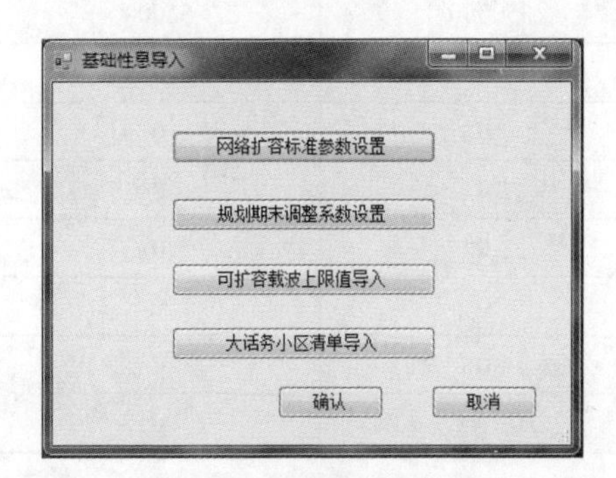

图 5-141 基础信息导入

网络扩容标准参数设置，代表了扩容的门限或标准，需要设置的参数如图 5-142 所示，具体如下。

（1）室外

- 信道利用门限：TMpdsch、TMpusch、TMpdcch。
- *K* 值取值：KMpdsch、KMpusch、KMpdcch。分区域：城区、县城、农村（含乡镇）。
- 有效 RRC 连接数门限：TMerrc。

- 上下行吞吐量门限：TMdlthr（下）、TMulthr（上）。

（2）室内

- 信道利用门限：TIpdsch、TIpusch、TIpdcch。
- *K* 值取值：KIpdsch、KIpusch、KIpdcch。分区域：城区、县城、农村（含乡镇）。
- 有效 RRC 连接数门限：TIerrc。
- 上下行吞吐量门限：TIdlthr（下）、TMulthr（上）。

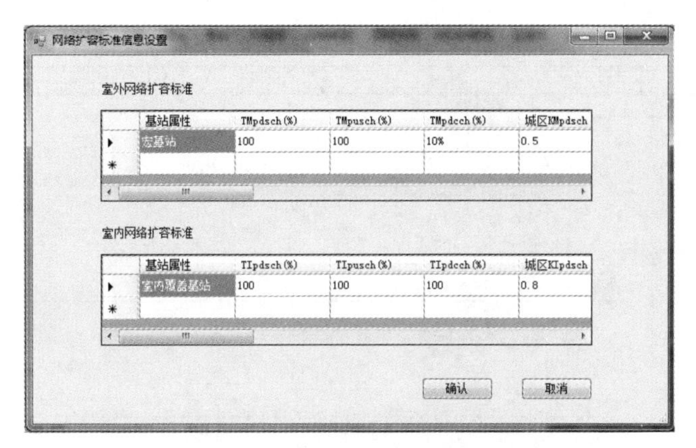

图 5-142　网络扩容标准信息设置

规划期末调整系数设置如图 5-143 所示。

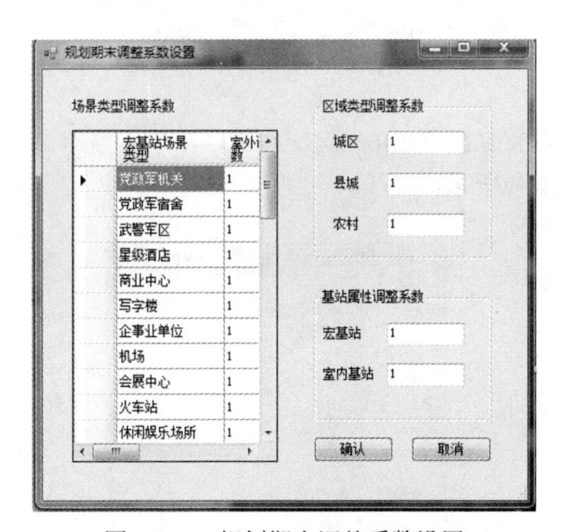

图 5-143　规划期末调整系数设置

可以设置室外宏基站调整系数、室分调整系数、区域类型调整系数、基站属性调整系数。

第二步，按顺序执行数据流量扩容门限满足度计算、有效 RRC 连接平均数扩容门限满足度计算、PRB 利用率扩容门限满足度计算。这里需要注意的是：在执行 PRD 利用率扩容门限满足度计算时，程序判断是否有必要的 MR 数据，如果没有，则自动选择仿真法进行计算；如果有与 MR 数据相关的文件，则会出现相应选择框，如果选择使用 MR 仿真法，则勾选并配置相关参数，如果不使用，则不勾选并单击“确定”，系统则会使用仿真法完成计算。注意：这 3 个扩容门限满足度计算的执行顺序不可改变，因为下一步的正确执行需要上一步的部分生成文件。可扩容载波上限清单如图 5-144 所示，大话务小区清单如图 5-145 所示。

基站标识	小区标识	ECGI	bw20MHz	bw15MHz	bw10MHz	bw5MHz
		460-00-242013-2	1	0	0	0
		460-00-123827-32	1	0	0	0
		460-00-242966-2	1	0	0	0
		460-00-243011-2	1	0	0	0
		460-00-242018-2	1	0	0	0
		460-00-242016-2	1	0	0	0
		460-00-234875-0	1	0	0	0
		460-00-234973-1	1	0	0	0
		460-00-243011-1	1	0	0	0

图 5-144　可扩容载波上限清单

1	小区编号（ECGI）	大话务小区标识	大话务小区历史忙日
2	460-00-242013-2	FALSE	
3	460-00-123827-32	FALSE	
4	460-00-242966-2	FALSE	
5	460-00-243011-2	FALSE	
6	460-00-242018-2	FALSE	
7	460-00-242016-2	FALSE	

图 5-145　大话务小区清单

MR 信息导入设置如图 5-146 所示，RSRQ *K* 值设置表如图 5-147 所示，SINR *K* 值设置表如图 5-148 所示。

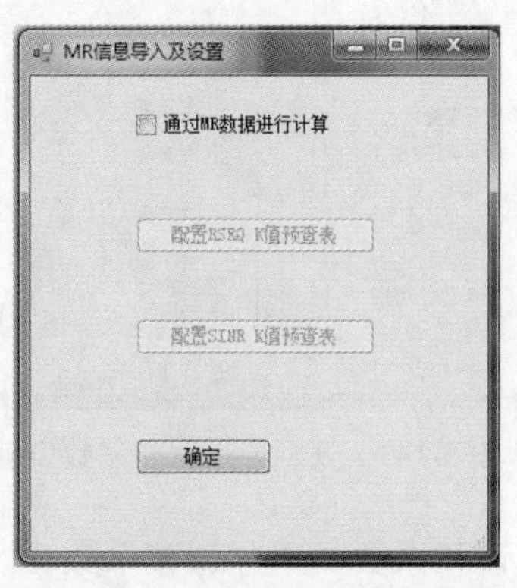

图 5-146　MR 信息导入及设置

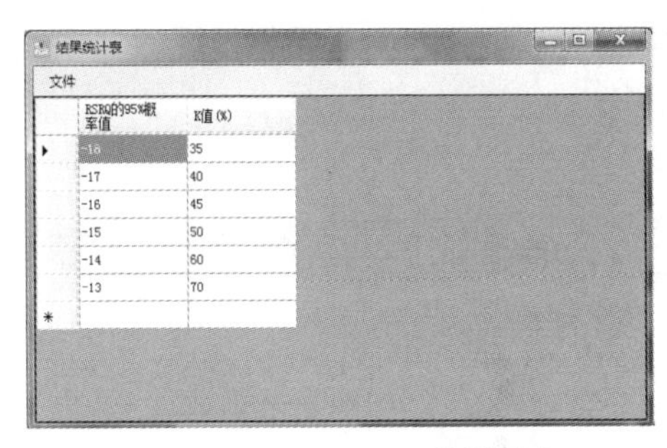

RSRQ的95%概率值	K值(%)
-18	35
-17	40
-16	45
-15	50
-14	60
-13	70

图 5-147　RSRQ *K* 值设置表

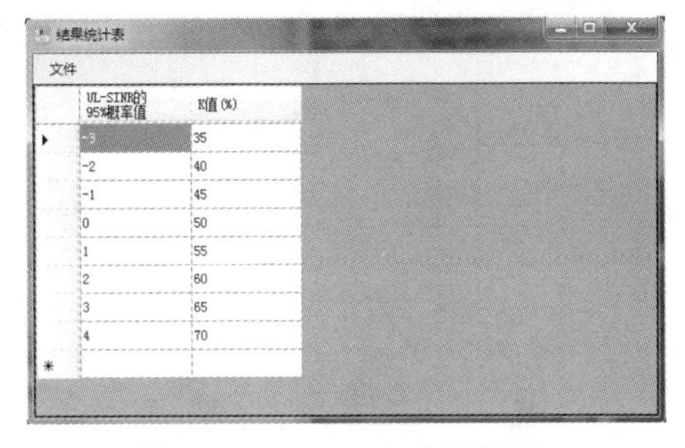

UL-SINR的95%概率值	K值(%)
-3	35
-2	40
-1	45
0	50
1	55
2	60
3	65
4	70

图 5-148　SINR *K* 值设置表

第三步，执行小区级需扩容载波数综合分析并得到返回的计算结果，如图 5-149 所示。

PCI	ECGI	基站属性	区域类型	覆盖类型	主设备厂家	频段	带宽	大话务小区标识	BW20MHz	BW15MHz	BW10MHz	BW5MHz
[illegible]	460-00-127626-0	宏站	城区	低层居民区	华为	D	5	False	1	0	0	0
449	460-00-128549-0	宏站	城区	城区道路	华为	D	5	False	1	0	0	0
448	460-00-128549-1	宏站	城区	城区道路	华为	D	5	False	1	0	0	0
363	460-00-234874-1	宏站	城区	城区道路	华为	D	5	False	1	0	0	0
364	460-00-234874-2	宏站	城区	城区道路	华为	D	5	False	1	0	0	0
174	460-00-241990-2	宏站	城区	城区道路	华为	D	5	False	1	0	0	0
335	460-00-242003-2	宏站	城区	城区道路	华为	D	5	False	1	0	0	0
492	460-00-242012-0	宏站	城区	城区道路	华为	D	5	False	1	0	0	0
462	460-00-242013-0	宏站	城区	写字楼	华为	D	5	False	1	0	0	0
464	460-00-242013-2	宏站	城区	写字楼	华为	D	5	False	1	0	0	0
411	460-00-242018-1	宏站	城区	城区道路	华为	D	5	False	1	0	0	0

图 5-149　规划期末小区载波信息统计

图层结果展示如图 5-150～图 5-154 所示。

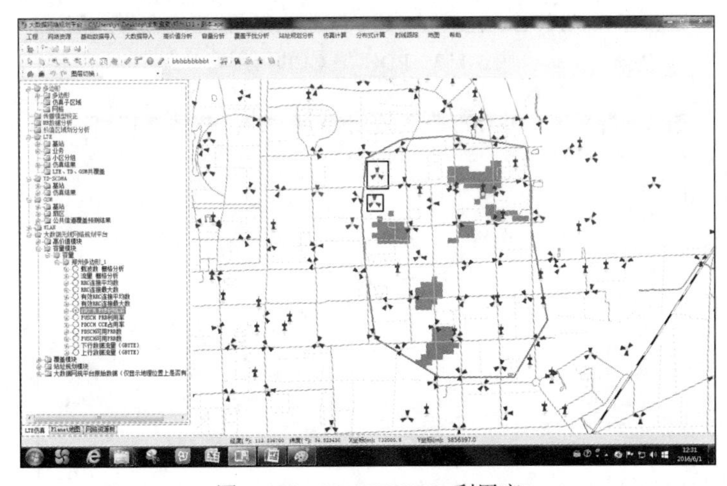

图 5-150　PDSCH PRB 利用率

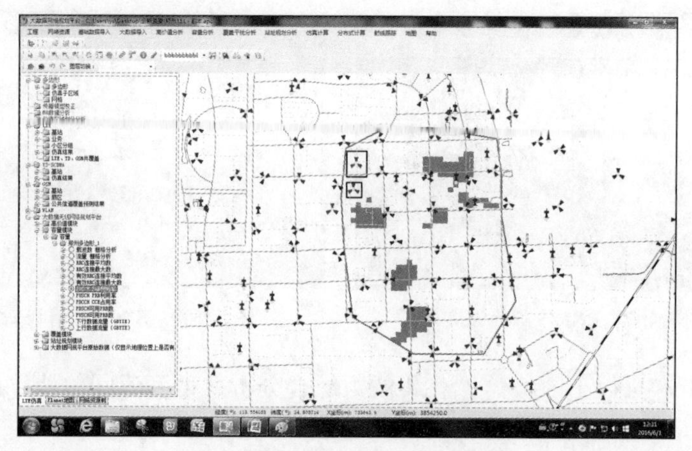

图 5-151　PUSCH PRB 利用率

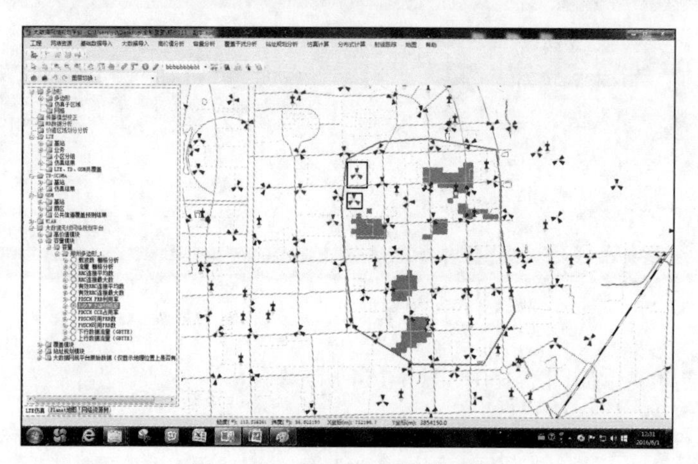

图 5-152　PDCCH CCE 占用率

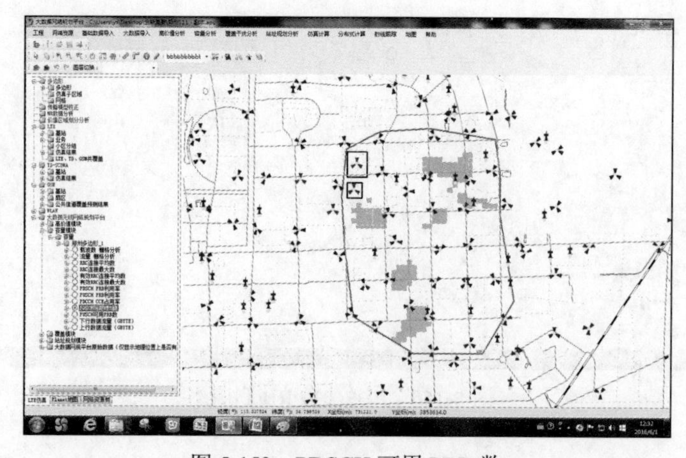

图 5-153　PDSCH 可用 PRB 数

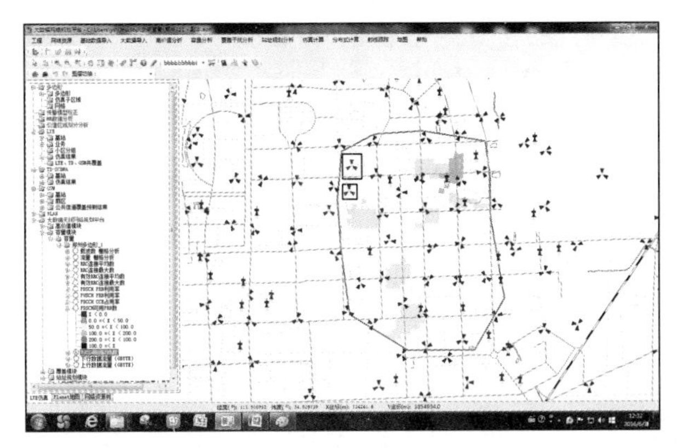

图 5-154　PUSCH 可用 PRB 数

5.7.4　栅格数据流量分析

栅格数据流量分析选项如图 5-155 所示，用户单击“执行”后先检查是否有 MR 数据，如果没有，则直接运用仿真法计算；如果有，则会出现界面让用户选择是否使用 MR 数据进行栅格流量分析。

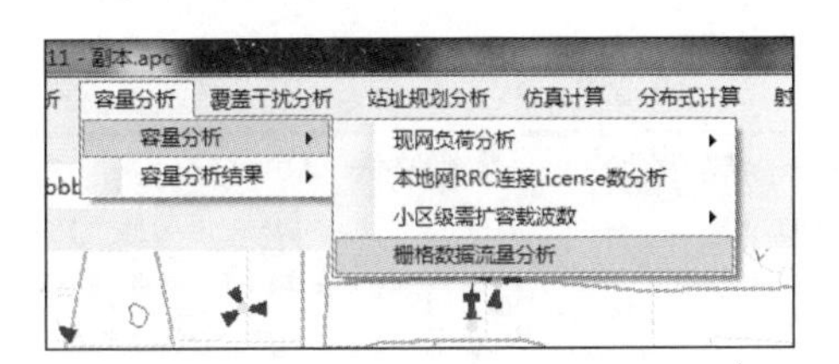

图 5-155　栅格数据流量分析

图层结果展示如图 5-156、图 5-157 所示。

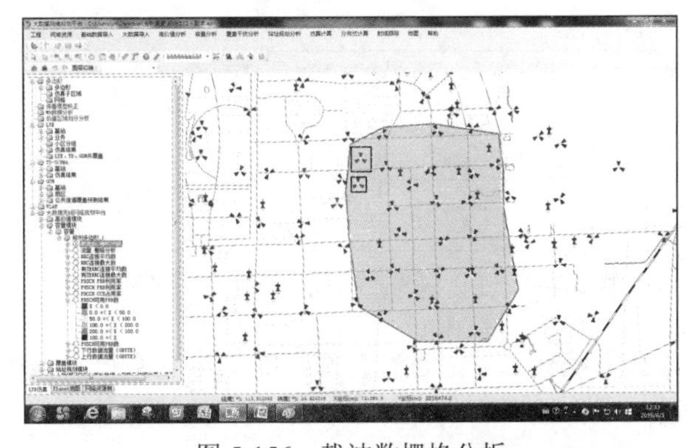

图 5-156　载波数栅格分析

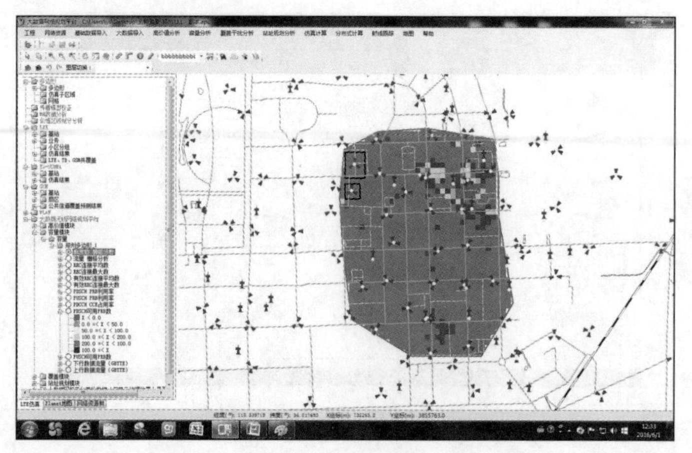

图 5-157　流量栅格分析

5.7.5　容量分析结果

本地网 RRC 连接 License 数分析结果和小区级需扩容载波数计算结果子菜单的作用（如图 5-158、图 5-159 所示）是方便用户查询之前仿真的数据，已经完成的仿真可以直接查看结果而不需要再进行一次运算。

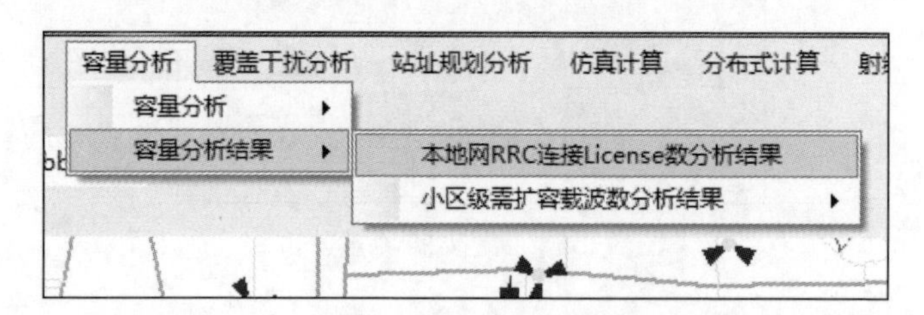

图 5-158　本地网 RRC 连接 License 数分析结果选项

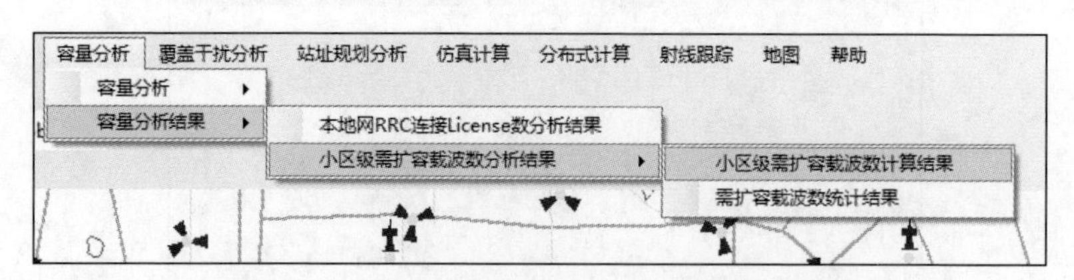

图 5-159　小区级需扩容载波数计算结果选项

执行需扩容载波数统计结果，进行仿真并得到返回数据，如图 5-160 所示。注意：这一步需要基于上述所有的操作，如果没有执行上述操作，系统会报错。信息统计如图 5-161 所示。

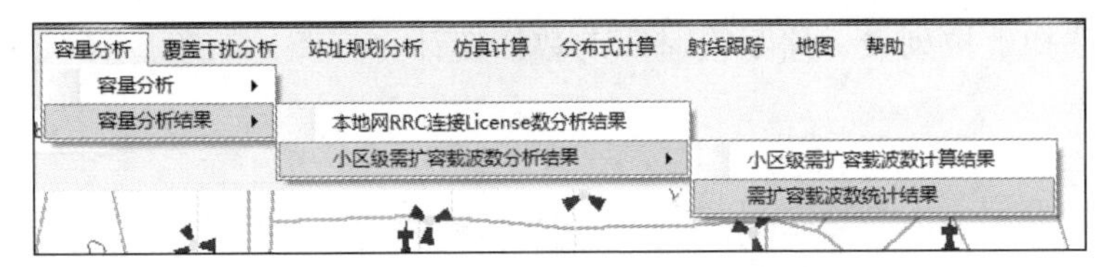

图 5-160　需扩容载波数统计结果选项

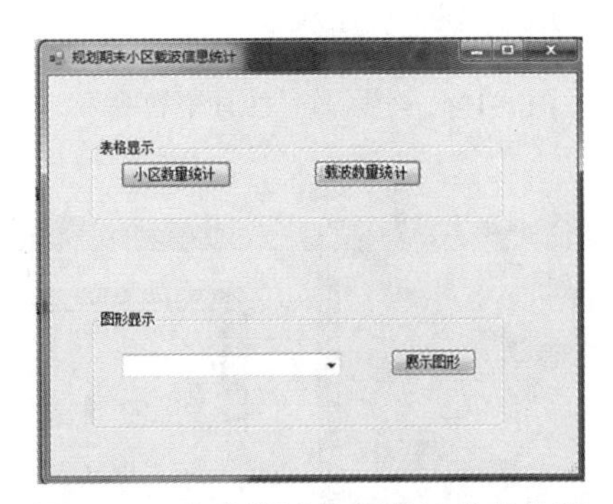

图 5-161　规划期末小区载波信息统计

单击“小区数量统计”，获得结果如图 5-162 所示。

小区数量统计	基站属性	城区	县城	农村	合
现网	宏基站	36	0	0	36
现网	室内覆盖基站	2	0	0	2
现网	小计	38	0	0	38
需扩容	宏基站	11	0	0	11
需扩容	室内覆盖基站	0	0	0	0
需扩容	小计	11	0	0	11
扩容后载波仍...	宏基站	11	0	0	11
扩容后载波仍...	室内覆盖基站	0	0	0	0
扩容后载波仍...	小计	11	0	0	11

图 5-162　小区数量统计

单击“载波数量统计”，获得结果如图 5-163 所示。

载波数量统计	基站属性	载波带宽	城区	县城	农村	合计
现网	宏基站	20M	0	0	0	0
现网	宏基站	15M	0	0	0	0
现网	宏基站	10M	0	0	0	0
现网	宏基站	5M	36	0	0	36
现网	室内覆盖基站	20M	0	0	0	0
现网	室内覆盖基站	15M	0	0	0	0
现网	室内覆盖基站	10M	0	0	0	0
现网	室内覆盖基站	5M	2	0	0	2
现网	小计	20M	0	0	0	0
现网	小计	15M	0	0	0	0
现网	小计	10M	0	0	0	0
现网	小计	5M	38	0	0	38
需扩容	宏基站	20M	11	0	0	11

图 5-163　载波数量统计

用户选择下拉列表，并获得对应的数据统计直方图，如图 5-164、图 5-165 所示。

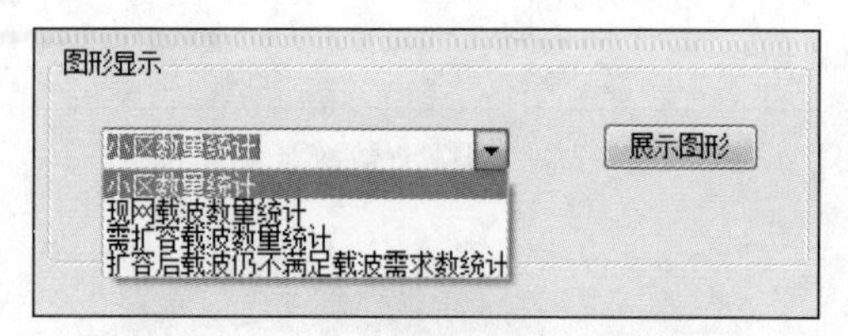

图 5-164　小区数量统计下拉列表

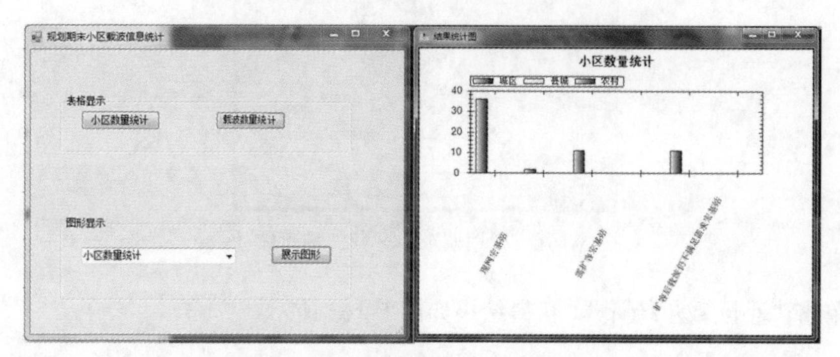

图 5-165　小区数量统计对应直方图

5.8 覆盖干扰模块

此模块的操作为顺序操作，具体步骤如下所述。

第一步，选择工具栏中的四网协同模块的覆盖干扰分析模块，如图 5-166 所示。

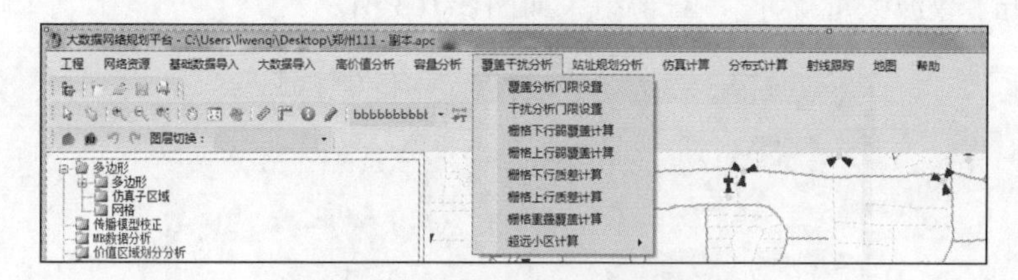

图 5-166　覆盖干扰分析模块选项

第二步，从界面输入段值和门限值，单击“确定”按钮。覆盖模块的段值和门限值输入界面如图 5-167 所示，采样点占比为规划区域内有效小区的样本点数量/规划区域内总的样本点数量。

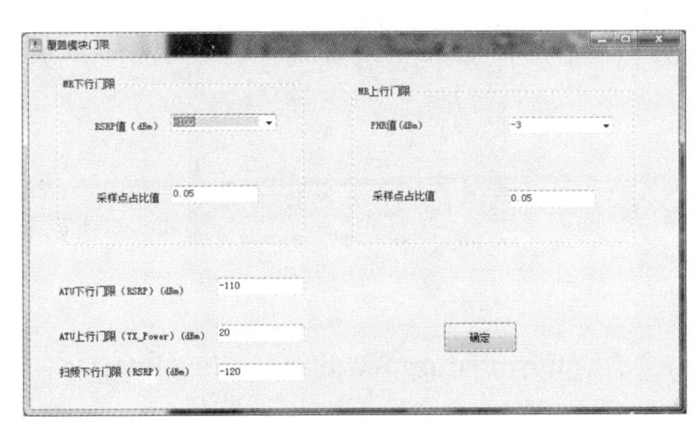

图 5-167　覆盖模块门限

干扰模块的用户输入界面如图 5-168 所示，采样点占比为规划区域内有效小区的样本点数量/规划区域内总的样本点数量。

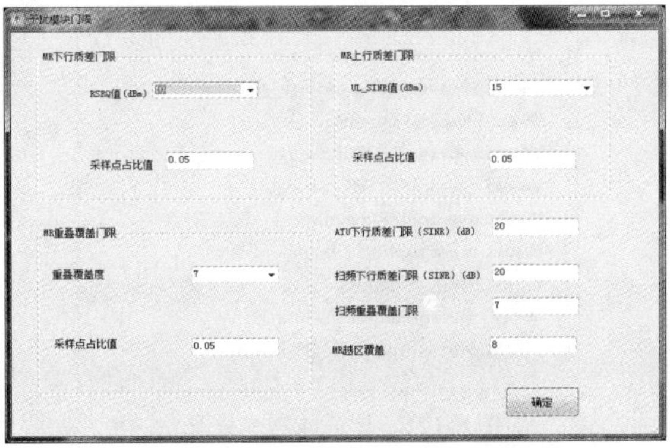

图 5-168　干扰模块的用户输入界面

第三步，分别进行各指标模块的计算，其中对各指标模块的单击顺序并无要求，如图 5-169 所示。

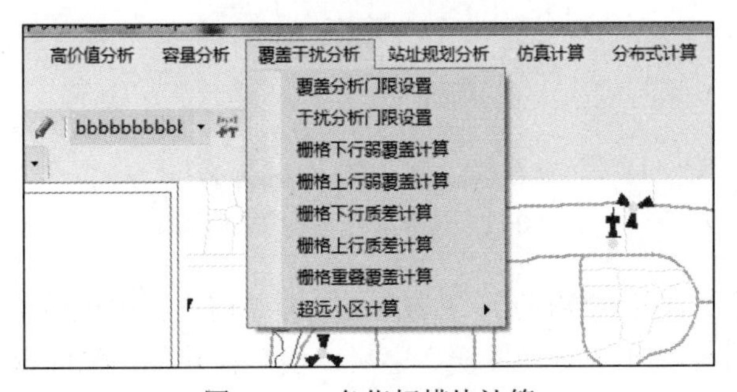

图 5-169　各指标模块计算

第四步，当出现如图 5-170 所示的界面时表明计算成功。

图 5-170　计算成功界面

当计算成功后会在“\PlanPlatform\Multi\CoverageInterface\规划区域编号\”文件夹下出现如图 5-171 所示的文件。

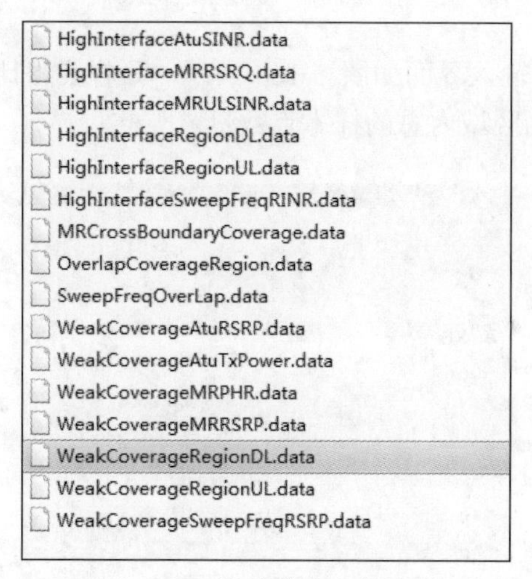

图 5-171　计算成功文件显示

如果计算需要的文件不存在，则会弹出如图 5-172 所示的提示窗口。

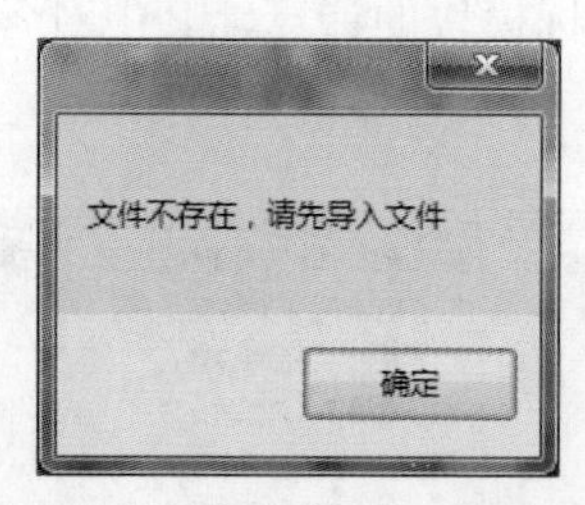

图 5-172　计算文件不存在提示窗口

第五步，所有计算都完成后，右键单击“覆盖模块→覆盖模块”、左键单击“根据覆盖干扰计算结果生成专题图层”之后，便可在软件左侧的树中查看在软件界面的显示效果，如图 5-173、图 5-174 所示。

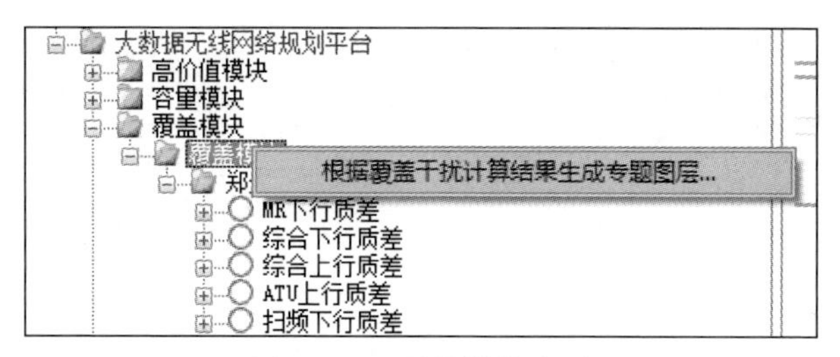

图 5-173　覆盖模块选项

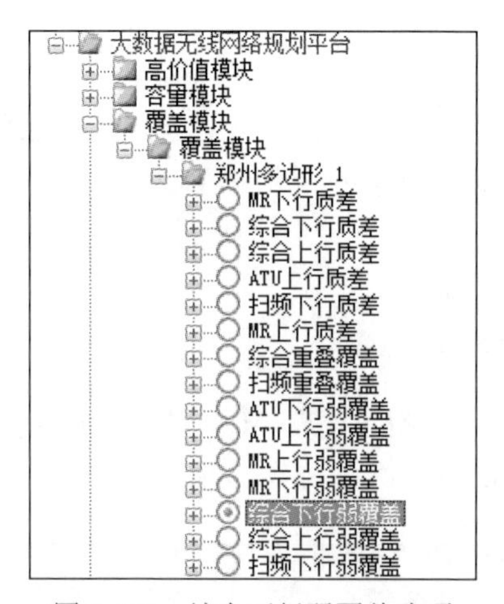

图 5-174　综合下行弱覆盖选项

对应的地图显示如图 5-175 所示。

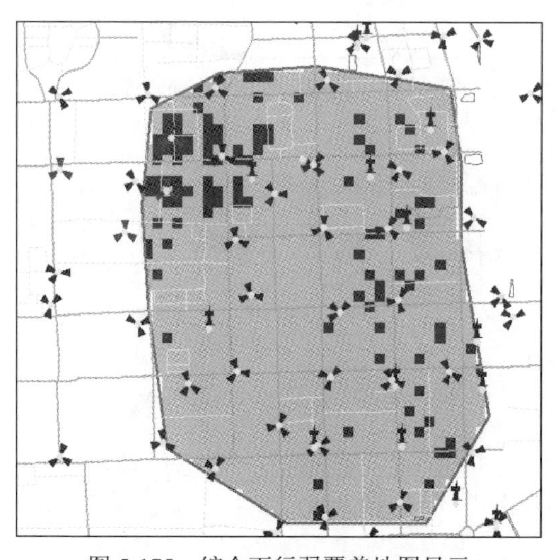

图 5-175　综合下行弱覆盖地图显示

5.9 站址规划模块

站址规划分析的入口如图 5-176 所示。

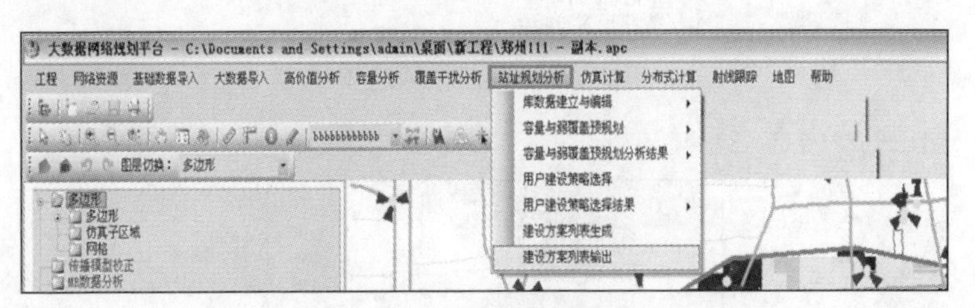

图 5-176　站址规划分析入口

5.9.1 站点扩容参数编辑

站点扩容参数编辑入口如图 5-177 所示，站点扩容参数编辑界面如图 5-178 所示，单载频扩容投资编辑入口如图 5-177 所示。

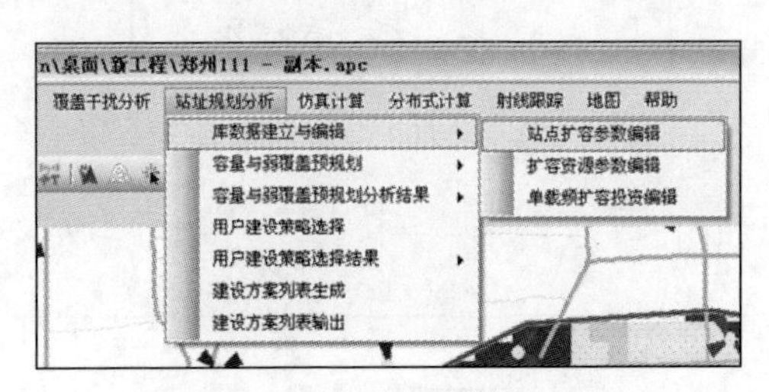

图 5-177　站点扩容参数编辑入口

扩容参数编辑

宏站平均覆盖面积(km²)	微站平均覆盖面积(km²)	宏站基本覆盖面积门限(km²)	建站距限Dd(m
0.143	0.005	0.12	350
0.2	0.005	0.12	366
0.2	0.005	0.12	366
0.286	0.005	0.18	470
0.28	0.005	0.12	366
0.3	0.005	0.2	470

确认　取消

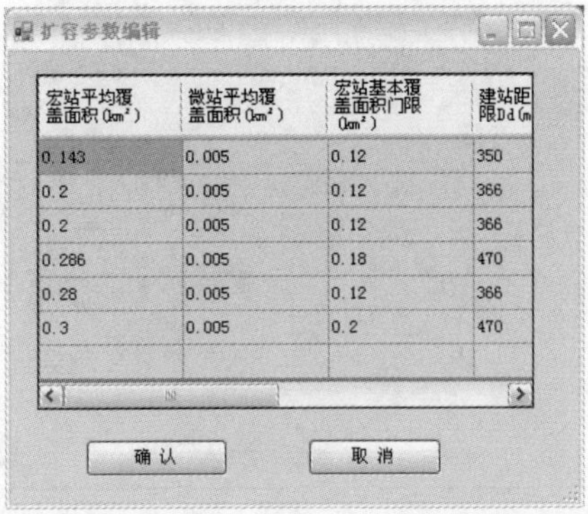

图 5-178　站点扩容参数编辑

用户能对不同场景下的宏基站平均覆盖面积、微基站平均覆盖面积、宏基站基本覆盖面积、微基站基本覆盖面积、建站距离门限、宏基站造价、微基站造价等参数进行编辑。用户只需选中想要修改的单元格并输入合理的参数值，完成修改后单击“确认”按钮即可。

5.9.2　扩容资源参数编辑

扩容资源参数编辑界面如图 5-179 所示，用户可以对宏基站默认小区数量、可用频点数量进行编辑。

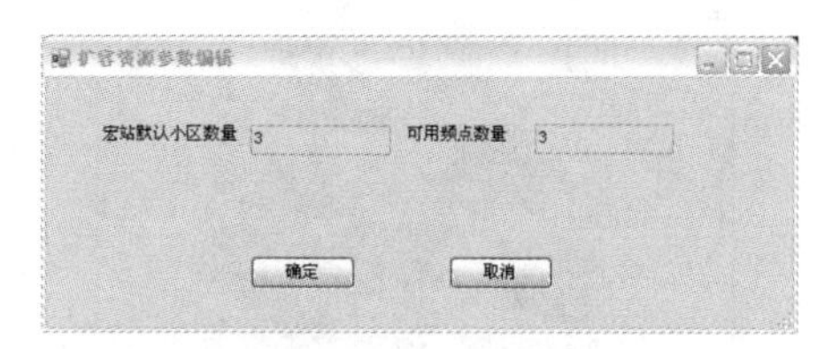

图 5-179　扩容资源参数编辑界面

5.9.3　单载频扩容投资编辑

单载频扩容投资编辑界面如图 5-180 所示，用户可以对不同载频下的宏基站/微基站单载频扩容投资参数进行编辑。

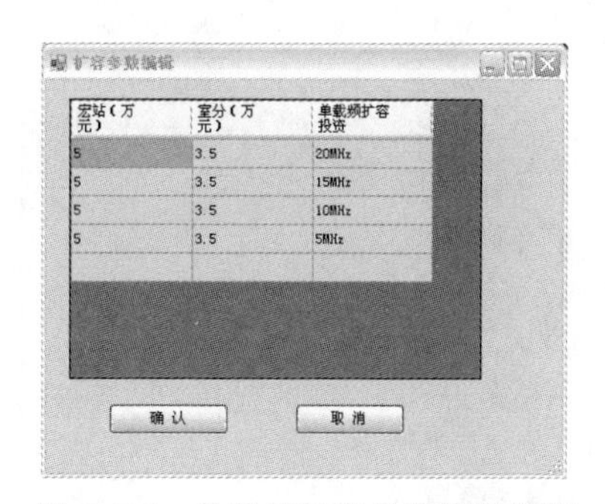

图 5-180　单载频扩容投资编辑界面

5.9.4　弱覆盖栅格聚合

用户点选规划区域后右键单击鼠标，依次选择“四网协同”“执行栅格聚合算法”“覆盖干扰”即可进行弱覆盖栅格聚合，如图 5-181 所示。

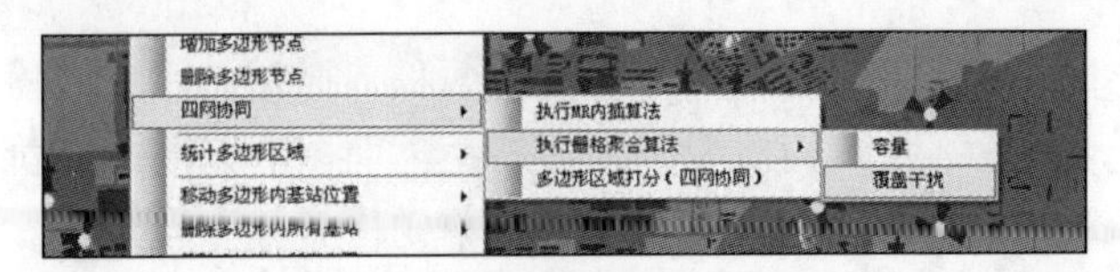

图 5-181　弱覆盖栅格聚合

聚合后的效果如图 5-182 所示，其中两个黑框圈起来的区域即聚合的弱覆盖区域。

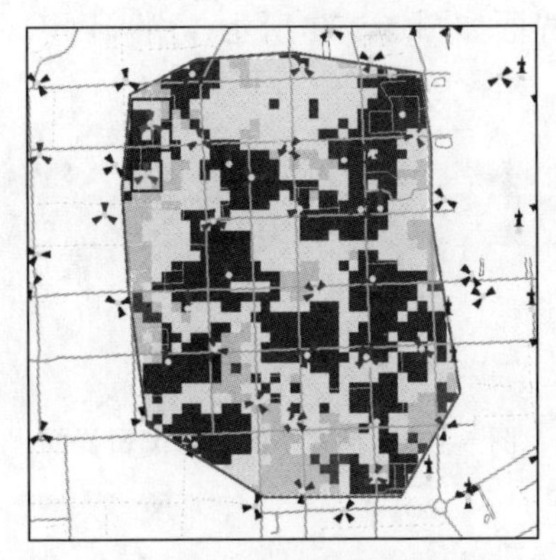

图 5-182　聚合出的弱覆盖区域显示

用户还可以在左侧树中依次展开“大数据无线网络规划平台”、“站址规划模块”、当前规划的多边形区域，勾选或不勾选“弱覆盖区域”以在右边地图上显示或隐藏聚合的弱覆盖区域，如图 5-183 所示。

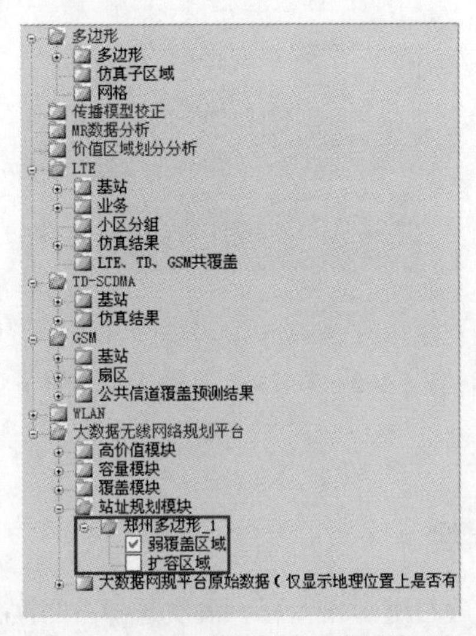

图 5-183　显示聚合出的弱覆盖区域

5.9.5　弱覆盖预规划计算

弱覆盖预规划计算根据由 GIS 模块获得的弱覆盖区域列表信息（包括弱覆盖区域的 ID、栅格数量以及各个栅格的 ID 等），再根据数据库中所提供的宏基站造价等基本信息，进而计算每个弱覆盖区域的宏基站预加站规模、微基站预加站规模、投资规模和价值权重等信息。

5.9.6　容量栅格聚合

用户点选规划区域后右键单击鼠标，依次选择“四网协同”“执行栅格聚合算法”“容量”，即可进行容量栅格聚合，如图 5-184 所示。

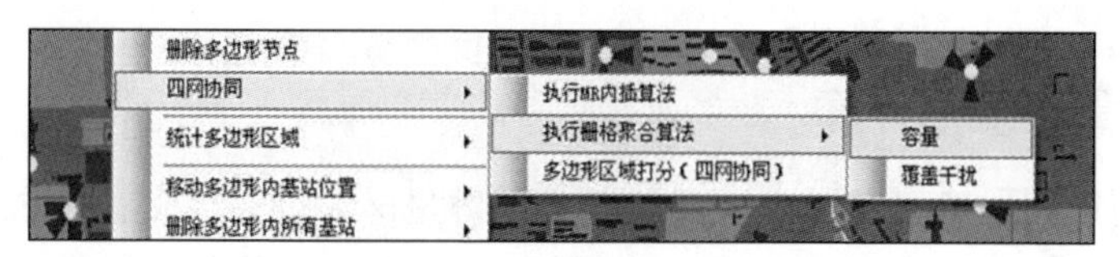

图 5-184　容量栅格聚合

聚合后的效果如图 5-185 所示，其中 3 个黑框圈起来的区域即聚合的扩容区域。

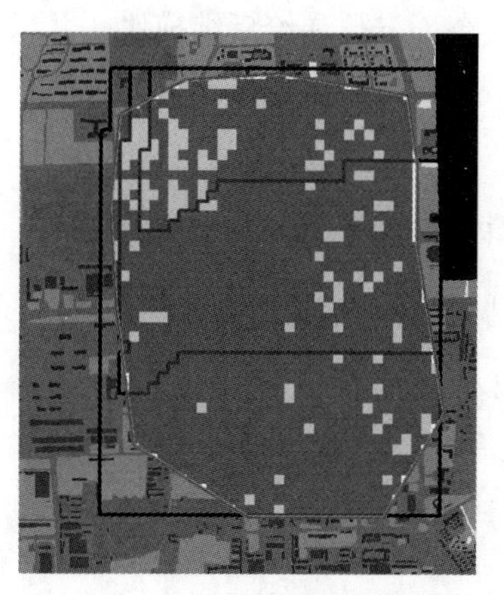

图 5-185　聚合出的扩容区域显示

用户还可以在左侧树中依次展开“四网协同规划”、“站址规划模块”、当前规划的多边形区域，勾选或不勾选“扩容区域”以在右边地图上显示或隐藏聚合的扩容区域，如图 5-186 所示。

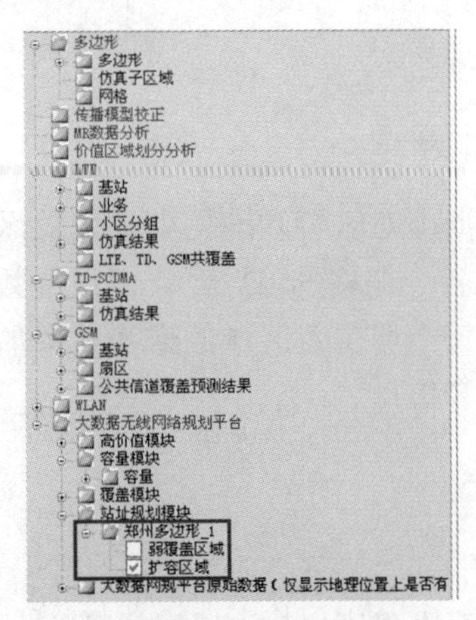

图 5-186　显示扩容区域

5.9.7　容量预规划计算

容量预规划计算根据由 GIS 模块获得的容量区域列表信息计算每个容量区域的宏基站预加站规模、微基站预加站规模、投资规模和价值权重等信息。

5.9.8　小区扩容预投资计算

将来自容量模块的扩容列表传递给后续模块，并以价值权重大小倒序排列。列表包含：小区编号、扩容载波数量、扩容投资规模、小区价值权重。

5.9.9　弱覆盖预规划计算结果

弱覆盖预规划计算结果如图 5-187 所示。

弱覆盖预规划计算结果

文件

弱覆盖区域编号	弱覆盖区域栅格数	弱覆盖区域价值权重	宏站数量	微站数量	投资（万元）
5	150	60	2	0	90
10	62	60	1	0	45
17	59	60	1	0	45
23	55	60	1	0	45
12	42	60	0	21	315
14	42	60	1	0	45
13	34	60	0	17	255
20	28	60	0	15	225
9	25	60	0	15	225
11	25	60	0	13	195

图 5-187　弱覆盖预规划计算结果

5.9.10　容量预规划计算结果

容量预规划计算结果如图 5-188 所示。

容量预规划计算结果

文件

容量区域编号	容量区域栅格数	容量区域价值权重	宏站数量	微站数量	投资（万元）
2	544	60	8	0	360
3	447	60	8	0	360
1	273	60	4	0	180

图 5-188　容量预规划计算结果

5.9.11　小区扩容预投资计算结果

小区扩容预投资计算结果如图 5-189 所示。

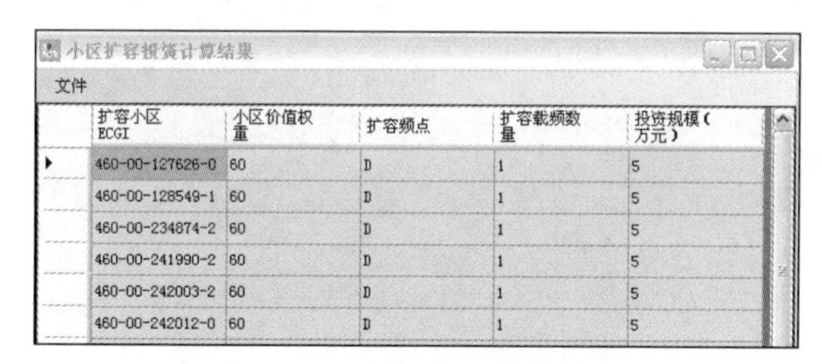

小区扩容预投资计算结果

文件

扩容小区ECGI	小区价值权重	扩容频点	扩容载频数量	投资规模（万元）
460-00-127626-0	60	D	1	5
460-00-128549-1	60	D	1	5
460-00-234874-2	60	D	1	5
460-00-241990-2	60	D	1	5
460-00-242003-2	60	D	1	5
460-00-242012-0	60	D	1	5

图 5-189　小区扩容投资计算结果

5.9.12　用户建设策略选择

依据前述弱覆盖预规划、容量预规划输出的结果，包括弱覆盖建站清单、容量建站清单、扩容小区清单，为用户提供建设策略的选择，如图 5-190 所示。用户可以勾选是否“仅考虑在高价值区域建站”，作为建设方案选择是否考虑各弱覆盖区域、容量区域和扩容小区的价值权重的依据；用户可以通过窗格键入或滑动条方式输入针对弱覆盖、容量建站、小区扩容等清单中的区域解决比例。系统优先选择 3 个建设清单中排序在前的区域或小区，按照用户输入策略和比例计算总方案建设规模和工程投资估算。

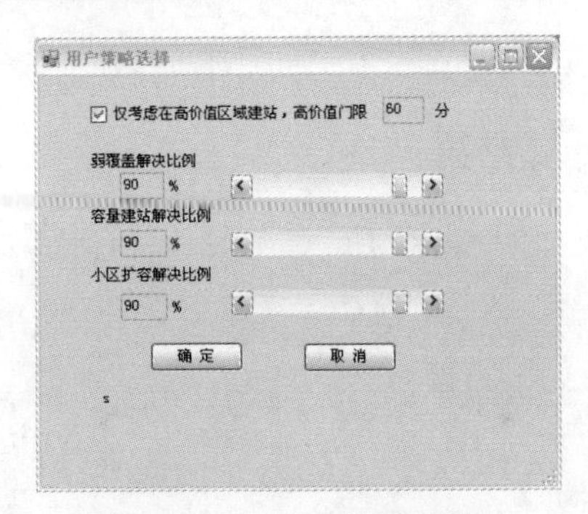

图 5-190　用户建设策略选择

5.9.13　用户建设策略选择结果

用户建设策略选择结果如图 5-191 所示，其他分别展示用户建设策略选择后结果以及解决清单：弱覆盖解决清单、容量建站解决清单和小区扩容解决清单，如图 5-192～图 5-194 所示。

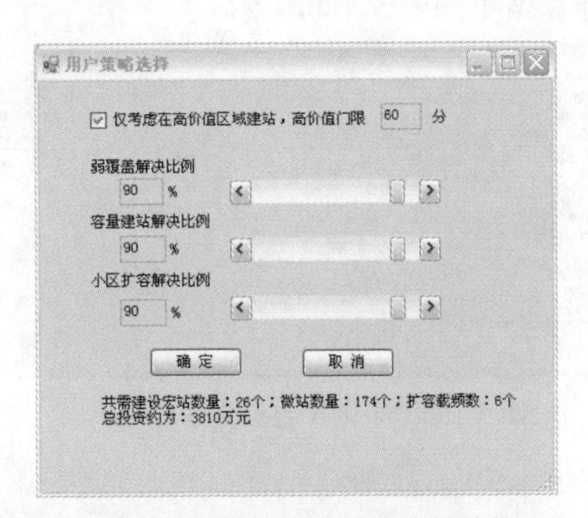

图 5-191　用户建设策略选择结果

弱覆盖解决清单

文件

弱覆盖区域编号	弱覆盖区域栅格数	弱覆盖区域价值权重	宏站数量	微站数量	投资（万元）
5	150	60	2	0	90
10	62	60	1	0	45
17	59	60	1	0	45
23	55	60	1	0	45
12	42	60	0	21	315
14	42	60	1	0	45
13	34	60	0	17	255
20	28	60	0	15	225
9	25	60	0	15	225
11	25	60	0	13	195

图 5-192　弱覆盖解决清单

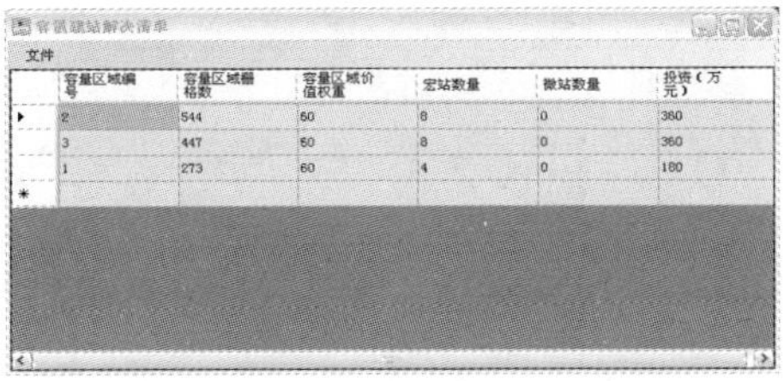

容量建站解决清单

文件

容量区域编号	容量区域栅格数	容量区域价值权重	宏站数量	微站数量	投资（万元）
2	544	60	8	0	360
3	447	60	8	0	360
1	273	60	4	0	180

图 5-193　容量建站解决清单

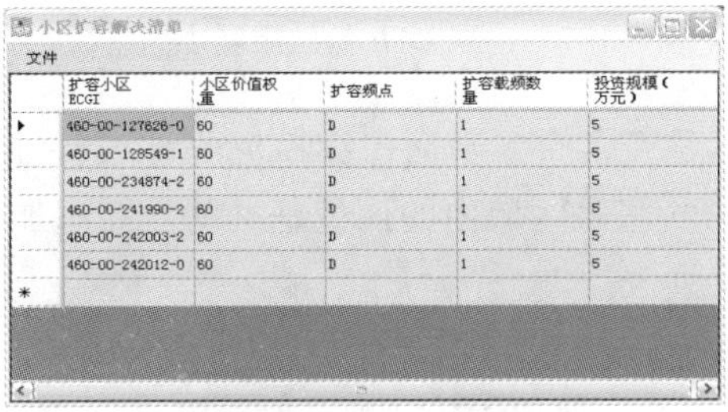

小区扩容解决清单

文件

扩容小区 ECGI	小区价值权重	扩容频点	扩容载频数量	投资规模（万元）
460-00-127626-0	60	D	1	5
460-00-128549-1	60	D	1	5
460-00-234874-2	60	D	1	5
460-00-241990-2	60	D	1	5
460-00-242003-2	60	D	1	5
460-00-242012-0	60	D	1	5

图 5-194　小区扩容解决清单

5.9.14 建设方案列表生成

用户在执行此过程之前应当在地图上进行手工布点，操作步骤为：首先单击如图 5-195 加粗线框所示的“添加 LTE 基站”按钮，然后在地图上想要添加基站的地方单击鼠标左键，这时 LTE 基站添加完成（如图 5-195 所示）。如果还没有建立 LTE 基站扇区小区模板，将不能添加 LTE 基站，这时需要先建立 LTE 基站扇区小区模板。操作方法如图 5-196、图 5-197 所示。

图 5-195　添加 LTE 基站

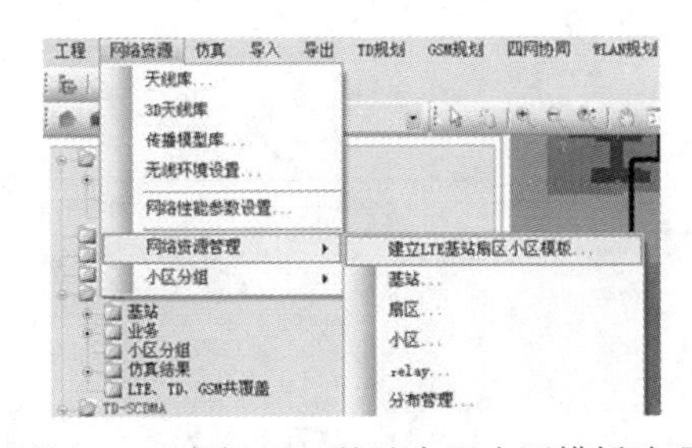

图 5-196　建立 LTE 基站扇区小区模板选项

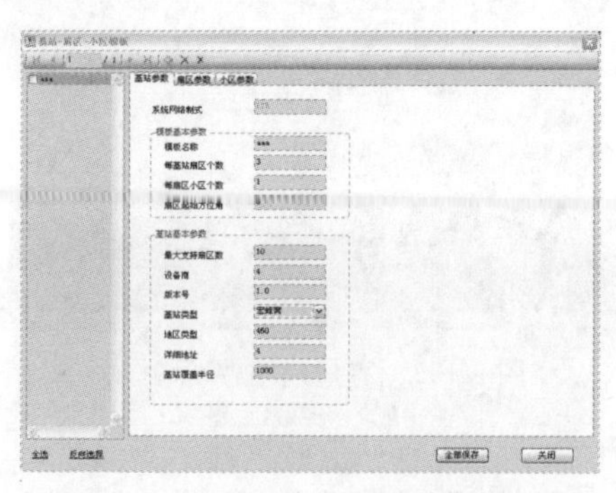

图 5-197　建立 LTE 基站扇区小区模板

用户配置好模板名称及各个参数后保存模板即可。之后便可以进行手工布点。

图 5-198 中聚合的弱覆盖区域内的白色基站就是新添加的基站，用户手工布点后即可生成建设方案列表。

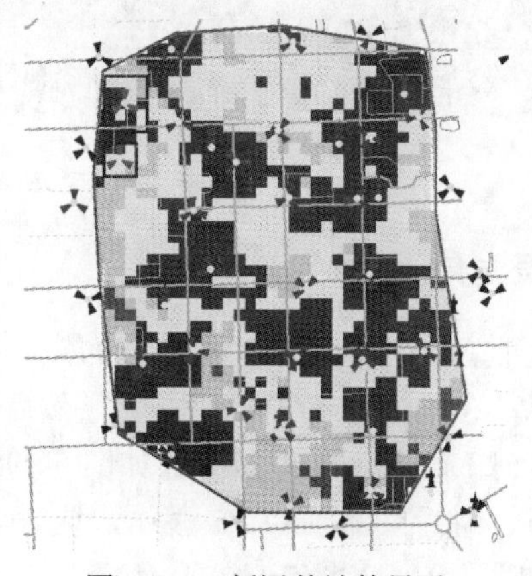

图 5-198　新添基站的显示

5.9.15　建设方案列表输出

生成的建设方案列表如图 5-199 所示。

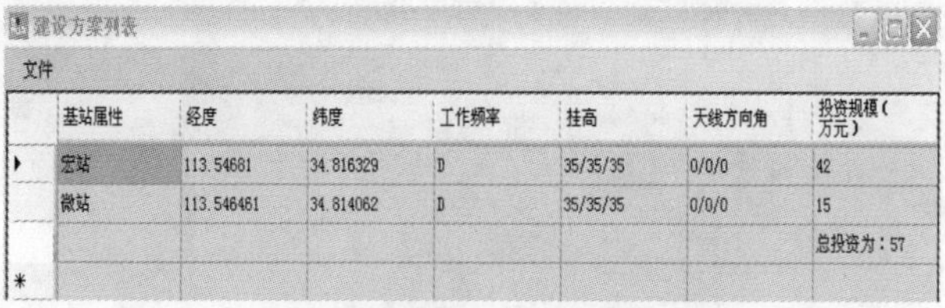

建设方案列表

文件

	基站属性	经度	纬度	工作频率	挂高	天线方向角	投资规模(万元)
▶	宏站	113.54681	34.816329	D	35/35/35	0/0/0	42
	微站	113.546461	34.814062	D	35/35/35	0/0/0	15
							总投资为：57
*							

图 5-199　建设方案列表

5.10　仿真案例

本文以深圳 FDD-TDD 混合组网仿真 VoLTE 用户为例进行介绍。

5.10.1　建立新工程

选择“工程→新建”，弹出工程信息对话框，如图 5-200 所示。填写工程名、制式、创建时间（默认，不可修改）、创建人、项目名称、项目编号及工程说明等信息后，选择工程路径保存，单击“确定”，即完成工程的创建。

其中，制式应选 TDD/FDD。

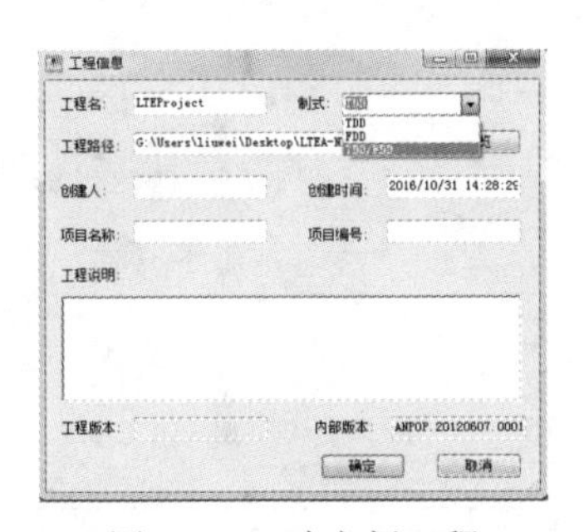

图 5-200　建立新工程

5.10.2　导入数字地图

选择“导入→地图”，弹出导入地图对话框，如图 5-201 所示，浏览文件路径选择所需文件并确定。

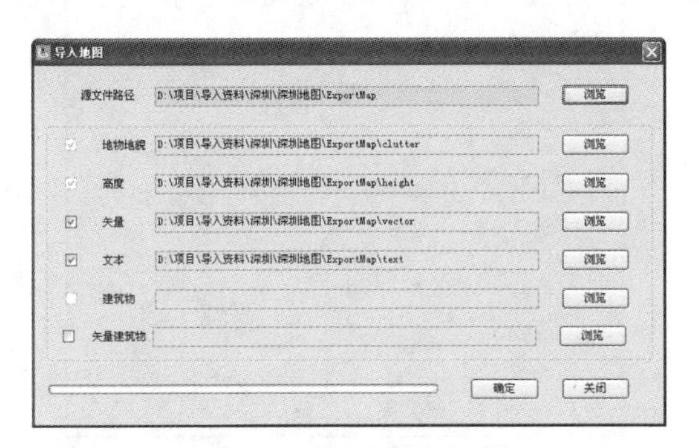

图 5-201　导入地图对话框

5.10.3 前期准备

（1）导入天线

选择“网络资源→天线库”，弹出天线管理对话框，如图 5-202 所示。单击天线管理对话框中的“导入”按钮，找到天线文件所在文件夹之后单击“确定”，即可成功导入天线。

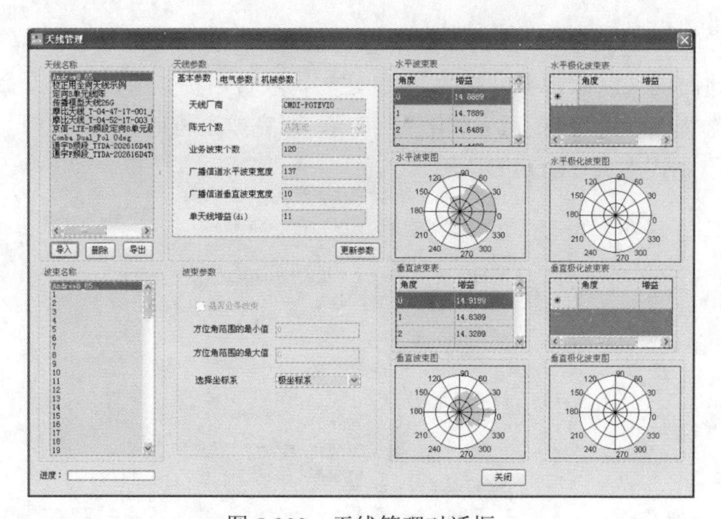

图 5-202　天线管理对话框

（2）编辑传播模型

选择“网络资源→传播模型库”，弹出传播模型管理对话框，根据需要从传播模型库中选择应用于规划的传播模型，并编辑其系数，如图 5-203 所示。

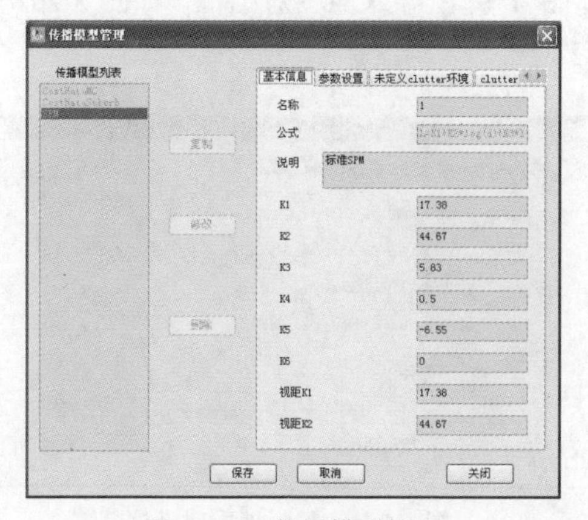

图 5-203　传播模型管理

5.10.4 校正传播模型

如果需要对传播模型进行校正，则首先应导入 CW 测试数据，导入后地图上可显示 CW 测试数据的图层，如图 5-204 所示。

图 5-204 校正传播模型

可对 CW 路测数据进行地理平移和地理平均的预处理，接下来导入要进行 CW 测试的基站/小区，并选择需要校正的传播模型及系数，然后进行校正，完成之后可查看校正报告、对照图等，并可保存在传播模型库中。

5.10.5 添加基站并设置规划区

导入基站列表或者手动添加基站，详见第 5.4.1 节。绘制多边形并设置为规划区域，如图 5-205 所示。

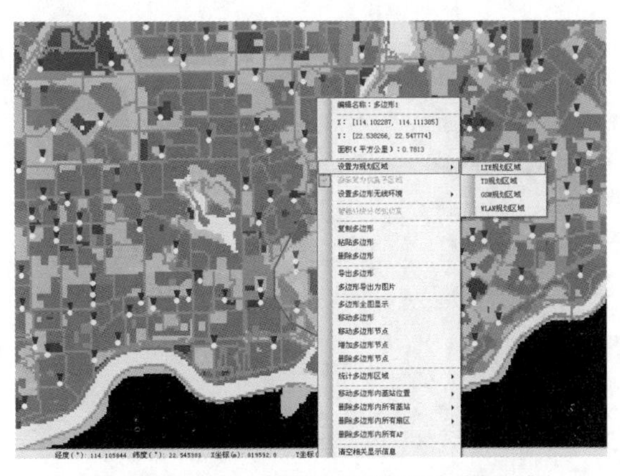

图 5-205 绘制多边形并设置为规划区域

5.10.6 参数设置

配置规划区域内各小区的传播模型和天线类型，选择全部保存可修改扇区的设置（详见 5.3 节的（5）统计多边形区域信息），如图 5-206 所示。

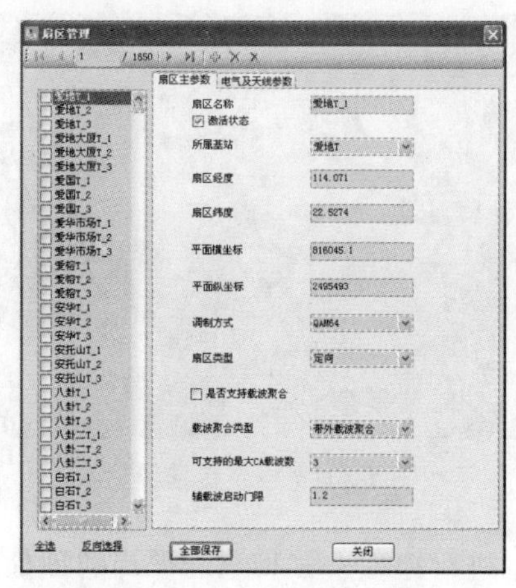

图 5-206　配置规划区参数

5.10.7 公共信道覆盖预测

对规划区域内的小区进行公共信道覆盖预测，查看公共信道的覆盖是否达到要求，可调整部分基站的位置或者参数并再次进行覆盖预测，直到达到覆盖目标，如图 5-207 所示。

图 5-207　公共信道覆盖预测

5.10.8　蒙特卡罗仿真

进行蒙特卡罗仿真之前，需设置话务规则，还需设置/修改蒙特卡罗仿真的参数，之后进行蒙特卡罗仿真，得到网络统计指标。仿真结果如图 5-208 所示。

小区编号	小区名称	是否为relay	UE总数	ICICUE比例	公共信道覆盖失败率	接入失败率	掉线率	下行发射总功率	下行RB占用率	下行吞吐量	下行边缘吞吐量	UE平均发射功率	上行平均干扰抬升	上行RB占用率	上行吞吐量	上行边缘吞吐量	下行平均包时延	上包
1	460-00-47046-2	False	215	40.47	0	82.85	90.03	42.99	50	5432.44	155.78	21	73.52	50	4162.2	174.46	67.68	66
2	460-00-128600-1	False	176	72.73	0	47.08	91.26	42.99	49.95	4895.71	118.66	21	49.57	50	6920.56	193.82	14.37	16
3	460-00-128600-0	False	160	33.12	0	67.74	88.06	42.1	40.77	4768.28	111.64	21	74.94	50	4015.42	137	8.66	98
4	460-00-128672-2	False	191	42.41	0	66.05	88	42.98	49.92	5873.1	115.65	21	42.11	50	4932.33	161.21	11.46	34
5	460-00-128672-1	False	192	44.27	0	86.33	89.42	42.99	50	3268.84	121.92	21	44.16	50	3854.47	123.7	116.82	66
6	460-00-47046-1	False	260	17.31	0	48.51	88.58	42.86	48.54	8375.3	138.83	21	48.56	50	9795.1	184.49	8.9	37
7	460-00-128600-2	False	94	44.68	0	14.47	81.28	39.5	22.36	2819.11	119.86	21	43.99	34.34	4537.84	127.08	5.46	5.
8	460-00-128672-0	False	409	32.52	0	86.23	89.73	42.99	50	8851.9	166.85	21	41.2	50	7565	116.91	59.22	40
9	460-00-233826-1	False	260	40	0	58.96	90.96	42.99	50	6918.85	142.96	21	43.35	50	9216.62	148.7	19.67	28
10	460-00-233850-2	False	130	28.46	0	14.34	80.52	40.89	30.83	4110.98	107.9	21	80.61	44.4	6422.34	111.06	5.55	7.
11	460-00-233826-0	False	190	34.74	0	47.16	89.89	42.78	47.61	5199.65	126.35	21	42.22	50	7757.02	157.08	15.55	26

图 5-208　蒙特卡罗仿真结果

可以通过 UE 总数、接入失败率和 RB 占用率来计算得出每个小区具体可承载的 VoLTE 用户数，计算式为：

VoLTE 用户数=UE 总数×（100−接入失败率）×50/（100×RB 占用率）（5-1）

第6章 室内场景下的无线网络设计类工具介绍

通信工程实践中，特别是在有源信号分布系统尚未大规模普及的情况下，室内场景下的无线通信系统规划设计，应重点考虑室内天线的点位分布、功率分配等方案合理性问题。室内建筑结构及陈设布局复杂，信号传播环境多样，在设计重要楼宇方案前，宜通过专业的信号模拟测试来掌握信号传播规律，从而达到精准设计天线点位的目的；同时，室内单体建筑中天线点位数量众多，有限信源的功率分配构成数学中的最优化问题，设计方案的标准化与合理性审核也是业界广为关注的焦点，室内设计与方案审核工具可以辅助工程师高效完成上述工作。

6.1 室内模拟测试测试工具

6.1.1 功能概述

室内模拟测试测试工具能够在真实场景中发送与接收模拟信号，虚拟开通后的效果，可精确预测天线覆盖半径及边缘场强，是室分系统规划设计流程中不可缺少的一步，是制定科学、准确的室分设计方案的有力保障。操作简单、小巧便捷的室内模拟测试测试工具可以有效地提升设计人员的模拟测试效率。

室内模拟测试测试工具包括的具体功能模块及其描述见表6-1。

表6-1 室内模拟测试测试工具的具体模块及其描述

名称	模块描述
公共信号发送	发送终端设备提供模拟的TD-LTE公共信号发送
信号接收测量	接收终端设备可以测量某个监测点上的信号强度、信号质量，并支持实时状态和测试结果收集等功能

（续表）

名称	模块描述
终端信息显示	终端结合控制软件进行信息显示
小区参数配置	通过控制软件设置发送终端的小区级参数。小区级参数包括：模拟测试小区 ID 和 PCI、模拟测试小区工作带宽、模拟测试小区测量带宽、模拟测试小区工作频点和模拟测试小区工作频段
测量参数配置	通过控制软件对接收终端的待测量参数信息进行配置
室内路测功能	通过控制软件控制接收终端，进行手动打点，能在楼层平面图上手动单击确定测试位置，边走边记录接收到的信号强度
室内锚点测试	通过控制软件控制接收终端，测试特定点位的信号变化数据并显示导出
测试报告生成	使用控制软件自动生成模拟测试报告，报告格式为 Word 文档，内容包含以下几方面：测试时间、参数设置、模拟测试结果平面图（室内）、模拟测试结果统计分析图、模拟测试结果统计分析表格等
工作日志回放	用于使用者回放模拟测试细节记录的工作日志
测试数据回传	支持模拟测试数据回传功能，回传数据存放于指定服务器中，为设计、审核工作提供数据支持
辅助硬件支撑	鉴于模拟测试系统应用场景的多样性，设计定制勘察辅助设备

6.1.2　公共信号发送

模拟测试发送终端提供了公共信号发送功能，用以模拟 TD-LTE 信号。包括：PSS/SSS/PBCH，用于终端侧（包含常规现网终端）小区搜索所需的公共信息；SIB1～SIB5，构成完整的 LTE 模拟测试系统消息，确保终端侧的正常驻留；小区参考信号，以支撑终端侧的正常测量。

发射功率强度可调范围为：0～23dBm；发射频率可同时支持 LTE 的 F、A、E、D 频段。

6.1.3　信号接收测量

通过控制软件控制，可以通过接收终端进行信号接收测量，接收终端接收来自“发送终端”的空口信号，并测量信号强度、信号质量，完成测量结果显示、指定测量信息收集等工作。接收终端可同时接收并显示多个小区信号情况。

6.1.4　终端信息显示

接收端的各项信息通过控制软件进行控制和显示，接收端的设备信息除通过控制软件显示外，本身提供一个指示灯进行状态提示。

指示灯状态显示见表 6-2。

表 6-2　指示灯状态

指示灯状态	说明
灯灭	关机状态
绿灯长亮	正常工作状态
绿灯闪烁	自同步工作状态（即提示无公网信号）

注：AIST 进入工作状态后指示灯将亮起。在打开开关到正常情况下进入工作状态需要一定时间，9s 左右。

6.1.5　小区参数配置

控制软件包含两个版本，分别是 AISS-APK 软件和 AISS-PC 软件。可通过控制软件设置或选择发送终端的小区级参数。小区级参数包括：模拟测试小区 ID 和 PCI、模拟测试小区工作带宽、模拟测试小区测量带宽、模拟测试小区工作频点和模拟测试小区工作频段。

6.1.6　测量参数配置

通过控制软件为模拟测试接收终端配置测量参数信息，包括扫频间隔、指定小区等。

6.1.7　室内路测功能

导入自定义的楼层平面图后，在楼层平面图上手动单击确定测试位置，边走边记录接收的信号强度。记录的数据按对应的颜色图例、根据时间间隔平均分布在第一个点和第二个点之间，继续边走边记录信号强度，直到单击“结束”按钮为止，保存文件包括测试信号强度文件和测试打点历史图片两部分。

6.1.8　室内锚点测试

在导入的楼层天线分布图记录所在位置测试信号强度的变化。定点测试可以设定测试时间（分钟），并显示倒计时，期间记录每秒得到的信号强度，单点测试完成后在测试图层上显示测试结果，包括信号强度均值、最大值、最小值，同时可以在同一图层上进行多个锚点测试，单击“结束”按钮后保存测试数据。

6.1.9　测试报告生成

根据测试记录可以在 AISS-PC 控制软件终自动生成模拟测试报告，报告格式为 Word 文档，内容包含多个方面：测试时间、参数设置、模拟测试结果平面图（室内）、模拟测试结果统计分析图、模拟测试结果统计分析表格等。

6.1.10　工作日志回放

发送终端和接收终端均支持工作日志的记录存储功能，可以导出工作日志，用于使用者进行工作日志回放。

6.1.11　测试数据上传

使用控制软件将测试数据上传，上传数据存放于指定服务器终端，为设计、审核工作提供数据支持。

6.1.12　其他硬件支撑

鉴于模拟测试系统应用场景的多样性（包括室分、街道等），考虑定点部署的便利性，配备定制的三脚架伸缩杆，用于实施室分场景的高点部署。

6.2　室内分布系统设计类工具基本原理

6.2.1　功能概述

无线网络规划平台是与移动通信网络规划设计方法紧密贴合的网络规划工具，对网络大数据（包括 MR、路测、扫频、DPI、网管、工程参数、地图等海量数据）进行采集、整理、统计，并深度挖掘、关联分析，大幅提高数据利用价值，为网络规划设计提供充分的参考依据，并提高规划设计的工作效率。

6.2.2　基本原理概述

分布系统是指基站信源射频信号通过无源器件进行分路，经由馈线将无线信号均匀地分配给每一副独立安装在建筑物或小区灯箱等区域的小功率低增益天线，从而对目标区域信号进行较好的覆盖。

随着社会经济的发展，各种大型建筑物越来越多。在大型建筑物的内部会出现很多弱覆盖信号区，存在盲区多、易断线、网络表现不稳定等缺点。为解决这些问题，有必要通过引入室内分布系统完成室内盲区覆盖，吸收室内话务量。室内分布系统的建设，可以完善大型建筑物、地下公共场所及高层建筑的室内覆盖，全面改善建筑物内的通话质量，提高移动电话接通率，打造出高质量的室内移动通信区域。

在进行室内分布系统的设计时，应从业务和网络发展的总体策略出发，综合考虑覆盖需求、经济效益、工程可实施性、可兼容性和可扩展性，并严格遵守室内分布相关建设原则、技术规范和验收原则，实现对盲区和热点地区的良好覆盖，满足用户在室内对无线网络的需求。

6.2.3 设计流程

在确定目标楼宇后，室分系统规划设计流程分为规划和设计两方面。一般要经过室分系统的工程勘察，然后结合对覆盖质量的要求，进行详细的方案设计，设计完成后应检验此方案能否满足覆盖质量要求，并进行适当调整，评审合格后方可进入施工阶段。室分系统规划设计流程如图 6-1 所示。

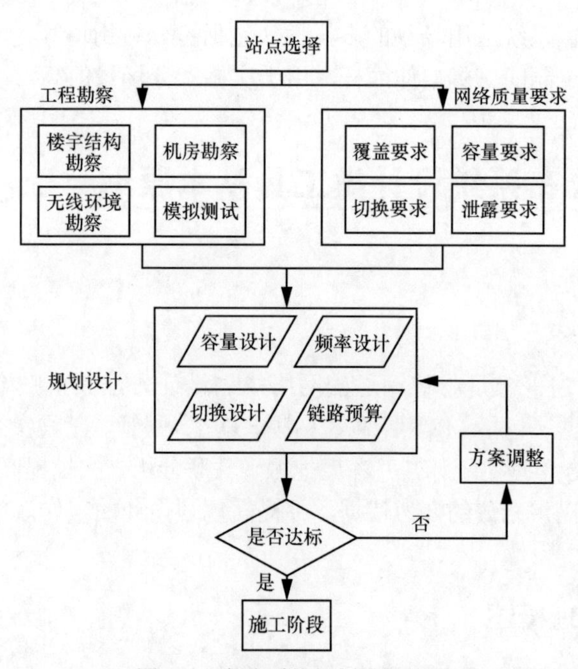

图 6-1　室分系统规划设计流程

在规划阶段，完成目标楼宇的确定后，首先要收集楼宇的相关信息。对目标楼宇的工程勘察既包括室内施工条件的勘测，也包括无线环境的勘测。楼宇建筑类型（高层、底层、钢筋混凝土、隔板墙等）、人员分布情况（人员密度、流量）、网络现状（已有室分系统运行情况、业务量分布）、应用场景（写字楼、商场、公共交通枢纽、居民区等）等基础数据的收集和分析是后期容量估计、链路预算、室分系统设计等环节的重要依据。

根据室内站点的应用场景、结构特点等勘察结果，结合客户对覆盖质量的要求，进行覆盖和容量的估算，确定信源、功分器、合路器和天线等射频器件的选用，计算信号源、传送器件和天线的数量，确定天线的具体安装位置，完成详细的信源到天线的走线方式设计。除此之外，还有室分的无线参数配置，如切换参数配置、临区切换配置、频率扰码参数配置等。

详细的设计方案确定后，就可以完成图纸的设计，包括平面图设计和系统图设计。设计方案经过评审合格后，作为下一步建设施工阶段的依据；如果不合格，则需返回规划设计阶段，修改调整直至达到要求，才可依据此方案施工。

6.2.4　室内覆盖勘测

室分系统工程勘测的主要目的是给规划设计提供现实的依据，也可以为建设施工提供必要的参考。

室分系统的工程勘测主要内容包括目标楼宇的建筑结构和无线环境：了解建筑结构才能确定待设计系统的信源、天线、馈线等器件的布放位置；无线环境的勘测包括室内、室外已有电磁信号的情况，对可能影响覆盖性能、容量特性、信号质量的各种因素进行调查，从而为设计规划提供必要依据。

6.2.4.1　室内覆盖模拟测试

室内模拟测试是在天线挂点的设计方案初步完成后，在没有建设施工前进行的效果模拟测试，其目的是模拟出按照某一设计方案进行设计后的覆盖效果；此外，对不同的目标楼宇而言，由于所使用的建筑材料、装修材料、室内布局都不相同，无线信号在每个楼宇内的传播模型不固定，需要对传播模型进行校正。对于重要的楼宇，室内分布系统的设计必须一次达标，没有反复修改设计的机会，要想对信号覆盖有精确的预测，单凭经验往往不能达到精确覆盖要求，因此室内模拟测试环节较为重要。

（1）基本原则及要求

- 模拟测试场景要全面。
- 模拟测试使用较高频段。
- 需定期检查模拟测试设备。

- 模拟测试天线类型确定：使用方案中采用的天线类型做模拟测试。
- 模拟测试发射点和接收点的位置选取。为了得到最接近实际的数据和最优的天线布放位置，模拟发射点应按照设计指导书要求，使用实际设计的天线类型，多次变换位置及馈入功率，以便得出最适合的位置及馈入功率。接收点要以发射点为中心，四周各个方位都有接收点记录数据，以 5 个以上为宜。
- 模拟测试数据记录模拟测试记录的所有数据都要以实际测量为依据，避免主观推测。要保证数据正确且真实，例如，根据经验和尝试，粗略判断模拟测试数据的真实性；模拟测试数据能够支持安装的天线以及设计的天线功率能够达到覆盖要求。另外要注意记录模拟测试点的现有电磁环境数据。模拟测试时要特别做外泄测试。另需在报告中注明模拟测试时发射机的发射功率及发射频率。
- 布放参考依据。实际工程中的天线布放点位等网络建设主要参考模拟测试结果进行。如果实在没有进行模拟测试的条件，需要根据实际情况进行软件仿真模拟，根据仿真结果进行建设，不可单凭经验和主观推测。

（2）模拟测试流程

测试方法流程示意图如图 6-2 所示。

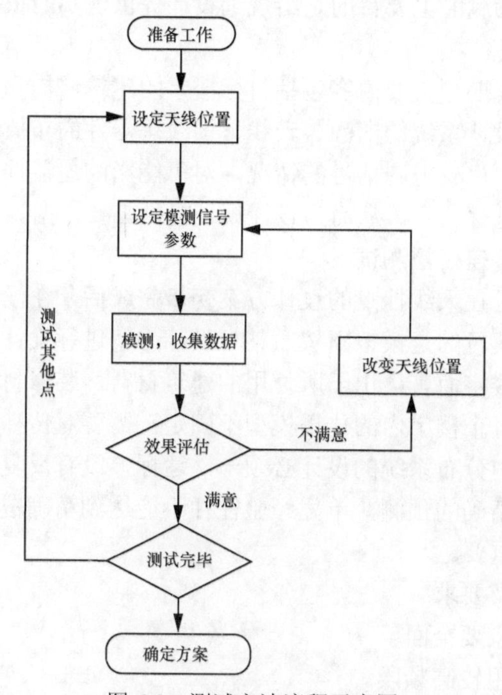

图 6-2　测试方法流程示意图

6.2.4.2　室内传播模型校正

模拟测试一个重要的目标就是进行室内传播模型的校正，目前的室内传播模型有 Keenan-Motley 模型、ITU-R P.1238 模型、对数距离路径损耗模型、衰减因子模型等。对数距离路径损耗模型偏差较大，很少使用，其他 3 个模型在实际工作中都有采用。以 ITU-R P.1238 模型为例，对传播模型进行校正。模型所用的计算式为：

$$PL_{NLOS}=20\lg f+N\lg d+L_{f(n)}-28\text{dB}+X_{\delta} \quad (6\text{-}1)$$

其中，N 为距离损耗系数；f 为频率，单位为 MHz；d 为移动台与发射机之间的距离，单位为 m，$d>1\text{m}$；$L_{f(n)}$ 为楼层穿透损耗系数；X_{δ} 为慢衰落余量，取值与覆盖概率要求和室内慢衰落标准差有关。

根据模型本身特点，测试数据统一包括空间路径损耗和材料穿透损耗数据。图 6-3 为对某一目标楼宇进行 CW 测试的测试点及测试路线图，其中圆点代表选择的测试点，此测试点选在走廊上，测试路线为带箭头的线。测试结果记录在表 6-3 中。

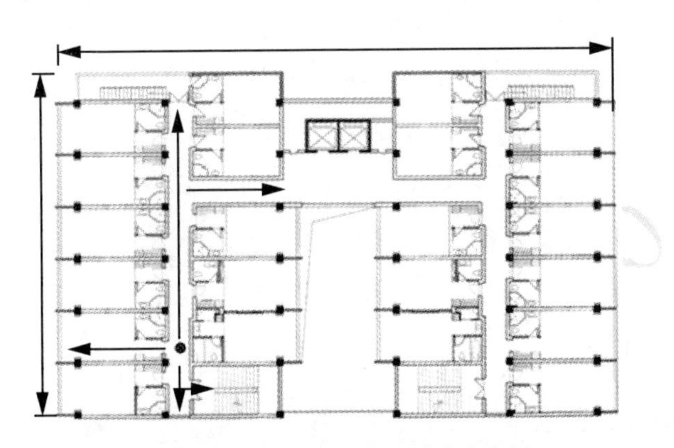

图 6-3　CW 测试点及测试路线图

表 6-3　接收场强测试

距离/m	接收电平/dBm	距离/m	接收电平/dBm	CW-PL/dB
1.00	−41.57779015	12.00	−65.72482238	68.72482238
1.50	−42.54373478	12.50	−71.41603525	74.41603525
2.00	−56.92616151	13.00	−73.48186663	76.48186663
2.50	−52.876524	13.50	−75.13363781	78.13363781
–	–	–	–	–
9.50	−65.2365398	20.50	−75.0659104	78.0659104
10.00	−77.4674321	21.00	−67.839271	70.839271

测试结果处理步骤如下。

（1）综合处理所有的样本点。

（2）根据样本点到发射机的距离的不同，对样本点分组。其中，测试点和发射点的距离通过建筑物的几何结构来计算得出。

（3）采用原始测试样本点数据进行拟合，或采用对每个距离样本点的数据分组取平均后合并进行拟合，具体的操作方法为将每组测试获取样本点的数值转换成 mW，然后对样本点做线性平均，平均的结果转换成 dBm。

（4）将处理后的数据按距离的远近进行排序，用于拟合空间的路径损耗，拟合公式为：

$$PL_{NLOS}=20\lg f+N\lg d-28\text{dB} \tag{6-2}$$

分别采用步骤（3）中两种方法进行最小均方误差拟合（或其他合适的拟合算法），并进行对比分析，采用均方误差小的拟合算法。

分析结果：N 为 24； $X_{\delta1}$ 为 3.751962（75%的边缘覆盖率）；$X_{\delta2}$ 为 6.521999（88%边缘覆盖率）；误差平均值为 0.00201；误差标准方差为 4.86819；误差相关度为 0.85527；误差离散度为 4.17010。

由计算结果可以得出测试场景对应的室内传播模型为：

$$PL_{NLOS}=20\lg f+24\lg d+L_{f(n)}-17.28\text{dB}+X_{\delta} \tag{6-3}$$

其中，$L_{f(n)}$=10dB；N=24；$X_{\delta1}$=3.751962（75%的边缘覆盖率）；$X_{\delta2}$=6.521999（88%边缘覆盖率）。

6.2.5 信源规划设计

6.2.5.1 信源类型选择

室内覆盖系统在选择信号源时，应主要根据无线环境情况、主要服务区域的话务情况和所选室内覆盖系统类型确定。选取信号源时，需要综合考虑目标话务量、覆盖要求、电源要求、机房要求、具体场景特点要求等因素，最终采用既可达到所需的覆盖要求又可合理控制成本的分布系统。其中最重要的考虑因素为容量和覆盖：从容量角度考虑信号源的选取，主要根据信号源可以支持的话务量和总的等效语音话务量需求来决定。目前室分系统主要使用的信源包括：宏蜂窝、微蜂窝、BBU+RRU 基站、直放站等。合理地选取信源可以将新增室分系统对现网基站的干扰降到最低。

6.2.5.2 业务容量规划

理论上，可用于移动通信系统容量估算的方法有很多，如话务模型分析方法、等效爱尔兰方法、坎贝尔方法以及实际工作中的经验等。

1. GSM 容量估算

（1）推算峰值话务量 n

预计峰值人流量 N，假设人均手机持有率为 98%，其中移动 GSM 用户占有率为 70%，人均话务量取 0.02Erl，则：峰值话务量（Erl）=峰值人流量 N×手机持有率×移动 GSM 用户占有率×人均话务量=N×98%×70%×0.02。

（2）确定 TCH 数量及载频数量

通过查询爱尔兰 B 表及不同载波配置下不同的信道利用率经验值，得出载频配置与信道利用率对应表，见表 6-4。

表 6-4　载频配置与信道利用率对应表

载波数	TCH 数量	2%呼损率的爱尔兰 B 表对应话务量/Erl	实际信道利用率	实际承载最佳话务量/Erl
1	7	2.94	47.40%	1.39
2	14	8.20	52.90%	4.34
3	22	14.90	59.80%	8.91
4	30	21.93	62%	13.60
5	37	28.25	63.70%	18.00
6	45	35.61	76.10%	27.10
7	53	43.06	77.80%	33.50
8	60	49.64	78.70%	39.07
9	67	56.28	75%	42.21
10	75	63.90	76.30%	48.76
11	83	71.57	81.20%	58.11
12	91	79.27	83.80%	66.43

再根据峰值话务量确定 TCH 数量和载波数量，进而决定小区划分。

2. TD-SCDMA 容量估算

TD-SCDMA 网络中，一个信道是载波、时隙和扩频码的组合，称为一个资源单位（resource unit，RU），其中一个时隙内由一个 16 位扩频码划分的信道为最基本的资源单位，即码道（BRU）。各种业务占用的码道个数是不一样的。各种业务码道数见表 6-5。

在 TD-SCDMA 建设初期，室内分布单小区载频配置以 O3 为主，数据业务需求较高的站点可引入 F 频段，载频配置达到 O6（F 频段 3 载波，A 频段 3 载波）。

对于机场、大型会展中心、大型体育场馆、大型写字楼及生活小区可结合用户预测及分布情况，采用多个小区建设，每个小区载频配置参照上述原则。

表 6-5　TD-SCDMA 系统不同业务所需的码道数

业务类型	所需的码道数	
	上行	下行
AMR 12.2k	2	2
CS 64k	8	8
PS 64k /64k	8	8
PS 64k /128k	8	16
PS 64k /384k	8	48
小区配置	总码道数	
	上行	下行
O3	144	144

TD-SCDMA 小区的单用户语音话务量为 0.02Erl、可视电话话务量为 0.001Erl，数据业务单用户平均流量为 300bit/s。如果按照单个小区三载波（O3）配置，考虑 75%加载，每小区容纳约 750 个用户。

TD-HSDPA 系统通过 ADPCH（HSDPA 业务的伴随信道）信道的多少决定用户数量。一个用户对应一个 ADPCH，但是一个 ADPCH 可以复用，最大值为 4。按照上下行 1:2 的比例进行计算，下行通道有 4 个时隙，上行有 2 个时隙，采用 16QAM 调制，得到 4×4=16 个用户，即单载波 HSDPA 有 16 个用户。

3. LTE 容量估算

当前，TD-LTE 室内覆盖原则上配置为 O1，载波带宽为 20MHz；需要特别考虑规避邻区干扰的场景可按照 2 个 10MHz 频点异频组网方式配置，以便规避同频干扰。主要承载高速数据业务（>500kbit/s），并具备承载语音业务的能力，系统支持并发用户数 10，每个用户 10 个资源块（resource block，RB）。在室内单小区 20MHz 组网条件下，要求单小区平均吞吐量满足 DL20Mbit/s&UL5Mbit/s。

4. WLAN 信源容量估算

WLAN 的系统容量与用户数量和用户带宽需求有关系，考虑到 AP 本身的稳定性和网络承载能力的要求，建议根据用户带宽和用户覆盖区域选择 AP 的数量，而不是单纯考虑用户容量。

通过实际工程考虑，尽量保持在 IEEE 802.11g 单 AP 上的活跃用户一般控制在 15～20 个，在 IEEE 802.11n AP 上活跃用户不高于 20～25 个，单 AP 支持的最大关联用户数可按照 64 个确定。

6.2.5.3　小区频率规划

室内分布频率配置时，室内覆盖与室外覆盖尽量采用异频组网方式，在频率紧张的情况下，应保证与室外有切换关系的室内小区的主载频与室外小区主载频保持异频；在建筑高度超过 15 层以上的区域，为室内覆盖保留 3 个专用频点解决高层干扰问题，在频率紧张的区域至少保留一个专门频点用于室内主载频。

在规划过程中，小区数量应尽可能少。多小区会增加切换，引入干扰，因此，在满足容量需求的前提下，尽量采用最少的小区进行覆盖；电梯分区尽量和低楼层小区划分为同一小区，同类功能的电梯分为同一个小区。此外室内分布系统的建设应与室外基站的建设相互协调、统一规划。根据不同系统在有效覆盖区域内的人流密度大小、话务量需求高低、室内环境（尤其是公共场所）的容量集中和分流的情况（如站台出入口、行车运动区域、大型场馆以及地下居所等），综合考虑确定选取信源数量以及覆盖组网方式，室内分布系统的组网要求如下。

（1）室内小区与室外小区同频配置

在业务容量稀少区域，室内和室外采用同一基站共同分担业务量时，或室内外小区衔接处切换率较高区域，室内室外覆盖区域可采用同频载波配置方式，此方式可有效利用信道资源，但应尽量减少室内系统的时延，以防止室内外衔接处同频段时延差异导致的通话盲区。

（2）室内小区与室外小区异频配置

在业务容量密集区域，室内和室外业务容量占用率较高，可采用室内和室外分别独立分担业务容量的小区异频配置方式，室内采用与室外宏蜂窝信号不同频点信源。该方式可提高小区的业务容量，缓解业务的拥塞，也可用于楼层较高室外泄漏较强位置的室内区域。小区频率配置应尽量加大室内外频点之间的邻道间隔，合理地设置室内天线的位置，加大室内邻近窗户区域的覆盖功率，避免室内外由泄漏引起的室内用户对室外业务容量的分流、频繁乒乓切换和与室外周边小区的无效切换。对楼层较低的进出口位置，如采用异频配置，应将信号严格控制在限定范围内。

（3）室内小区与室外小区同频/异频综合配置

根据室内建筑物的中高层窗口区域，室外对室内的泄漏较为严重，宜对室外区域容量进行分流，在较高的楼层使用异频小区覆盖，室内建筑物较低的楼层，如建筑物进出口大厅属于出入内外小区频繁切换区域，为减小切换出现的掉话，宜采用和室外小区基站同频配置。

（4）室内单扇区和多扇区配置

室内小区可根据覆盖区域的大小和容量的密集程度，流量流向采取单扇区和多扇区的覆盖配置。对于容量较少、分布均匀、室内建筑结构简单的场景，宜采用单扇区多频点共用的组网方式。对于容量密集，具有业务流量随人群流向分割的建筑物内（如地下商场、城市地铁交通枢纽的展厅及进出通道），宜采用多扇区配置来分割业务的流向流量。对空间开阔、容量密集的大型场馆需考虑覆盖的均匀性问题，也可采用多扇区覆盖方式。

（5）室内多系统扇区覆盖频点配置

室内多系统共存、共用共享覆盖空间时，应做到同一覆盖区域的相邻制式载波频率的配置，尽可能拉开系统间频率设置间隔。多制式多载频合路应使选择的载波频点避开有源或无源器件所引起的谐波、倍频以及互调引起的阻塞干扰落入其他系统的接收频段。

（6）室内多扇区同频覆盖配置

室内多扇区同频覆盖配置多采用链形或星形组网结构，用于长距离室内、地下交通隧道或建筑物分割空间，相邻小区采用同信源接力覆盖，分布系统所用设备应具有时延调整能力，保证链路无色散的影响。当相邻小区采用不同基站信源覆盖时，应考虑覆盖重叠区域的距离与移动速度距离的关系（如地铁、高速公路隧道、高速铁路隧道等），确保小区间的越区切换。

（7）多小区室内覆盖动态配置

针对大型场馆空间开阔，业务容量具有突发性和集中性的特点。大型企业工作区和生活区域之间话务量随时间流动而不同，室内分布载波的配置可按话务量动态变化情况实时或定时调度，提高网络载波资源使用效率。

6.2.5.4 分区和分簇规划

对于容量需求较大的室内分布系统，应该注意蜂窝系统的小区划分。并且在蜂窝系统与 WLAN 共用分布系统的情况下，还要注意与 WLAN 分簇相结合。

1. 分区条件

写字楼和商场满足以下条件之一需要分区：

（1）覆盖面积大于或等于 $5\times10^4m^2$ 的独立楼宇，需要分区覆盖；

（2）容量大于 8 载频的时候需要分区覆盖；

（3）写字楼高于 20 层需要上下分区，按照人流量分区；

（4）多台有源设备的引入必然会对基站造成上行底噪的干扰，因此为了提高基站的性能，单个基站的有源设备数量超过 5 台时需要分区。

住宅楼满足以下条件之一需要分区：

（1）满足条件（1）的，每 $1\times10^5m^2$ 分 1 个小区，如 $1.6\times10^5m^2$ 可分为 2 个小区（每个区 $8\times10^4m^2$），依此类推；

（2）满足条件（2）的，超过 10 台有源设备需要分区，如 15 台有源设备可分为 2 个小区。

新建微蜂窝单小区配置最大为 8 载频，如容量需要 10 载频，则分为 6+6。

2. 分区方法

（1）在容量允许的范围内，如果平层面积较大（大于 $2\times10^4m^2$）或建筑物内明显有独立区域的，可以按照竖切的原则分区。

（2）如果平层面积小，且都是办公区域，当容量不足时，按照横切的方式分区，但是需要注意电梯的切换问题。

（3）包含商场的写字楼，如果商场面积超过 5000m^2，写字楼与商场分区覆盖，小于 5000m^2 的商场，可以与写字楼一起覆盖。

在分布系统设计时，应保证扩容的便利性，当配置容量紧张时，尽量做到在不改变分布系统架构的情况下，通过空分复用、增加载波及小区分裂等方式快速扩容，满足业务需求。

3. 分区与分簇

（1）多制式分布系统设计，应以覆盖最受限的 WLAN 制式的技术条件来确定天线覆盖半径，并构建分布系统基本单元（即“分簇”）。簇内天线点数量尽量均衡，天线位置相对集中。

（2）以覆盖半径较小的 3G 或 4G 系统来确定分区。一个分区内可有多个分簇。各分区应尽量保持良好的空间隔离（建议隔离度应大于 12dB），以便于空间复用等技术的应用，提高 TD 业务吞吐量。

4. 分簇规划

（1）对于多隔断的封闭空间，WLAN 天线覆盖半径取 6～10m；对于开阔空间，WLAN 天线的覆盖半径可适当扩大。

（2）因用户上网体验与 WLAN 信号强度直接相关，故 WLAN 天线口功率应在满足电磁辐射标准的前提下尽可能做大，天线口功率以 10～15dBm 为宜。

（3）500mW 室内分布型 WLAN AP，设计中可按支持 4～6 个天线、覆盖面积 800～1200m^2 进行规划。

（4）由于 WLAN 干线放大器比 WLAN AP 昂贵，干线放大器性能难以保证，容易引入干扰，而且不符合国家相关规定，WLAN AP 末端不应再接入干线放大器。

6.2.5.5　切换区域规划

室内分布系统中小区的划分要有利于各小区的切换、有利于频率的复用和减少各小区的干扰。室内分布系统小区切换区域的规划建议遵循以下原则。

- 切换区域应综合考虑切换时间要求及小区间干扰水平等因素。
- 室内分布系统小区与室外宏基站的切换区域规划在建筑物的入口处。由于大部分人员从室外进入一楼电梯内所用时间较短，即在这短时间内手机需要完成从室外信号切换为室内小区信号，为了加速切换时间，应在一楼大堂安装一副吸顶天线。
- 电梯的小区划分：建议将电梯与低层划分为同一小区或将电梯单独划分为一个小区，电梯厅尽量使用与电梯同小区信号覆盖，确保电梯与平层之间的切换在电梯厅内发生。
- 对于地下停车场进出口的切换区域应尽量长，拐弯处可增加天线或采取其他相应措施。

- 平层分区不能设置在人流量很大的区域，避免大量用户频繁切换。
- 平层分布切换带不能设置过大，即信号重叠区域不能过大，避免用户出现乒乓切换的现象。

下面分别介绍 4 种典型室分场景下的切换区域设置方法。

1. 地下停车场进出口切换

（1）场景特点

地下停车场区域也是各场景内的典型功能区域。停车场区域平层内部非常简单，多为开放的内部空间，受室外宏基站干扰因素较小。地下室进出口由于车速较快，需要设置合理的切换带，否则容易引起切换掉话。

（2）切换带设计

切换带即室内外信号重叠区域，并且重叠区域信号场强满足触发切换的最低电平 X dBm。

（3）天线选型及安装位置

进出口有较大弯道的出口，天线一般采用小板状天线，向外进行覆盖，安装位置一般控制在弯道附近，确保能良好衔接室内外信号，确保切换带的合理。对于较直的地下室进出口，可以结合现场的安装条件，采用板状或者吸顶天线进行覆盖。

（4）天线口功率

根据天线的安装位置以及覆盖重叠区域范围，由于地下室进出口较开阔、无阻挡，可以参考信号在自由空间的传播模型：

$$L=32.4+20\lg d+20\lg f \quad (6\text{-}4)$$

其中，d 的单位为 km，f 的单位为 MHz。

根据链路损耗 L（单位为 dB）以及覆盖场强 X（单位为 dBm），天线增益为 Z（单位为 dB），得出天线口功率为 $L+X-Z$（单位为 dBm）。

2. 建筑物出入口切换

（1）场景特点

建筑物的进出口较多，需要逐个考虑全面。用户进出楼宇的移动速度相对较慢，因此切换带大小不是重点，重点是切换带位置，一般的理想切换位置在出入大厅 5m 范围内，避免出现切换发生在电梯内或者马路上。

（2）切换带设计

室内外信号重叠区域，并且信号场强满足触发切换的最低电平 X（单位为 dBm）。

（3）天线选型及安装位置

一般对于楼宇进出口以及大厅场景，天线的选型不仅要考虑切换带，同时还要兼顾信号的外泄控制。

对于玻璃幕墙，外泄较难控制，一般采用定向天线朝内进行覆盖，此时天线口功率可以按照常规的功率进行设置。此类覆盖方式比较理想，既能控制外泄，又能控制切换区域。当用户离开建筑物，室内信号衰减较快可以立刻切换到室外，而进入建筑物，室内信号场强变强，能确保用户尽快从室外切换到室内。

对于板状天线无法安装的大厅，一般采用全向吸顶天线，安装位置需要考虑信号外泄。

（4）天线口功率

板状天线的天线口功率按照覆盖标准进行设计，全向吸顶天线的天线口功率需要考虑根据路径损耗：

$$L=32.4+20\lg d+20\lg f+N \tag{6-5}$$

其中，d 单位为 km，f 单位为 MHz，N 为大厅门的损耗。

根据链路损耗 L（单位为 dB）以及目标覆盖场强 X（单位为 dBm），天线增益 Z（单位为 dB），得出天线口功率为 $L+X-Z$（单位为 dBm）。

3. 电梯切换（楼内分区）

（1）切换在电梯内

一般情况下，应尽量避免将切换区域设置在电梯等高速运行的区域内，因为一旦切换失败，将无法重建，很可能引起掉话，如果一定要将切换区域设置在电梯内，则需要考虑切换带的合理设置。

（2）切换在电梯厅

此类情况切换相对容易控制，首先确保电梯内的信号延伸到电梯厅覆盖，其次控制平层在电梯厅的信号覆盖，确保用户在走向电梯或者在等电梯的过程中，完成从平层到电梯信号的切换。

（3）天线选型及安装位置

电梯的覆盖方式一般有 3 种：吸顶天线向下覆盖、板状天线朝向电梯厅覆盖、采用漏缆进行覆盖。

（4）天线口功率

由于电梯桥厢损耗较大，为了实现良好的信号重叠区域，通常电梯的天线口功率比平层大，一般天线口功率在 10dBm 左右。

4. 平层切换

一般对于大型的覆盖场景，单个小区无法对整个楼层进行覆盖，因此需要考虑对楼宇平层进行分区，此时需要考虑分区的边界位置选取，在设计时需要考虑以下几点。

- 平层分区不能设置在人流量很大的区域，避免大量用户频繁切换。
- 平层分布切换带不能设置过大，即信号重叠区域不能过大，避免用户出现乒乓切换的现象。

- 具体切换位置的选取，需要结合各个场景，根据人流量情况进行考虑。

在考虑小区间切换问题时，必须注意以下几点。

- 天线选型。天线的选型能否满足现场安装环境，能否保证合理的切换带。
- 天线的安装位置。天线的安装位置是否合理，能否控制好切换区域，兼顾外泄、覆盖等其他因素。
- 天线口功率。天线口功率能否达到基本的覆盖要求，能否保证足够的切换带。
- 电梯的覆盖方式。通常将切换区域设置在电梯厅。一般不建议将切换区域设置在电梯内，如果切换区域设置在电梯内，要有足够的信号重叠区域保证完成切换。
- 平层分区。平层分区边界位置选取要合理，要考虑人流量以及信号重叠区域。

6.2.6 覆盖规划设计

覆盖是保证室分系统无线网络质量的基础，决定了网络服务可以达到的范围。在无线通信中，覆盖是指无线信号在目标区域内的某一位置能够满足指定的通信质量要求，即上下行链路均能够建立业务信道并实现良好接收，满足通信对接收信号强度和质量（如信噪比、载干比等）的要求。对室内覆盖进行估算的目的是设计每个天线的覆盖范围，确定每一个天线的功率和天线数目，保证室内覆盖的指标达到设计要求。

6.2.6.1 室内链路预算分析

从信源发出的无线信号经过室内分布系统到达天线，最终由接收端接收，在这一过程中无线信号将经过各种损耗、增益、衰落和干扰。考虑无线信号在一定环境中传播的各种因素，计算无线信号在一定环境下传播的最远距离和最近距离的过程叫作链路预算。链路预算是无线室内覆盖的基础，评估信号从信源发出后经过各种射频器件和无线环境后是否可以满足系统覆盖的边缘功率要求。链路预算的关键是在满足天线输出功率的前提下，合理使用功分器、耦合器和馈线，使信源所需要的输出功率最小，并计算出该功率。室内分布系统的链路预算主要包括 3 个方面：信源发射端到天线口的损耗；室内无线环境中的传播损耗；无线信号在终端的接收和发送。

（1）信源到天线口的损耗

信源到天线口的损耗是从信源发射端到天线发射口的损耗，主要指信号从信源发出经过室分系统时的损耗，包括馈线损耗、功分器和耦合器等分配损耗。由于室内分布系统采用“多天线小功率”的原则，与室外覆盖采用较大增益较大范围覆盖相比，采用了较多的功分、耦合器件，因此这部分的损耗也比室外覆盖大得多。

（2）传播损耗

传播损耗是无线信号在室内环境中传播时的损耗。在室内环境中，建筑物所使用的材料和场景类型都对无线信号在建筑物内的传播有很大影响，无线信号在室内环境中的传播与传播模型有着密不可分的关系。自由空间传播模型（free space propagation model）是最简单也最经典的一种传播模型，无线电波的损耗只和传播距离和电波频率有关系；在给定信号的频率的时候，只和距离有关系；在实际传播环境中，还要考虑环境因子 n。自由空间传播模型计算式如下：

$$L = 32.44 + 20\lg f + 20\lg d \tag{6-6}$$

其中，L 的单位为 dB，f 的单位为 MHz，d 的单位为 km。

由式（6-6）可以得到表 6-6。

表 6-6　自由空间传播损耗

频率	1m	2m	4m	8m	16m
950MHz	32dB	38dB	44dB	50dB	56dB
1850MHz	38dB	44dB	50dB	56dB	62dB
2150MHz	39dB	45dB	51dB	57dB	63dB

由表 6-6 可以看出，当频率是 950MHz 时，距离为 1m 处的信号的损耗为 32 dB，距离每增加 1 倍，传播损耗增加 6dB。也可以看出，距离相同的情况下，频率为 1850MHz 时的损耗比频率为 950MHz 时的信号损耗大 6dB。而 1850MHz 和 2150MHz 频段的信号损耗相差不大。

除了自由空间传播模型外，还有其他模型可供选择，不同模型的计算精度和运算量都不相同，一般来说，使用的模型越精确，需要的计算量就越大，在具体使用时要根据实际需要加以选择。

图 6-4 列出了在典型楼宇内 15 个采样点上 3 种常见制式的接收功率对比情况。

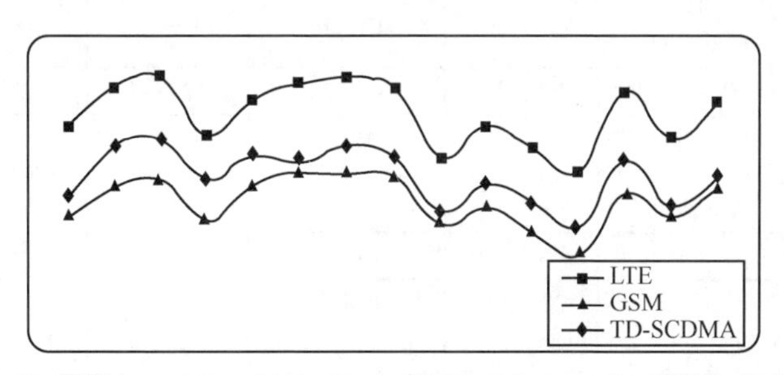

图 6-4　LTE（E 频段）、GSM（900MHz）和 TD-SCDMA（A 频段）的接收功率对比

（3）接收电平

接收电平指无线信号在终端的接收和发送，主要考虑的是终端的最小接收电

平，在室内环境下，还要满足一定的边缘覆盖电平，通常情况下，边缘覆盖电平会比终端的最小接收电平大很多。手机与天线间的距离是由最大允许路径损耗（maximum allowed path loss，MAPL）决定的，考虑到干扰余量、阴影衰落等余量，最大允许路径损耗的计算式为：

最大允许路径损耗=天线口功率－手机最小接收电平（边缘覆盖电平）－各种余量 (6-7)

根据以上确定的天线口功率及各系统无线覆盖边缘场强要求，结合信源发射功率及吸顶全向天线增益，可得到各系统链路预算见表6-7（慢衰落标准方差统一取6dB）。

表6-7　各系统链路预算计算

系统参数	GSM900MHz	TD-SCDMA（A 频段）	TD-LTE（E 频段）	WLAN
信源设备发射功率/（dBm·载波$^{-1}$）	37	32	12	27
天线口入口功率/dBm	5	5	−16	15
天线增益/dBi	3	3	3	3
慢衰落标准方差/dB	6	6	6	6
边缘场强指标/dBm	−85	−85	−105	−75
空间链路损耗/dB	87	87	86	87
最大允许路径损耗/dB	119	114	114	99

在多系统室内分布方案设计时，每个系统的功率预算可参照表6-7使用。

由不同系统的隔墙损耗，可得到不同场景下天线的覆盖半径，见表6-8。

表6-8　不同场景下天线的覆盖半径

区域类型	区域描述	天线类型	GSM900MHz/m	TD-SCDMA（A 频段）/m	TD-LTE（E 频段）/m	WLAN/m
KTV 包房	墙壁较厚，门口有卫生间	吸顶天线	10～12	6～10	6～10	6～10
酒店、宾馆、餐饮包房	砖墙结构，门口有卫生间	吸顶天线	12～15	8～12	8～12	8～12
写字楼、超市	玻璃或货架间隔	吸顶天线	15～20	12～15	12～15	12～15
停车场、会议室、大厅	大部分空旷，中间有电梯厅、柱子或其他机房	吸顶天线	25	10～20	10～20	10～20
展厅	空旷，每层较高	壁挂天线	100	50	50	50
电梯	普通电梯	壁挂天线（朝电梯厅）	共覆盖5层	共覆盖3层	共覆盖3层	共覆盖3层
		壁挂天线（朝上或下）	共覆盖7层	共覆盖3～5层	共覆盖3～5层	共覆盖3～5层

从表6-8可看出，每个系统的覆盖能力差异较大，GSM最强，LTE最弱，因

此考虑到末端天馈系统需要共用，在工程设计时，需要以 LTE 天线覆盖半径进行布放，并合理规划其他系统的信源功率，以做到等效覆盖、节约信源的功率资源（对于大面积场景覆盖尤其重要）。

6.2.6.2　天线口功率及电磁照射强度分析

天线口功率过大可能会引起手机相互干扰以及带来远近效应，而离天线近的手机会阻塞覆盖边缘手机的接入，进而影响分布系统的容量和质量。另外，国家电磁辐射标准规定室内天线口功率小于 15dBm/载波（总功率），需按照这个标准进行天线口功率设置。

目前环境电磁辐射的测试依据是 GB 9175-1988《环境电磁波卫生标准》。该标准是为控制电磁波对环境的污染、保护人民健康、促进电磁技术的发展而制定的，适用于一切人群经常居住和活动场所的环境电磁辐射。在该标准中，以电磁波辐射强度及其频段特性对人体可能引起潜在不良影响的段值下限为界，将环境电磁波容许辐射强度标准分为两级，见表 6-9。

表 6-9　环境电磁波容许辐射强度分级标准

波长	单位	一级（安全区）	二级（中间区）
长、中、短波	V/m	<10	<25
超短波	V/m	<5	<12
微波	μW/cm^2	<10	<40
混合	V/m	按主要波段场强；若各波段场分散，则按复合场强加权确定	

此外，由于在室内环境下，天线与用户之间的距离很短，当天线口发射功率过大时，可能导致天线到接收机的损耗小于最小耦合损耗（minimum coupling loss，MCL），从而阻塞接收机。业界一般要求室内覆盖系统天线的发射功率不高于 15dBm。对不同系统天线口输出功率范围见表 6-10。

表 6-10　不同系统的天线口功率范围

系统	天线口功率/dBm
GSM	5～13
CDMA（导频）	0～5
WCDMA（导频）	0～5
TD-SCDMA（PCCPCH）	0～7
PHS	8～13
TD-LTE（RE RSRP）	-20～-10

对于 LTE 系统，应注意区分设计方案中标识的功率是小区参考信号（cell reference signal，CRS）功率还是宽带载波功率：

$$P_{\text{CRS}} \sim P_{\text{载波}} - 31\text{dB} \tag{6-8}$$

6.2.6.3 室内天线典型位置设计

分布系统通过多副天线实现对目标区域的信号覆盖，天线口发射功率和手机最小接收电平决定了最大允许路径损耗，最大路径损耗决定了天线能覆盖的最大范围，从而决定某一室内场景所需的天线数目。每副天线的功率分配是分布系统设计的重要环节，直接影响覆盖效果和投资成本。

如果知道了最大允许路径损耗，就可根据传播模型得到该制式下手机离天线口的最远距离，即天线的覆盖范围。这样得到的是天线覆盖面积的理论值，如果按照这个值进行天线布放，则在几个天线之间的位置会有一些区域覆盖不到，要得到比较理想的覆盖效果，天线间距要小于这个值，如图 6-5 所示。要想达到较好的覆盖效果，天线间距应是计算所得天线覆盖半径的 1.41 倍，这样能有效避免天线覆盖的盲区。考虑多制式共享天线的因素以及实际环境中各种影响因子，在实际工程中，一般选择 1m 作为天线的最小覆盖范围，在可视范围内，天线的最大覆盖半径一般取 8～25m，如商场、超市、机场等较为空旷的场景；在有阻挡的环境下，天线的覆盖半径一般取 4～15m，如宾馆、写字楼、居民楼等。

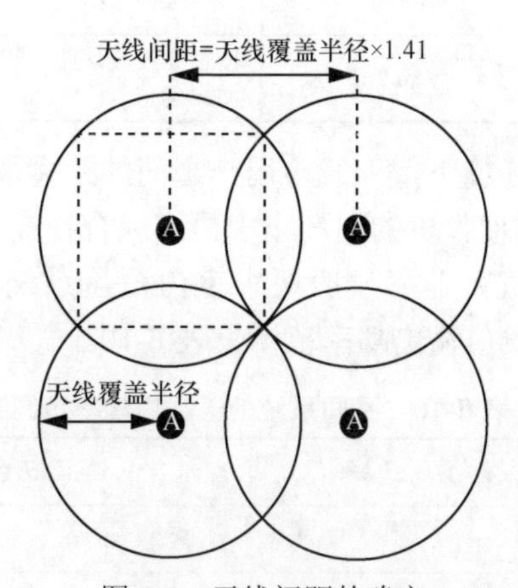

图 6-5　天线间距的确定

天线的布放位置除了考虑覆盖范围外，还要考虑建筑物内部的结构和功能。业界一般倾向于将室内天线安装在走廊上，这样施工难度较小，业主也容易接受。典型场景下天线安装位置如图 6-6 所示，天线应尽量选择馈线可直接到达的位置进行天线外放，以提高其易维护性，包括楼顶天面、裙楼平台、梯间顶和停车场出入口等。

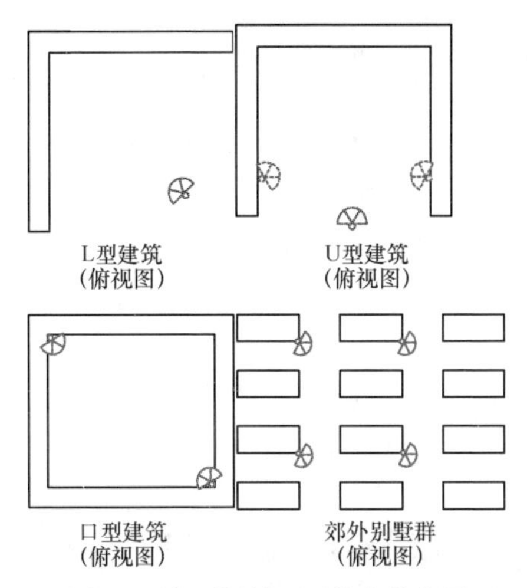

图 6-6　典型场景下天线安装位置

除典型场景外，对重点区域应该重点考虑。重点区域指用户感知度较高的区域（如重要会议室），这些地方如果信号覆盖效果不好，对用户的感知影响较大，在设计时应该重点考虑。前面提到的有关覆盖面积的要求，不是绝对的，如要求某种制式的覆盖率达到 95%，不能简单地认为只要覆盖的区域占到总面积的 95%就是合格的，如果没有覆盖的其余 5%刚好是重要区域也是不行的。而为防止这种情况，应采用小功率、多天线的原则，尤其对于重点区域要做到深入覆盖。这也是业界一直强调室内分布系统中天线安放要采用小功率、多天线原则的原因。

对于电梯的覆盖，一般采用电梯井内安装定向天线的方式进行覆盖。如果电梯厅已有同小区天线覆盖，可使用定向天线正面朝下的方式，每 4 层布放一副天线进行覆盖。如果电梯厅没有覆盖，则使用定向天线正面朝电梯厅的方式，每 3 层布放一副天线进行覆盖；或者采用辐射式泄漏电缆覆盖电梯井，保持电梯覆盖均匀，并使每层电梯厅都有泄漏信号。对于观光电梯，一般依靠室外宏基站信号解决，若存在信号问题，对于位于小区内观光电梯，通过电梯井内安装泄漏电缆解决；对于位于道路旁的观光梯，可采用定向天线随梯方式覆盖电梯，同时控制功率。

在具备施工条件的物业点，可采用定向天线由临窗区域（有墙体遮挡位置或距离窗户 2m 以上）向内部覆盖的方式，有效抵抗室外宏基站穿透到室内的强信号，使得室内用户稳定驻留在室内小区，获得良好的覆盖和容量服务，同时也减少信号泄漏。

6.2.7　室内外协同规划设计

室内外信号的干扰主要表现在以下 3 方面：室外基站对室内信号的干扰、室内信号的外泄和室内外的切换。对室内信号来说，室外干扰主要有 2 种：一种是远处多个基站的干扰，如建筑高层的干扰，其特点是干扰信号杂乱、缺少在大范围内起主导作用的信号，另一种是近处基站的干扰，其特点是信号强而稳定，在相当大范围内是主导信号。对于第一种干扰信号主要通过频率规划和增加天线密度来解决；而对于后一种信号可以采用直放站作为信源的方式将干扰信号变为有用信号，这样既可以避免室外信号的强干扰，也可以充分利用室外信号，降低了分布系统的投资。

对室内外的信号协同规划，要对室内外信号的频率、容量和室内分布系统的布局等多方面进行考虑，应注意以下几个内容。

1. 室内外容量规划

室内外容量的规划应注意，室分覆盖方案不仅要解决深度覆盖，同时要实现话务有效吸收。

在实际规划时要准确预测用户数（含大楼固定人口和流动人口）。当一个室内分布系统同时使用的用户数超过信号源设计容量时，由于 cdma2000 是软容量，因此其余小部分用户尚可接入网络但会带来码间干扰，同时呼吸效应使得覆盖范围缩小从而导致靠外墙房间内的用户易切换到室外基站小区，因此在规划时需要注意以下两个方面。

- 在满足覆盖的基础上为了减少切换，同一栋大楼尽量使用单扇区基站，并且该基站支持单扇区扩容，即初期采用 O1 微基站，中后期根据业务量扩容为 O2 或 O3 等。
- 用户数超过 1000 户或者忙时用户数经常超过 28 户的大楼初期即要求采用 O2 微基站，避免出现信号源不能满足话务需求导致话务拥塞的情况。

室内话务吸收分以下 3 种场景考虑。

（1）对于周边宏基站负荷较大或周边楼宇话务量较高的场景，在设计过程中采用高低分层的方式。高层采用单向邻区，把室内用户全部驻留在室内；低层采用分层分级的方式，通过提高室内覆盖的层级、重选、切换门限等，充分吸收室内话务量。其次还可以为后续扩容预留一定的资源。最后需要关注，此类场景要控制避免信号外泄，否则，在采用话务吸收策略时容易将室外用户也驻留到室内造成起呼掉话等问题。

（2）周边宏基站存在超闲小区，对于楼层较低面积较小、用户数量较少的场景，可以采用射频拉远或者直放站拉远的方式，与室外宏基站共小区，充分利用宏基站资源，解决中小型楼宇的覆盖和容量问题。

（3）对于大型场馆，容量配置大，举办活动时话务量很高，但平时资源全部闲置，可以考虑采用直放站拉远资源调度的方式，将闲置资源覆盖室外其他临时热点区域覆盖。

2. 室内外频率规划

室分系统与室外的频率规划主要采用同频组网和异频组网两种方式。同频组网方案的优点是可以节约有限的频谱资源，同时提高软切换成功率，但同频组网时，由于室内外通信之间的互相干扰，室内基站的容量可能会减少。而异频组网的优点是室内、室外系统之间的干扰小，室内基站可以提供更高的容量，因此异频组网适用于导频污染严重（如高楼层）的区域，但异频组网需要额外占用频谱资源，并且异频组网的硬切换成功率远低于软切换成功率，尤其是电梯内硬切换，成功率只在 80%左右，对于电梯进出区域的硬切换，在电梯关门瞬间，硬切换成功率更低。因此，建议以同频组网为主，以异频组网为辅。对于自然隔离比较好或干扰易控制的场景，可以选用同频小区，而对于干扰难以控制的场景，可以考虑选用异频组网。

3. 小功率多天线原则

室内分布通常采用增加天线密度、在窗边选择使用定向天线等方法提高覆盖率，防止泄漏。由于受建筑结构的限制，天线的覆盖面积十分有限，增加天线密度可以提高室内信号强度和覆盖的均匀性。若不能通过频率规划避免室内、室外信号之间的干扰，则使用小功率、多天线的分布结构克服干扰并避免过强信号外泄。目前，城市高层建筑大多为玻璃外墙，室内分布系统的信号很容易泄漏到室外，对室外基站信号造成干扰。尤其是高层建筑的室内分布系统，由于所处地理位置高，分布系统信号控制不好，可能会对室外大片区域造成干扰。因此，对于高层建筑的室内分布系统，优先选择小功率、多天线的覆盖方式。由于室内天线口输出功率较小，泄漏到室外的信号相对较弱，干扰相对小，而且每个天线覆盖范围减小，穿墙损耗小，信号分布更均匀，覆盖效果也更好。在高层建筑的室内分布系统建设中，如果工程安装条件许可，可以在高层建筑室内靠窗位置安装定向天线，从窗边向室内进行覆盖，利用窗边墙体的遮挡和定向天线后瓣抑制，可以有效地防止室内信号外泄对室外小区造成的干扰。在对覆盖小区的分布系统进行设计时，直接使用前后比高的定向天线从室外对室内的高层进行覆盖，充分利用小区内建筑物墙体和定向天线的前后比，防止信号外泄。

为防止室外信号干扰室内，应该提高室内信号强度，但是室内信号过强容易将室内信号泄漏到室外，从而影响室外信号。由此可以看出，室内外信号应该统一规划，才能提高网络质量，减少室内、外信号间的干扰，降低系统开销。在室分系统设计中，既要满足室内覆盖要求，又不能片面强调室内信号强度，要根据各类通信系统的技术特点统一规划，协调管理，才能实现网络整体性能最优和资源的合理利用。

6.2.8 特殊场景的规划设计

6.2.8.1 大型场馆

大型场馆建筑一般建筑面积较大，如广州国际会展中心建筑面积达到了 $2\times10^5m^2$。另外还有各类体育场馆，这类体育场规模可达 2 万～6 万坐席。大型场馆主要包括宽阔展览厅、露天场馆、内部办公以及综合商铺，场馆内部空间宽阔，层高在 15～20m，一般以综合体的方式，内容通道房间格局比较复杂。该类场景多为政府项目，因此有共建共享需求。

大型场馆场景室内分布站点建设中，常用室内分布天线为窄波束矩形天线、全向吸顶天线、定向板状天线，其中，体育场馆应采用窄波束矩形天线，控制外泄，控制越区覆盖；展厅场馆应采用定向板状天线进行覆盖，保证覆盖效果；功能区域一般采用全向吸顶天线；电梯区域主要考虑覆盖深度，故电梯区域一般采用定向板状天线进行覆盖。

选择天线安装位置时需考虑可实施性和覆盖需求，天线安装位置如下：空旷区域中，天线采用定向天线覆盖和挂壁安装，天线方向指向覆盖区域；隔间较多场景中，天线安装在两个房间墙壁之间，这样能减少穿墙损耗，同时覆盖两个房间；走廊场景中，天线安装在十字路口处，这样能同时覆盖到两个走廊。

为控制过覆盖，大型场馆中需采用窄波束矩形天线进行覆盖，如图 6-7 所示。

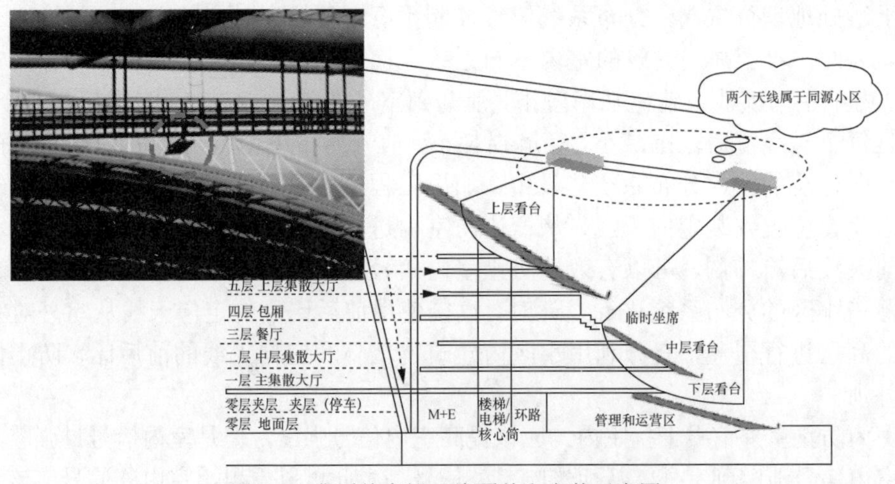

图 6-7 典型体育场天线覆盖和安装示意图

6.2.8.2 机场

本场景中如果业主提供多个机房，且机房分布均匀，射频电缆损耗满足覆盖要求时，采用“独立信源/一体化基站/电缆/室内分布系统”进行覆盖；当机房数量较少，或机房位置过远，射频电缆损耗过大，造成天线辐射功率无法满足覆盖要求时，采用“独立信源/分布式基站/电缆/室内分布系统”或“独立信源/直放站馈送/光纤/室内分布系统”进行覆盖。

机场候机楼是乘客等候飞机和休息的场所。机场候机楼一般由钢结构加玻璃外墙组成，空间较大。候机楼属于房间纵深较深或房间内有隔断的区域，在选择天线安装位置时应将全向吸顶天线尽可能安装在房间内，采用暗装方式。玻璃外墙可使用定向吸顶天线安装在外墙上，方向朝内进行覆盖，天线覆盖半径为 10～16m；若是混凝土墙，采用全向吸顶天线安装在吊顶上，天线覆盖半径根据具体情况确定。

候机楼内高端用户较多，语音和数据业务需求均较高。机场覆盖的容量估算是根据机场运营公司提供的统计数据，如系统必须满足将近 3×10^6 人流量/年的容量需求，信源采用 BBU+RRU 多制式合路系统方式，如图 6-8 所示。

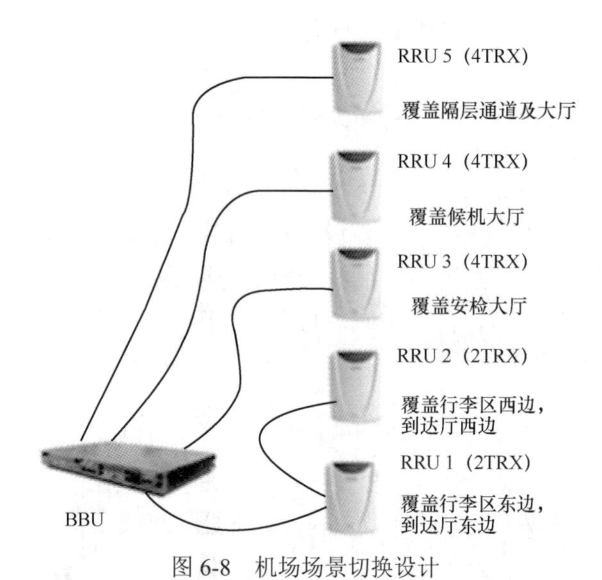

图 6-8　机场场景切换设计

对于不同区域的切换设计，按照表 6-11 进行规划设计。

表 6-11　机场切换区设计

切换区域	解决方案	效果
行李存放	面积大，两个 RRU 共小区覆盖	无切换
VIP 客户等候厅	调节天线位置	平滑切换
到大厅出口	定向天线覆盖作延伸	平滑切换
到大厅入口	定向天线覆盖作延伸	平滑切换
登机通道	定向天线覆盖作延伸	平滑切换
电梯	电梯口同小区覆盖	无切换

6.2.8.3 地铁

地铁属于特殊覆盖场景，其大部区域都位于地面以下，如地下过道、走廊、站厅、站台、地下隧道。地铁人流量大，语音和数据业务需求均较高。

地铁场景的容量规划需要考虑的因素有：各运营商的移动用户市场占有率、每人停留时间、每小时进入地铁站的总人数（按最大用户流量估算）。建立针对各种业务的话务模型容量规划的话务量预算。例如，某城市地铁站综合考虑部分用户直接通过，部分用户进站、出站、站内停留，地铁开动和停靠时间，假设平均每用户在地铁两站间停留时长为6min，则：

实际人数=（39479+39042）×6/60=7852人

某运营商移动用户数（按70%渗透目标）=5497人

根据语音用户话务模型，用户忙时平均话务量取值为 0.02Erl/用户，需要121Erl的话务量；语音用户呼损率按照2%计算，则查爱尔兰表可得GSM系统需要17载波。

在覆盖设计时，地铁场景主要分为隧道和站台两种场景。

1. 隧道覆盖设计

在隧道覆盖设计中要根据三大运营商多制式技术特点，在隧道中实施收发分缆技术，保障各系统通信质量，采用POI（point of interface）完成多系统合路，保证系统间干扰隔离。在隧道内，根据各制式切换特点，设计相应切换保护带，如图6-9所示。隧道口覆盖向外延伸，与室外小区保持合适的切换电平，同时关注跨BSC切换。

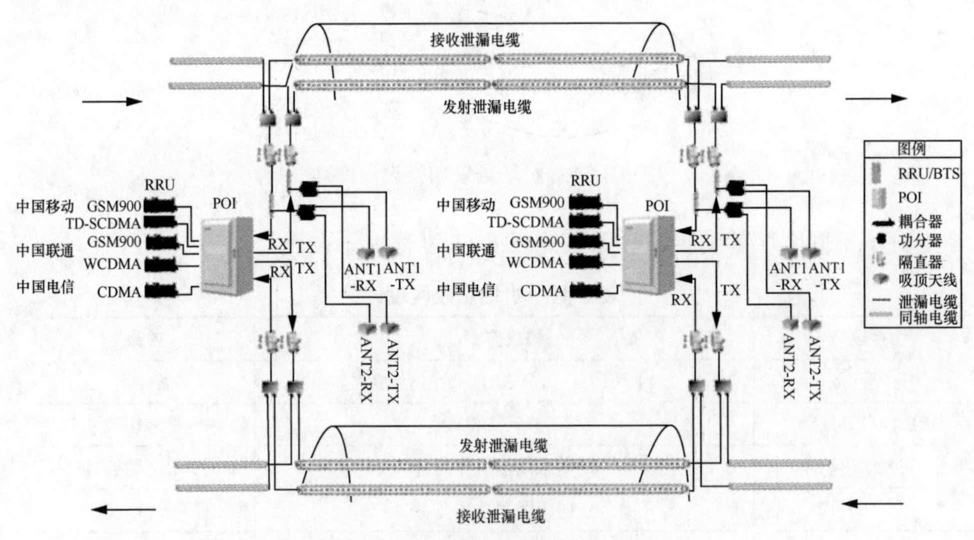

图6-9 地铁场景隧道覆盖设计

2. 进出站口、站台覆盖设计

地铁进出口、站厅、站台采用天馈分布系统进行覆盖，各站出入口处设室内外信号重叠覆盖区，以保证进出车站的平滑切换。地铁进出口、大厅、换乘站上下层采用分布系统的方式进行覆盖，小规模站台站厅采用耦合基站功率进行覆盖；大规模站台站厅需要采用同小区 RRU（或光纤直放站）进行拉远覆盖；换乘站设计时需要考虑与原线路已有室分的统一规划和切换。图 6-10 为典型站厅场景天线布放位置图。

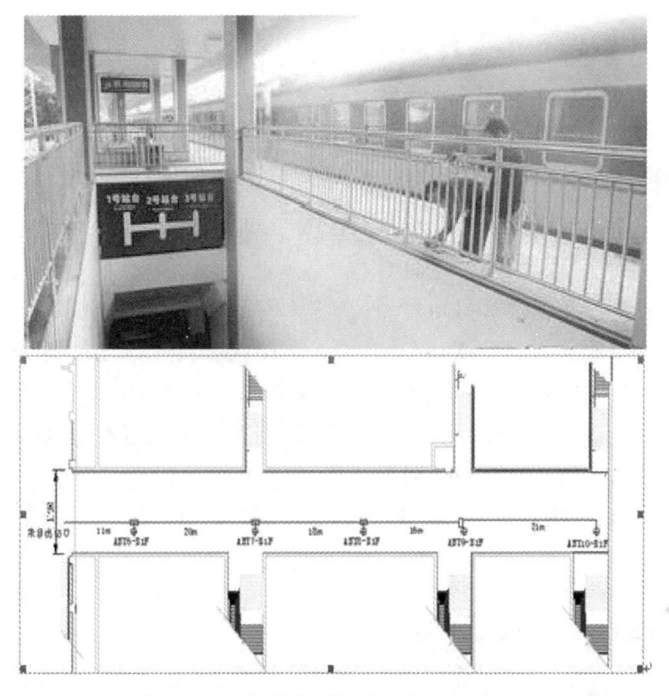

图 6-10　典型站厅场景天线布放位置

对于郊区非换乘站，高峰人流量不大，站台、站厅及隧道采用同一个小区覆盖；对于城区非换乘站，高峰人流量较大，站台与隧道采用同一小区覆盖，站厅采用单独一个小区覆盖。

6.2.8.4　隧道

与一般场景中使用天线覆盖不同，隧道中一般使用泄漏电缆覆盖，如图 6-11 所示。由于泄漏同轴电缆的场强覆盖具有明显的优越性，因而在隧道移动通信中得到了广泛的应用。目前国内地铁无线通信使用的泄漏电缆主要有地铁专用无线通信（列车调度）用漏缆，公安、消防专用漏缆，民用通信用（中国移动、中国联通）漏缆。

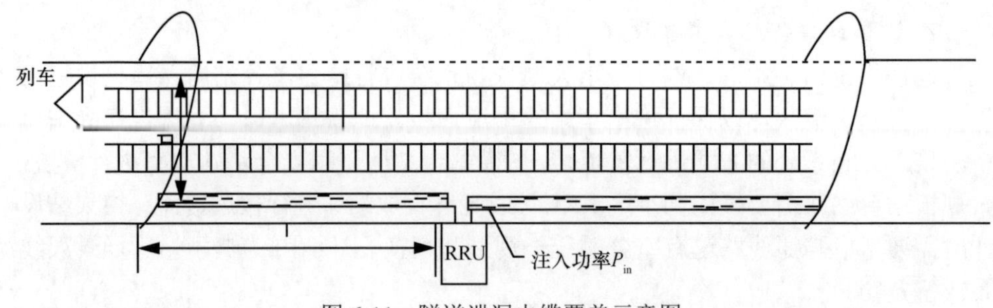

图 6-11　隧道泄漏电缆覆盖示意图

从地铁上下行区间隧道来分析，为了保证正常的无线通信需要，一般情况下，每千米地铁需敷设 8km 漏缆。地铁用漏缆进行上下行区间隧道覆盖，首先必须考虑漏缆模式的选取、传输损耗、耦合损耗、大于 2m 的耦合损耗、隧道因子等问题。目前无线通信系统中普遍选用漏缆的特性阻抗为 50Ω，主要兼顾了损耗和功率容量的要求。同时，应根据隧道上下行区间的链路预算选择漏缆的规格，泄漏电缆的距离可以使用式（6-9）进行计算：

$$漏缆的覆盖距离（m）=（P_{in}-（P+L1+L2+L3+L4+L5））/S \quad (6\text{-}9)$$

其中，P_{in} 为漏缆输入端注入功率；P（正常覆盖按照−85dBm 电平设计）为要求覆盖边缘场强；$L1$ 为漏缆耦合损耗，即漏缆指标；$L2$ 为人体衰落，取值 3dB；$L3=10\lg(d/2)$，为宽度因子，d 为移动台距离漏缆的距离；$L4$ 为衰减余量，（3dB）考虑到两峰时段的填充效应，$L4$ 取值 3dB；$L5$ 为车体损耗，与车体有关；S 为每米馈线损耗，即漏缆指标。

6.3　室内设计仿真工具

6.3.1　功能概述

在室内覆盖系统工程设计领域，现场勘察确定设计目标后，如果完全依靠设计人员经验完成设计图纸，工作量大且耗时长。在实际的设计中可借助智能化的室内分布设计软件进行机器辅助，从而提高室内设计的工作效率。

先进室内设计平台（advanced indoor design platform，AIDP）是一款用于室分系统方案设计与审核的工具软件。AIDP 基于 AutoCAD 平台进行二次开发，具有室分平面图设计、系统图设计、方案优化、方案审核、场强预测、电梯设计、器件管理等功能，能够满足一线设计人员室内分布设计的工作需求。支持 GSM900、DCS1800、TD-SCDMA、TD-LTE、WLAN 等多种系统同时设计，提供简单易操作的平面图以及系统图绘制工具，并能够智能地根据设定参数自动出图。在建筑物平面图基础上使用预置的图块直接进行天线、器件及馈线布放连接，随之可以进行线长统计、物料统计、覆盖预测、图纸审核等操作，在系统图中进行电平计算、电平优化、系统主干优化以及功率分配等功能，为标准图纸的生成提供了极大便利，大大缩短了设计人员的绘图时间。

对于平面图的绘制，由于各个运营商以及各省公司有不同的要求，有的省市要求器件以“随走随分”的方式散立于平层中（即分立模式）。有的省市则要求所有器件集中安放在弱电井中以方便维修（即托盘模式），AIDP 同时支持这两种模式，可以按需要绘制出平面图，并生成相应的系统图。

图 6-12 为利用 AIDP 绘制的平面图。

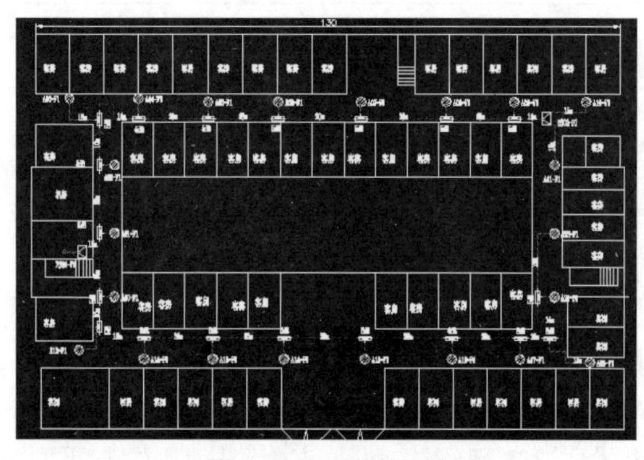

图 6-12　平面图示例

对于系统图的绘制，AIDP 可以根据平面图中天线的期望电平自动生成系统图（室内分布系统各节点与天线口功率会自动计算）；设计者也可以人工选择各器件的连接关系。图 6-13 为根据平面图自动生成的系统图。

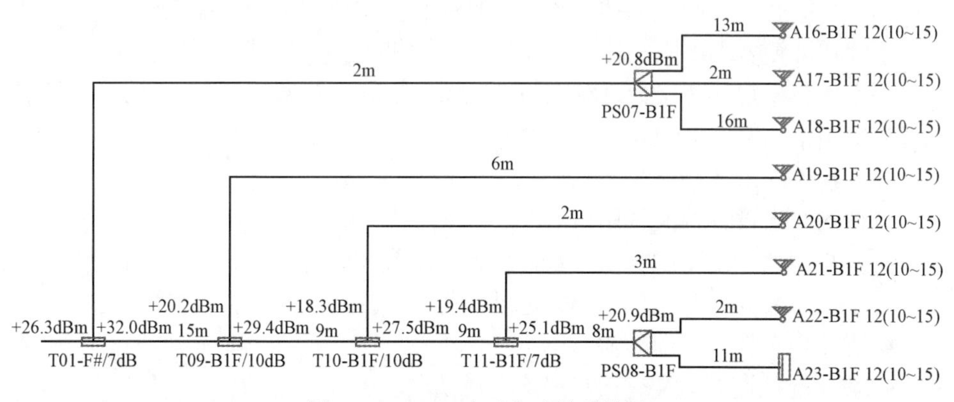

图 6-13　AIDP 自动生成的系统图

在设计时，可以利用 AIDP 中场强预测功能来模拟方案的覆盖效果，选择经验模型，结合事先设置的衰减系数和反射系数，模拟出覆盖效果，从而使室内分布设计不单依靠经验，在施工安装前就能看到覆盖结果。

具体功能模块以及对功能模块的描述见表 6-12。

表 6-12　具体功能模块以及相关描述

模块名称	描述
平面图	记录室内分布系统在建筑物平层内器件的布放位置、器件的型号，线缆的走线、线型及长度以及通过线缆连接器件连通关系的图形
系统图	完整记录室内分布系统（以信源、楼宇等为单位）的器件连接关系、器件种类及型号、线缆型号、长度信息的逻辑拓扑图
仿真覆盖	根据传播模型预测设计的室内分布系统在室内平面内的覆盖场强及信噪比等指标

6.3.2　平面图设计

平面图用来记录室内分布系统在建筑物平层内器件的布放位置、器件的型号，线缆的走线、线型和长度以及通过线缆连接器件的连通关系。

AIDP 软件主要包含模式设置、图框管理、连接天线到主干、插入器件、平面图生成系统图、介质绘制、器件与馈线相关操作、布线连接等功能，软件利用这些功能完成平面图的设计。

（1）模式设置

软件通过两个模式来实现画线功能：一个是使用绘制平面主干功能，信源属性默认设置为托盘模式；另一个是使用 7/8 或 1/2 馈线进行绘制，信源属性默认设置为分立模式。

（2）图框管理

软件的图框管理具有以下功能：支持先插入图框，再插入底图；支持先插入底图，再根据底图适配性地插入图框，且能自动生成图框中的缩放比例；支持图框大小锁定，输入图框大小比例，可以锁定图框大小；支持多楼层管理功能，可以自动生成与设置的楼层数目对应的系统图；支持两种方法进行全图比例尺设定；支持从底图中抽取比例和底图单位设置。

（3）建筑图纸（介质）

软件的介质设置功能具体如下。

- 支持更改图纸中的介质参数，包括介质类型、介质名称、介质颜色、介质的信号衰减、介质厚度和介电常数等。
- 支持用户自定义新介质。
- 墙体批量设置为某介质和清除介质功能。

（4）自动连天线到主干

软件支持将天线自动连接到主干。用户将天线布放好，绘制平面主干完成后，软件可自动将天线与距离最近的主干线进行连接，如果当前模式为分立模式，则自动进行交点打断。

（5）平面图生成系统图

软件支持自动和手动两种方式由平面图生成系统图。

自动生成系统图时需要保证平面图图框，平面图自动生成系统图功能可支持一个信源或多个信源。

（6）器件相关操作

软件支持在平面图中对器件进行插入、挪动、属性修改等操作。

- 器件插入功能：主要包括手动插入、半自动插入、自动插入 3 种方式。
- 器件挪动功能：可以选中需移动的器件，拖动至布放位置。
- 器件属性设置功能：支持直接双击器件调出器件管理菜单，对器件进行管理。可设置的器件属性包括：器件的型号、参数，器件类型，器件状态（新增、原有、利旧），器件文本的字体、大小、颜色，所处楼层，器件编号和不同器件特有参数等。

（7）馈线参数设置

馈线参数设置功能主要可设置长度、类型、线外观等几个方面。

- 馈线长度设置：可根据图纸设定好比例尺，自动按图中长度计算线长；支持设计人员根据实际情况自己设定线长。
- 可以设置各种常见的馈线类型，包括 1/2 馈线、7/8 馈线、跳线、光纤等。
- 线外观设置：在基本设置的线外观设置中，可以针对不同的线型，针对原有、利旧、新增等不同的属性分别设置不同的颜色、线型、宽度和线型比例，并可以保存设置，后续应用软件时可继续使用。

（8）布线连接功能

布线连接功能主要包括：干线和器件连接、馈线和天线连接、器件和器件连接、馈线和器件连接、连接多段线、自动打断干线以及交错线等。

（9）器件连通性检查

器件连通性检查是指在平面图设计完成后，检查天线及其他器件与馈线的连通性，并标识错误点。对于检测出的错误，可自动及手动（框选、点选）清除错误标识，并且可以自动修正未连通处。

（10）天线数量统计

软件支持图纸一定范围内的天线数量自动统计功能，选中需要进行天线统计的范围，可自动得到该范围内的天线数量。

（11）分布式皮基站平面图设计

软件提供了针对新型三层架构分布式皮基站设备的快速室内分布系统设计功能，支持包含华为、中兴、爱立信等多个厂商的不同分布式皮基站设备模块，能够实现一体化远端和可外接远端不同形式设备的自由选择和组网；并支持 DCU 等不同的网元设备，能够实现 RHUB 和 pRRU 等网元在平面图的插入与连接设置、编号等功能；设计了 BBU→RHUB 之间、RHUB→pRRU 之间的连接线型，并能够根据平面图的布局自动生成组网图。

室内分布图如图 6-14 所示。

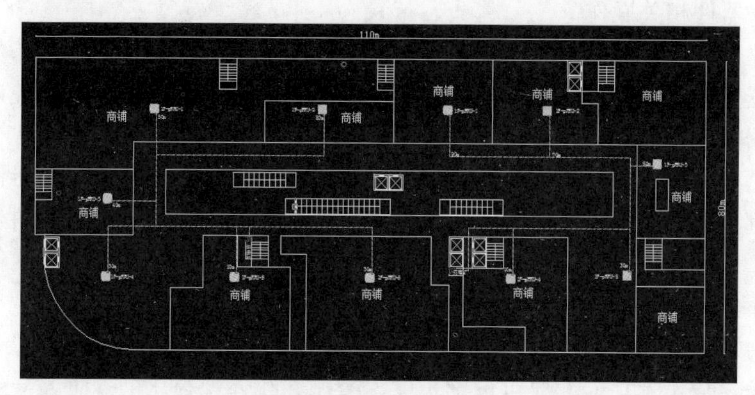

图 6-14　室内分布图

6.3.3　系统图设计

系统图用来完整记录室内分布系统（可以信源、楼宇等为单位）的器件连接关系、器件种类及型号、线缆型号、长度信息的逻辑拓扑图。

在系统图模块中，AIDP 软件设计了主干连接、电平计算与优化、材料统计等多种功能，可以最大限度地满足设计需求。

6.3.3.1　主干连接

软件支持多楼层系统图之间的手动连接功能，可自动根据连接点的数量，提供适合的连接方式选项，供用户手动选择。主干连接方式可以支持多个楼层，并提供馈线连接和跳线连接两种方式。

（1）馈线连接

信源点与每层系统图之间的连接线为馈线，总信源点所在楼层的器件之间的连接仍为跳线，其他线型可以供用户选择，从而使电平计算更加准确。

（2）跳线连接

总信源点与每层的信源点、器件之间的连接线均为跳线。

6.3.3.2　组网图中的电平计算

软件具备计算组网图中各个节点电平的功能，并能够支持单个制式或多个制式同时计算。电平计算功能可根据已设置的信源输出功率、线缆及器件的损耗参数等进行天线输出功率值的计算，可由 RRU 直接计算到末端天线。在电平计算功能中，多个信源可以同时参与一个系统图的计算，每个信源可以由独立的制式进行计算。

除电平计算外，软件还支持清空电平计算结果；清空后，仍可以重新进行电平计算并显示线损及电平值。

6.3.3.3　电平优化以及主干优化

电平优化及主干优化功能可设置待优化天线的目标输出功率值，自动根据天线的目标值进行无源器件的选型及信源功率值的设置，能够使所有待优化的天线最接近优化目标值。电平优化功能涉及的无源器件包括功分器、耦合器等，可支持不同类型的功分器和耦合器，优化功能还可以实现耦合器的耦合端与输出端之间的转换。

电平优化及主干优化的范围可以根据需要进行选择，既能够实现整个系统图的优化，也可以完成平层和系统图内多个楼层间的优化；既可以优化平常内的器件，也能对楼层间的器件进行优化。

6.3.3.4　系统图同步到平面图

平面图与系统图同步功能主要应用于当自动生成的系统图中器件、连接方式以及线长发生改变时，可自动对系统图与平面图中对应的器件、线长等进行更新。

手动组网的系统图通过更新平面图功能，根据器件编号使平面图与系统图同步。同步内容包括电平、耦合器类型和天线型号等。

6.3.3.5　材料统计

材料统计功能可统计整个方案中或部分框选区域内所用到的全部材料，包括信源、天线、馈线及上述各项的型号、参数、数量、状态；也可分别统计每个楼层的材料，自动统计每个天线对应的功率值，还可按天线状态（新增、原有、利旧）进行分类汇总。

材料统计结果以 Excel 格式保存至本机，并能够选取保存路径，输出表格的名称默认与图纸方案名称一致。

6.3.3.6　支持多系统合路设置

软件支持 POI 多系统合路设计功能，POI 主要功能是对多系统下行信号进行合路，同时对各系统的上行信号进行分路，尽可能抑制各系统间的无用干扰。软件支持 A 型（6 频）、B 型（9 频）和 C 型（12 频）3 类 POI 器件，可完成多系统合路设计。3 种类型 POI 设备的制式及频段见表 6-13。

软件可以对各系统的发射功率、频段进行设置，计算显示同一天线点处不同系统的发射功率。

表 6-13　POI 设备的制式及频段（频段单位：MHz）

<table>
<tr><th>类型</th><th>A 型</th><th>B 型</th><th>C 型</th></tr>
<tr><td rowspan="12">制式及频段</td><td rowspan="2">中国电信 CDMA800MHz
（865～880/820～835）</td><td rowspan="2">中国移动 GSM900MHz
（934～960/889～915）</td><td>中国移动 GSM900MHz
（934～960/889～915）</td></tr>
<tr><td>中国移动 DCS
（1805～1830/1710～1735）</td></tr>
<tr><td rowspan="2">中国电信 LTE FDD1.8GHz
（1860～1880/1765～1785）</td><td>中国移动 DCS
（1805～1830/1710～1735）</td><td>中国移动 TD-LTE（F 频段）
（1885～1915）</td></tr>
<tr><td>中国移动 TD-LTE（F 频段）
（1885～1915）</td><td>中国移动 TD-LTE（A 频段）
（2010～2025）</td></tr>
<tr><td rowspan="2">中国电信 LTE FDD2.1GHz
（2110～2130/1920～1940）</td><td>中国移动 TD-LTE（E 频段）
（2320～2370）</td><td>中国移动 TD-LTE（E 频段）
（2320～2370）</td></tr>
<tr><td>中国电信 CDMA800MHz
（865～880/820～835）</td><td>中国电信 CDMA800MHz
（865～880/820～835）</td></tr>
<tr><td rowspan="2">中国联通 GSM900MHz
（954～960/909～915）</td><td>中国电信 LTE FDD1.8GHz
（1860～1880/1765～1785）</td><td>中国电信 LTE FDD1.8GHz
（1860～1880/1765～1785）</td></tr>
<tr><td>中国电信 LTE FDD2.1GHz
（2110～2130/1920～1940）</td><td>中国电信 LTE FDD2.1GHz
（2110～2130/1920～1940）</td></tr>
<tr><td rowspan="2">中国联通 LTE FDD1.8GHz
（1830～1860/1735～1765）</td><td rowspan="2">中国联通 LTE FDD1.8GHz
（1830～1860/1735～1765）</td><td>中国电信 TD-LTE2.3GHz
（2370～2390）</td></tr>
<tr><td>中国联通 LTE FDD1.8GHz
（1830～1860/1735～1765）</td></tr>
<tr><td rowspan="2">中国联通 WCDMA
（2130～2170/1940～1980）</td><td rowspan="2">中国联通 WCDMA
（2130～2170/1940～1980）</td><td>中国联通 WCDMA
（2130～2170/1940～1980）</td></tr>
<tr><td>中国联通 TD-LTE2.3GHz
（2300～2320）</td></tr>
</table>

6.3.3.7　器件相关操作

在系统图中可以对器件做挪动、属性修改、器件对齐、编号等操作。器件挪动可将选中器件拖动至布放位置，移动过程中器件的连线可自动变化，不会改变已有的对应关系，也不会与器件断开。

器件对齐功能可以根据用户选择的参照物自动将器件竖对齐或者横对齐，器件编号功能可供用户自行选择编号顺序，并同步编号至平面图。

6.3.3.8　线长相关操作

线长相关操作包括线长对齐功能和修改线长功能。线长对齐功能可使所有线长对齐，修改线长功能可使对应的线损和相应的器件的电平都自动随之改变并同步到平面图，还支持批量修改线长功能。软件支持线长修改自动同步到平面图中，且系统图中其他同源楼层的相应线长、线损和线型也同步变化。

6.3.3.9　MDAS 系统图设计

MDAS 是一种多业务分布系统，可支持多制式、多载波，并集成 WLAN 系统，一步解决语音及数据业务需求，与传统模拟分布系统相比，具备混合组网、时延补偿、自动载波跟踪、上行底噪低等特点。

MDAS 拓扑结构由 MAU→MEU→MRU→天线组成，组网原则：MAU 能够带动多个 MEU 分支；MEU 能够带动多个 MRU；一个 MRU 带动一个大张角天线。

软件支持 MDAS 生成组网图：创建 MDAS 组网图首先由 MAU 或者 MEU 带动，再选择被带动的器件为 MEU 或者 MRU，并确定被带动器件的分布结构为 $m \times n$（m 为分支数，n 为各分支中级联的器件数量），并能够自动将器件连线。MAU 与 MEU 之间、MEU 之间级联时采用光纤进行连接，MEU 与 MRU 之间采用的光电复合缆示意图如图 6-15、图 6-16 所示。

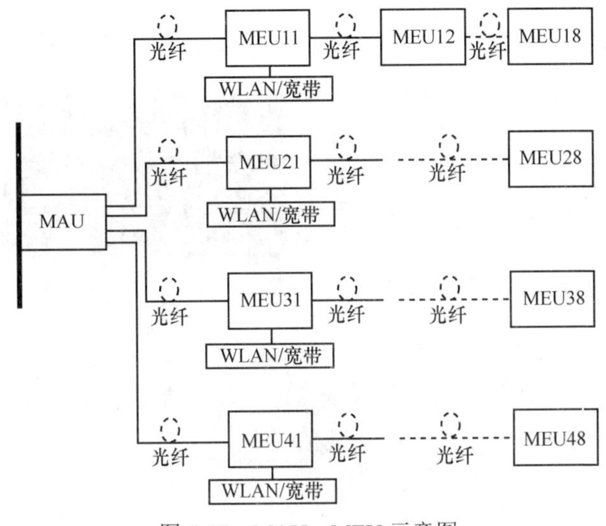

图 6-15　MAU→MEU 示意图

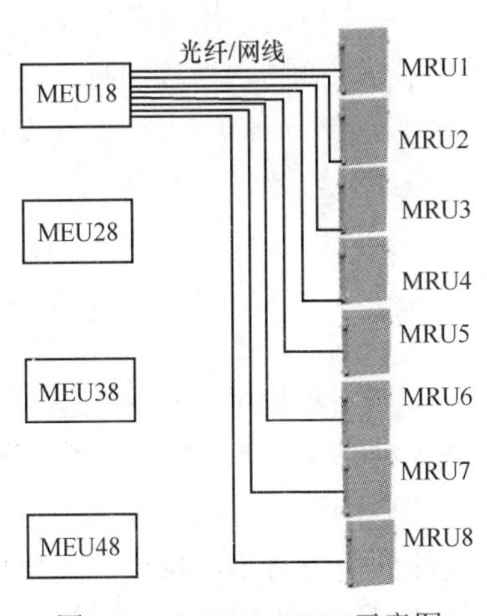

图 6-16　MEU→MRU 示意图

6.3.3.10 分布式皮基站系统图设计

新型分布式皮基站由 BBU、RHUB、pRRU 三层架构组成，并增加了 DCU 等网元设备，软件支持根据平面图自动生成分布式皮基站 HUB 和远端组网结构图的功能。BBU 与 HUB 的连接及 HUB 的级联组网结构可由设计人员根据表格设置直接生成。

6.3.3.11 LTE 双天线设计

为了满足双路 LTE 天线的布放的需求，软件支持 LTE 双天线设计，可直接布放双天线，并能够根据双天线自动生成两路系统图。其中 LTE 天线包括单极化和双极化两种模式，双极化天线只有一个编号，单极化天线同时有两个编号，对天线进行区分。LTE 双极化全向吸顶天线和单极化全向吸顶天线如图 6-17 所示。

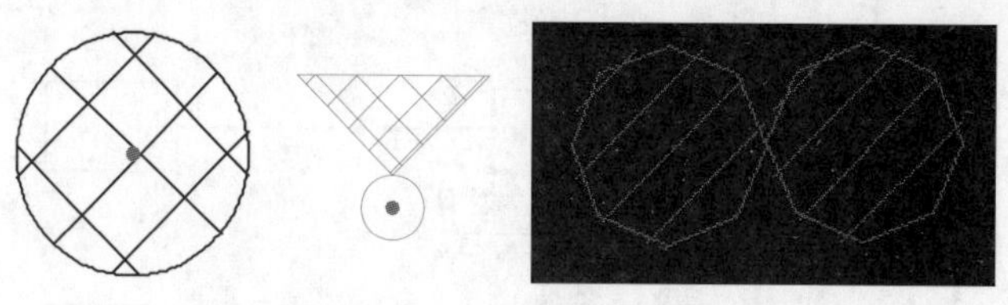

图 6-17 LTE 双极化全向吸顶天线和单极化全向吸顶天线

6.3.3.12 批量复制标准层

由于很多时候需要生成多个相同的楼层，软件提供了批量复制标准层功能，可对已经绘制好的一个标准层进行快速的复制。

6.3.4 覆盖预测模块

设计工具集成了高精度的室内覆盖预测功能模块。覆盖预测是根据传播模型对室内分布系统在室内平面内的覆盖场强进行预测，使室内分布设计不单依靠经验，在施工安装前就可以看到方案的覆盖结果，指导设计方案的效果核查。覆盖预测模块包括面场强预测、仿真结果导出等模块。

（1）参数设置

在进行覆盖预测之前，会对覆盖预测所需要的参数进行设定，具体参数设置主要包括以下几个方面。

- 覆盖参数设置：填充方式有网格填充和块填充两种，区域性质有热点区域、一般区域和空旷区域 3 种，覆盖类型有主要活动区域、地下室和电梯 3 种。
- 场强绘制范围可以选择矩形边界，也可以手工选择边界，矩形边界是指在图纸上确定两点，由这两点为对角线构型一个矩形范围；手工选择边界则是选择一个已经画好的封闭多段线。

- 当前信源指选择一个图纸中已有的制式。
- 覆盖率门限：可以根据需要进行设置，屏幕上会显示出满足覆盖率门限范围的比例。

（2）面场强预测

面场强预测，即通过之前设置的参数信息以及天线口功率、天线增益、介质损耗，利用传播模型预测在已有的室内分布系统下各层平面内的信号覆盖场强，并用色标显示出来，信号强度分段及显示颜色都可以进行调整，同时支持灵活设置覆盖场强的门限值。

在面场强预测完成时，计算出所选择区域中高于门限值区域的所占比例，并将 CDF 统计结果显示在图纸上。

6.3.5　其他功能

（1）批量打印 PDF

由于图纸出版均需要采用 PDF 格式，且 PDF 格式为用户打印图纸提供了方便。软件具备以图框为单位的批量打印功能，直接单击“选改”功能即可以图框为单位完成整套图纸的 PDF 转换，且可以选择图框在 PDF 文件的排序。打印完毕后的 PDF 文件会保存到图纸的目录下。

（2）电梯设计

软件支持电梯设计功能，用户输入电梯的编号、层高、层数、天线类型、天线数量、单个天线覆盖楼层和器件位置等信息后，可以自动生成设计好的电梯平面图。

6.4　室内设计审核工具

室内设计审核工具可以基于完备统一的图纸审核规则，提取图纸信息，完成室内设计图纸的智能化审核。它通过电子化手段提升图纸审核效率及审核的完整性和准确性，从图纸这一基础关键环节实现对室分网络质量的把控，完成规范化、标准化、智能化和高效化的审核。

6.4.1　审核要点

审核平台具备图纸上传、下载以及简短审核流程，它部署在外网，可满足图纸资料管理的需求。

设计人员负责站点信息编辑、图纸数据上传、图纸智能评审、审核结果批注、图纸提交送审等工作；审核人员负责图纸在线审核、图纸材料归档等工作，其中图纸在线审核包括图纸编辑、在线预测、预算分析、数据下载等。

为满足质量审核要求，从提升图纸质量的角度，形成了 8 类室分图纸审核规则，实现对室分设计方案的审核。

（1）天线审核

包括天线密度审核、天线间距审核、天线编号审核、天线输出口功率审核、双路天线口功率平衡性审核和天线分区位置审核。其中天线输出口功率审核包括 LTE 系统天线口输入功率是否达标以及 GSM/DSC 系统天线口输入功率是否达标，需要根据不同环境进行审核。天线分区位置审核也需根据不同环境进行审核。

（2）馈线审核

包括馈线使用合理性审核和馈线长度审核。馈线使用合理性审核，即审核不同长度的馈线型号要求是否满足要求以及主干线、平层线是否满足要求；馈线长度审核，即审核线长默认标识是否存在人为篡改。

（3）设备审核

包括传统基站设备审核和新型分布式皮基站设备审核。传统基站审核包括 BBU/RRU 利用率审核、RRU 级联审核、RRU 功率审核、RRU 下有源设备负荷审核、信源带直放站审核、信源带干放数量审核以及干放串联审核；新型分布式皮基站设备审核包括 BBU 连接 RRU 和 RHUB 的数量是否满足要求，光纤分布式系统使用是否合理，以及 RRU 的使用是否合理。

（4）器件审核。

包括器件使用合理性审核和高品质器件使用及标识审核。器件使用包括负载使用、电桥使用等。

（5）覆盖审核

包括不同制式不同区域覆盖率审核、信号外泄审核、天线点轨迹覆盖审核。覆盖审核需根据不同场景分别进行覆盖审核，检验其覆盖仿真是否达标，是否满足覆盖要求。

（6）成本审核

包括物料清单审核、总造价审核、单位面积造价审核。

（7）分区审核

包括不同制式分区合理性审核、主设备分区/小区合并数量审核。

（8）容量审核

包括设计方案分区数量设置，即根据用户数或楼宇面积测算的不同场景审核分区数量是否满足容量需求。

6.4.2　创建方案

在进行方案审核前，需要在审核平台创建该方案，输入方案名称、方案类型、物业点经纬度信息、物业点地址、覆盖场景、室内分布建设类型、覆盖方案类型等基础信息，对方案进行标识，并为方案审核提供基础信息。

6.4.3　设计方案上传

提供 CAD 格式图纸的上传功能，可上传包含平面图、系统图和组网拓扑图的 DWG 格式总图纸，PDF 格式图纸（由审核平台生成），覆盖预测效果图（由审核平台生成），物料清单等图纸及文件材料。

6.4.4　设计方案智能分析

设计方案上传完成后，可单击“智能分析”功能按钮完成图纸的智能分析操作，智能分析结果可以直接展示在平台页面上，提供给设计人员和审核人员查看。

设计方案完成智能分析后，平台可逐条显示审核结果，对于不合格项目可以单击审核结果进行查看，并提供了备注功能，设计人员可对每个审核点根据实际情况增加备注，方便审核人员审核。

6.4.5　PDF 图纸生成

室内设计审核平台提供了 DWG 格式图纸直接转换成 PDF 格式图纸的功能，在不安装绘图工具及其他格式转换工具的前提下，完成 DWG 格式图纸向 PDF 格式的转换。转换成功的 PDF 图纸可实现与 DWG 格式图纸和审核报告(详见第 6.4.8 节）之间的关联认证功能，防止后续对 DWG 格式图纸修改后导致与 PDF 图纸不一致的情况。

6.4.6　覆盖预测效果图生成

室内设计审核平台具备覆盖效果图片生成功能，能够将满足审核要求的图纸平面图生成具有覆盖效果的渲染图，并保存成 JPG 格式的图片，每幅平面图根据不同的制式区分生成，并在图片中通过不同制式和不同楼层的命名方式进行区分。

6.4.7 审核报告下载

审核平台可展示图纸在不同审核项目的审核结果，并支持审核结果报告的导出功能，导出报告为 Excel 格式，可导出不同审核项目的审核结果，如合格、不合格或覆盖率等信息，并通过附表的形式将所有不合格项目对应图纸中的数据逐一输出，方便设计人员核查。

审核报告中也包含物料清单的附表数据。

6.4.8 方案送审

设计人员确认方案无误并完成智能分析后，上传平台生成的 PDF 格式图纸和覆盖预测效果图文件，就可以单击方案送审，将设计方案提交给审核人员进行审核。

6.4.9 图纸在线编辑

设计审核平台提供不依赖于CAD绘图工具的DWG格式图纸在线打开及在线编辑功能，可在图纸上增加批注信息，标识图纸中需要注意的问题或审核人员的审核意见，便于图纸的电子化交互。

6.4.10 图纸在线覆盖预测

审核平台在线打开图纸后，可以框选覆盖范围或选择已有的覆盖预测边界，完成边界范围内的平面图覆盖预测功能，并能够根据选择的渲染方式、渲染精度以及设置好的不同电平间隔的显示色标等信息，完成图纸的在线覆盖预测及渲染。

在线覆盖预测结果能够显示不同电平间隔内的信号强度 CDF 分布结果，并支持在线的覆盖预测效果清除功能。

6.4.11 方案审核

审核人员可对提交送审的方案进行审核，审核人员可以进行图纸的在线打开、在线编辑、在线覆盖预测等图纸操作，可下载 DWG 格式图纸、PDF 格式图纸、覆盖预测效果图、审核报告等资料，填写审核意见，并最终反馈方案通过或驳回的信息。若方案通过，则完成图纸审核；若方案被驳回，则由设计人员修改后重新提交送审，直至完成审核。

第 7 章
室内场景下无线网络设计类工具实操案例

本章详述了室内场景下一种便携式无线信号模拟测试工具的功能，包括收发端设备的配置方法以及测试报告的自动生成方法；介绍了室内设计审核工具在传统分布系统及新型分布系统的方案设计、覆盖预测等工作上的辅助作用。

7.1 室内模拟测试测试工具

本节将介绍室内模拟测试测试工具的实操案例。

7.1.1 AISS-APK 软件安装

将 AISS-APK 软件复制到支持 OTG 功能的 Android 智能终端上，单击"安装"。智能终端需要设置成飞行模式才能使用该软件。打开软件后，通过 OTG 连接线将模拟测试终端和智能终端连接，如图 7-1 所示，AISS-APK 软件会自动识别模拟测试终端并提示用户是否允许连接。

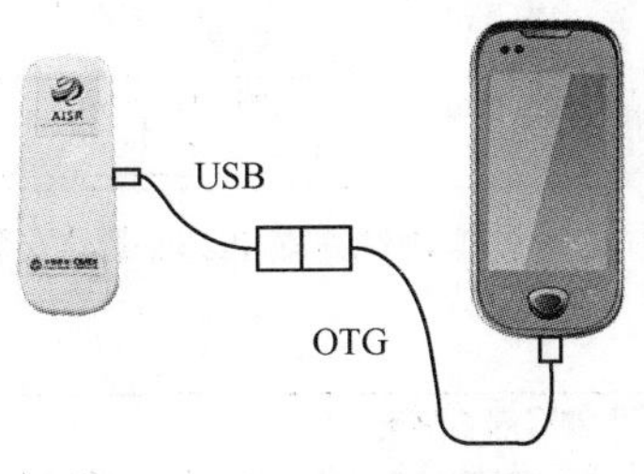

图 7-1 智能终端连接方式

注：（1）OTG 接口线一定要连接智能终端，如果方向错误会导致识别不到模拟测试终端。

（2）Android 智能终端连接 AIST 时需打开其开关。

（3)支持 OTG 功能的 Android 智能终端连接 AISR 或 AIST 需要一定时间（12s 左右，不同 Android 智能终端连接识别 AISR/AIST 时间略有不同），连接成功后界面将显示设备名称。

7.1.2　AISS-PC 软件安装

安装模拟测试终端 PC 端驱动，通过 USB 线连接 AIST 和 PC，并打开 AIST 的电源开关，如图 7-2 所示，双击“Setup.exe”（如图 7-3 所示）进行安装，根据提示选择自动安装驱动。驱动安装完成之后会在设备管理器中看到模拟测试终端的 AT 端口，如图 7-4 所示。

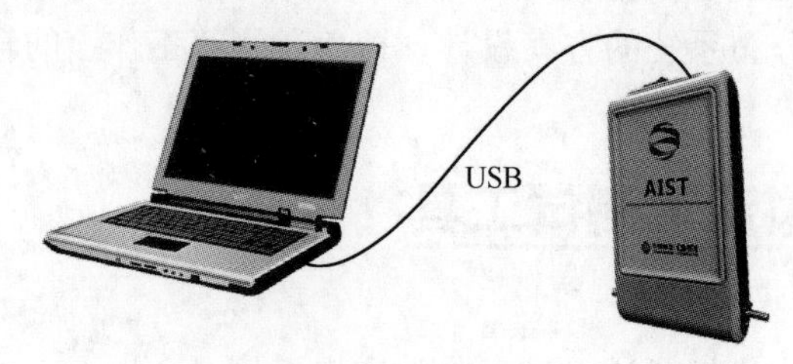

图 7-2　模拟测试发送终端连接 PC 示意图

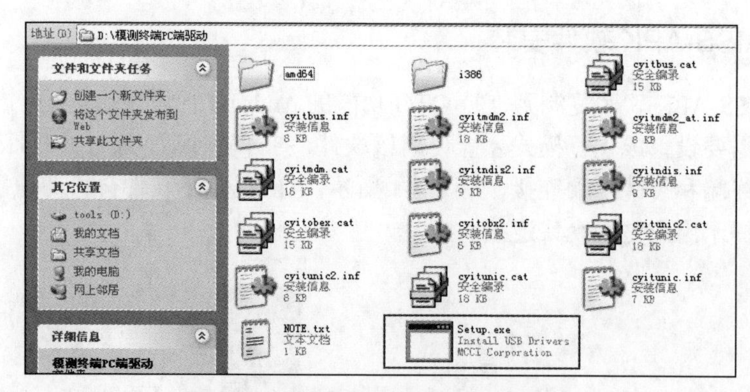

图 7-3　模拟测试终端 PC 端驱动安装

图 7-4　模拟测试终端 AT 端口

将 AISS-PC 工具软件压缩包解压到 PC 端（WindowsXP 或 Windows7 系统），打开 AISS-PC.exe，通过 USB 线将模拟测试终端连接到 PC，AISS-PC 工具软件会自动识别到模拟测试终端。

注：请以系统管理员、兼容 WindowsXP 的方式运行软件。具体操作：在 Windows7、Windows8 系统上面，右键单击 AISS-PC.exe 文件弹出菜单中“属性→兼容性”，勾选“以兼容模式运行这个程序”（WindowsXP3）和“以管理员身份运行此程序”，最后单击“确定”，如图 7-5 所示。

图 7-5　Windows7、Windows8 系统运行环境

7.1.3　测试终端设置

7.1.3.1　使用 AISS-APK 进行测试终端设置

通过软件界面进行测试终端模式设置。一共有 3 种模式：模拟测试发送终端、扫频终端和模拟测试接收终端，如图 7-6 所示。

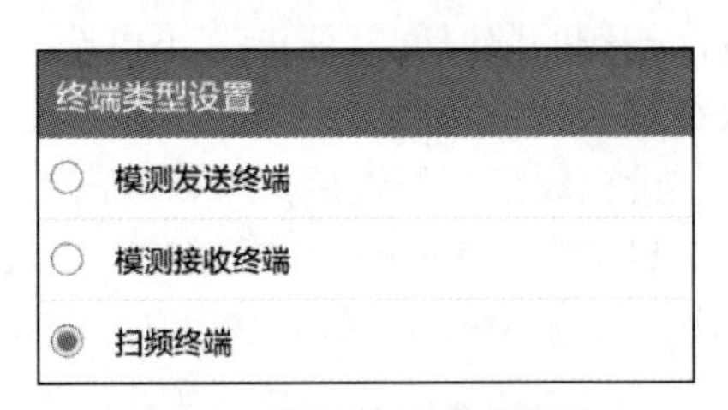

图 7-6　测试终端模式设置

（1）模拟测试发送终端。主要用于设置 AIST，设置成发送终端后，可以进行

发送预置参数设置（序号从 0～29，共 30 组预置参数）和发送功率设置（0～23dBm）。

（2）扫频终端。用于设置路测终端，设置成扫频终端后，可以设置扫频间隔时间（默认是 5s，可选 1s、2s、5s、10s）。

（3）模拟测试接收终端。用于设置路测终端，设置成接收终端后，可以设置 8 组监测小区信息（支持 Band38、Band39、Band40、Band41），可以选择预置的 30 组参数或者手动输入参数。

可以通过设置监测小区测量值来查询间隔时间（默认是 5s，可选 1s、2s、5s、10s）。

7.1.3.2 使用 AISS-PC 进行测试终端设置

通过软件界面 1.1.2 设置模拟终端类型 进行测试终端模式设置。一共有 3 种模式：模拟测试发送终端、扫频终端和模拟测试接收终端，如图 7-7 所示。选择需要的模式后单击发送指令生效。

图 7-7 模拟测试终端模式设置

（1）模拟测试发送终端

主要用于设置 AIST，设置成发送终端后，可以双击 1.3.2 设置预置小区参数索引 进行发送预置参数设置（序号从 0～29 共 30 组预置参数，如图 7-8 所示），双击 1.4.1 获取发送终端发送功率 进行发送功率设置（0～23dBm）。

选择需要的参数和功率后单击发送指令生效。

图 7-8 发送终端预置参数

（2）扫频终端

用于设置路测终端，扫频间隔时间默认 1s，不可选。

（3）模拟测试接收终端

用于设置路测终端，设置成接收终端后，可以双击 1.5.3 设置接收终端监测小区信息 设置最多 8 组监测小区信息（支持 Band38、Band39、Band40、Band41），只能手动输入，单击发送指令生效。监测小区刷新时间间隔 1s，不可选。

注：设置监测小区信息时，每个频点下只能设置小区数为 1。若需要输入 2 个同频小区，则要另起一行输入频点和小区物理 ID、带宽，如图 7-9 所示。

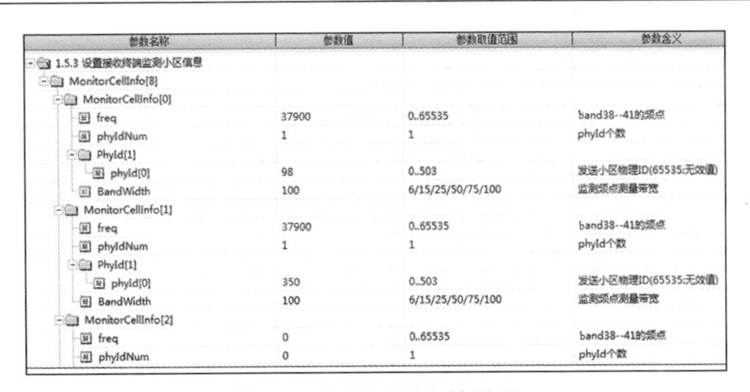

参数名称	参数值	参数取值范围	参数含义
1.5.3 设置接收终端监测小区信息			
MonitorCellInfo[8]			
MonitorCellInfo[0]			
freq	37900	0..65535	band38--41的频点
phyIdNum	1	1	phyId个数
PhyId[1]			
phyId[0]	98	0..503	发送小区物理ID(65535:无效值)
BandWidth	100	6/15/25/50/75/100	监测频点测量带宽
MonitorCellInfo[1]			
freq	37900	0..65535	band38--41的频点
phyIdNum	1	1	phyId个数
PhyId[1]			
phyId[0]	350	0..503	发送小区物理ID(65535:无效值)
BandWidth	100	6/15/25/50/75/100	监测频点测量带宽
MonitorCellInfo[2]			
freq	0	0..65535	band38--41的频点
phyIdNum	0	1	phyId个数

图 7-9　监测小区参数设置

7.1.3.3　使用 AISS-APK 进行信号接收测量

使用 AISS-APK 进行信号接收测量，分为扫频终端和模拟测试接收终端两种情况。

当前网络信号太差导致模拟测试终端丢失覆盖的时候会有丢失覆盖的提示，如图 7-10 所示。

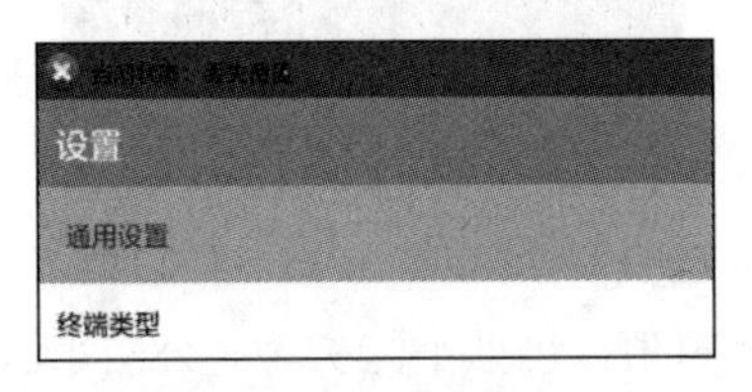

图 7-10　丢失覆盖提示

（1）扫频终端

可以查询驻留小区测量值，包括小区类型（公网小区或模拟测试小区）、小区频点、物理 ID、带宽、RSRP、SINR，如图 7-11 所示。

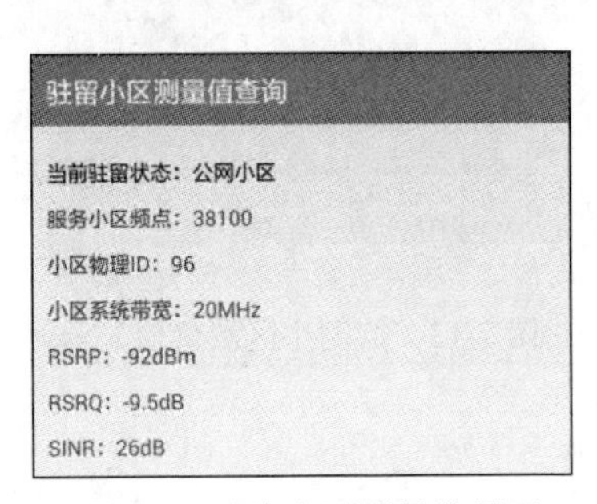

图 7-11　驻留小区测量值显示

扫频终端还可以查询扫频结果，可以显示当前位置的 TD-LTE/TD-SCDMA 小区测量值，测量值显示包括小区频点、物理 ID、带宽、RSRP、RSRQ、SINR、接入技术，如图 7-12 所示。

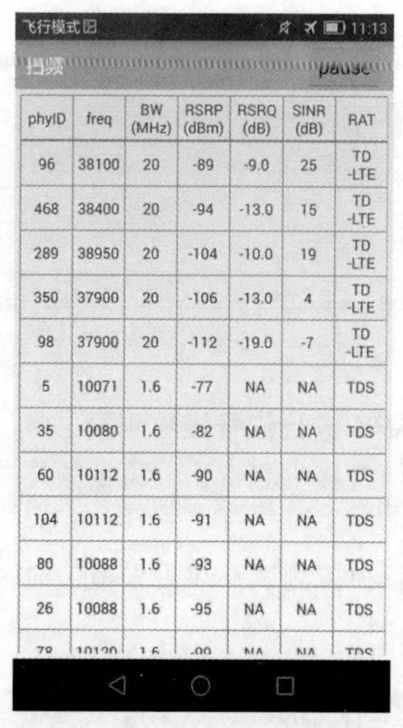

phyID	freq	BW (MHz)	RSRP (dBm)	RSRQ (dB)	SINR (dB)	RAT
96	38100	20	-89	-9.0	25	TD-LTE
468	38400	20	-94	-13.0	15	TD-LTE
289	38950	20	-104	-10.0	19	TD-LTE
350	37900	20	-106	-13.0	4	TD-LTE
98	37900	20	-112	-19.0	-7	TD-LTE
5	10071	1.6	-77	NA	NA	TDS
35	10080	1.6	-82	NA	NA	TDS
60	10112	1.6	-90	NA	NA	TDS
104	10112	1.6	-91	NA	NA	TDS
80	10088	1.6	-93	NA	NA	TDS
26	10088	1.6	-95	NA	NA	TDS

图 7-12　扫频结果显示

（2）模拟测试接收终端

可以查询驻留小区测量值，包括小区类型（公网小区或模拟测试小区）、小区频点、物理 ID、带宽、RSRP、SINR，如图 7-11 所示。

还可以查询监测小区测量值，包括小区频点、物理 ID、带宽、RSRP、RSRQ、SINR、接入技术，如图 7-13 所示。

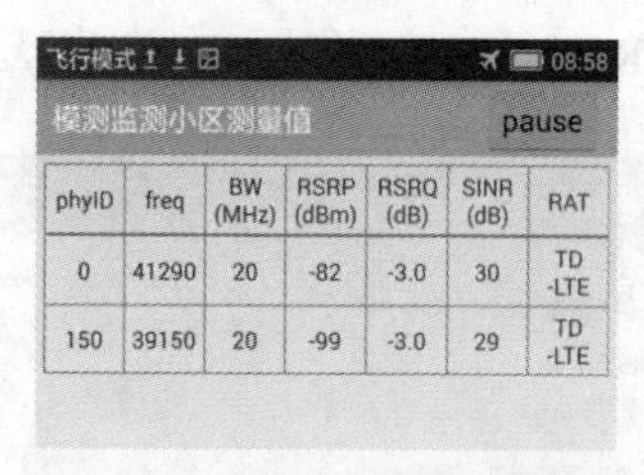

phyID	freq	BW (MHz)	RSRP (dBm)	RSRQ (dB)	SINR (dB)	RAT
0	41290	20	-82	-3.0	30	TD-LTE
150	39150	20	-99	-3.0	29	TD-LTE

图 7-13　监测小区测量值显示

7.1.4　使用 AISS-PC 进行信号接收测量

使用 AISS-PC 进行信号接收测量，同样分为扫频终端和模拟测试接收终端两种情况。

（1）扫频终端

双击 2.1.2 设置驻留小区类型 可以查询驻留小区测量值，包括小区类型（公网小区或模拟测试小区）、小区频点、物理 ID、带宽、RSRP、SINR，如图 7-14 所示。

参数名称	参数值	参数取值范围	参数含义
2.1.2 设置驻留小区类型			
campType	0	0..2	模测终端驻留小区类型
serCellInfo			
Frequency	38100	0..65535	服务小区频点
CellId	96	0..503	服务小区ID
CellBandWidth	100	0..5	服务小区系统带宽
rsrp	48	0..255	服务小区RSRP
rsrq	24	0..255	服务小区RSRQ
sinr	25	10..30	服务小区SINR

图 7-14　驻留小区测量值显示

双击 1.6.1 获取扫频结果 可以查询扫频结果，会显示当前位置 TD-LTE/TD-SCDMA/GGE 小区测量值，测量值显示包括小区频点、物理 ID、带宽、RSRP、RSRQ、SINR，如图 7-15 所示。

序号	小区频点	小区ID	小区系统带宽	小区RSRP	小区RSRQ	小区SINR	小区接入类型
扫频结果							
1	38100	96	100	48	24	24	TDD_LTE
2	38950	289	100	47	26	30	TDD_LTE
3	38400	468	100	43	22	19	TDD_LTE
4	38400	211	100	36	10	7	TDD_LTE
5	10063	64	NA	45	NA	NA	TDS
6	10071	5	NA	38	NA	NA	TDS
7	10080	35	NA	36	NA	NA	TDS
8	10112	13	NA	32	NA	NA	TDS
9	10096	83	NA	24	NA	NA	TDS
10	10120	85	NA	21	NA	NA	TDS
11	10104	123	NA	20	NA	NA	TDS
12	10088	26	NA	20	NA	NA	TDS
13	10104	64	NA	16	NA	NA	TDS
14	62	NA	NA	63	NA	NA	GGE
15	82	NA	NA	52	NA	NA	GGE
16	523	NA	NA	44	NA	NA	GGE

图 7-15　扫频结果显示

（2）模拟测试接收终端

双击 2.1.2 设置驻留小区类型 可以查询驻留小区测量值，包括小区类型（公网小区或模拟测试小区）、小区频点、物理 ID、带宽、RSRP、SINR，如图 7-16 所示。

参数名称	参数值	参数取值范围	参数含义
2.1.2 设置驻留小区类型			
campType	0	0..2	模测终端驻留小区类型
serCellInfo			
Frequency	38100	0..65535	服务小区频点
CellId	96	0..503	服务小区ID
CellBandWidth	100	0..5	服务小区系统带宽
rsrp	48	0..255	服务小区RSRP
rsrq	24	0..255	服务小区RSRQ
sinr	25	10..30	服务小区SINR

图 7-16　驻留小区测量值显示

选择一个 UE，比如 UE1 命令参数 UE1 UE2，双击 1.7.1 获取监测小区测量值，可以查询监测小区测量值，包括小区频点、物理 ID、带宽、RSRP、RSRQ、SINR，如图 7-17 所示。

序号	小区频点	小区ID	小区系统带宽	小区RSRP	小区RSRQ	小区SINR	小区接入类型
测量结果							
1	37900	98	100	31	12	-5	TDD_LTE
2	37900	350	100	26	4	-11	TDD_LTE
3	38950	289	100	47	26	30	TDD_LTE
4	38100	96	100	46	24	22	TDD_LTE
5	38400	468	100	39	18	8	TDD_LTE

图 7-17　监测小区测量值显示

7.1.5　AISR 接收终端路测打点

用 AISS-APK 工具配套 AISR 模拟测试接收终端可以进行室内路测（手动打点）。配合 AIST 发送终端发送的模拟 TD-LTE 信号实操方法如下。

第一步选择对应的小区，操作步骤如图 7-18 所示。进入 AISS-APK 操作界面后，单击进入模拟测试接收终端检测小区信息界面，清空原有设置，重新设置需要打点的小区信息，选择 AIST 发送终端设置相同的预置小区索引号，最后单击“设置”生效。

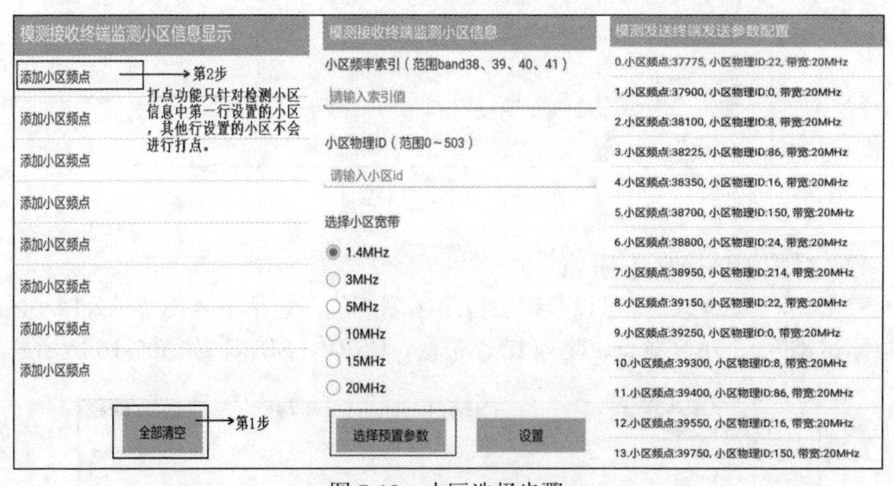

图 7-18　小区选择步骤

单击“打点”进入打点界面，如图 7-19 所示。该页面的主要功能是：可以导入图片，并在显示图片的区域内使目标图片放大/缩小，便于预览测试图纸信息路线；导入图片成功后即可单击“开始测试”按钮开始室内打点测试。

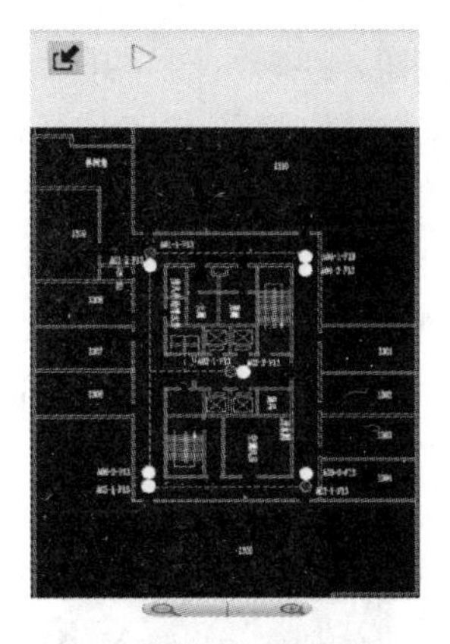

图 7-19　打点路测页面

单击“导入图片”按钮，即可在手机所有存储图片的文件夹中手动选择导入要测试的楼层图纸，选择图片页面如图 7-20 所示。

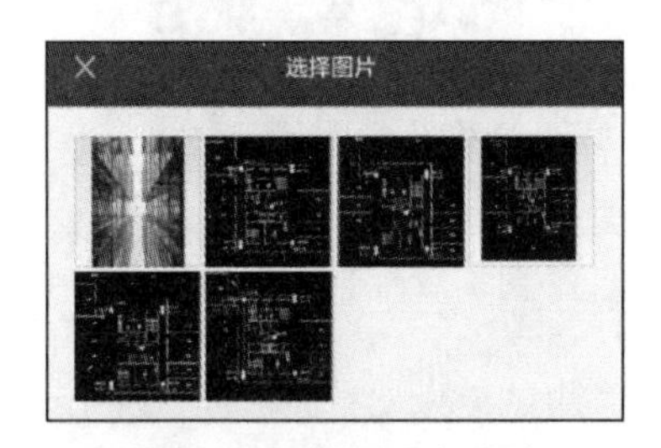

图 7-20　选择图片页面

单击“开始测试▷”按钮，则弹出测试结果保存文件的提示对话框，文件名称默认格式为“IndoorTest-当前日期时间.txt”，功能页面如图 7-21 所示。

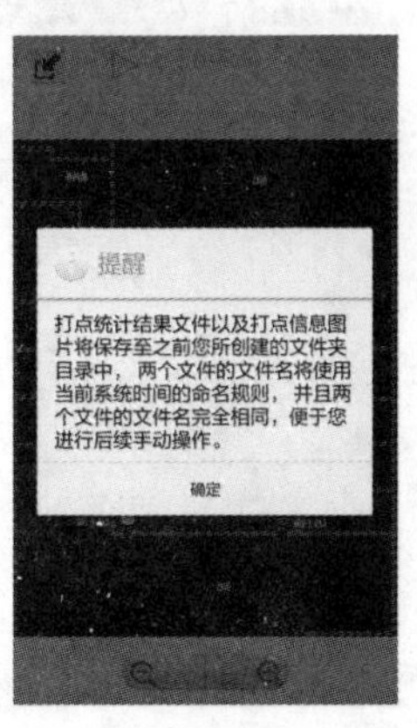

图 7-21　保存打点文件对话框

单击对话框的“确定”按钮，跳转页面为开始打点测试页面，用户在导入的楼层平面图上手动单击“确定测试位置”，边走边开始记录接收到的信号强度，记录的数据以对应的颜色图例按照时间间隔平均分布在第一个点和第二个点之间，继续边走边记录信号强度。其中该页面中的彩条图片可为测试用户作为测试参考，标注的为信号强度的颜色区间。测量值分为 6 个区间：−140～−116、−115～−106、−105～−96、−95～−86、−85～−76、−75～−44。功能页面如图 7-22 所示。

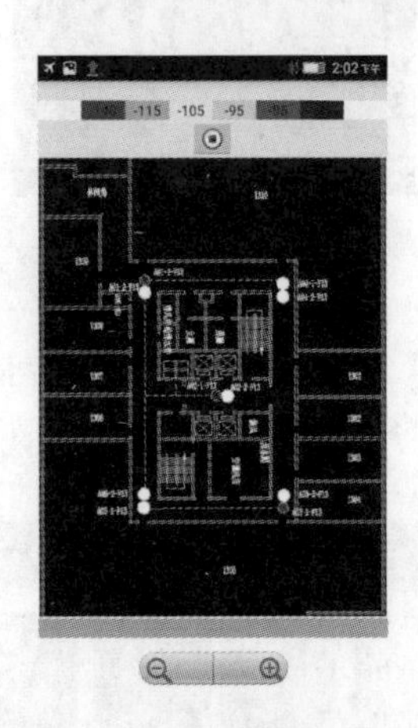

图 7-22　路测打点页面

用户测试完成后单击“测试结束 ⊙ ”按钮，在测试图片下方显示“统计分析结果”，分别为信号强度的最大值（Max）、最小值（Min）、平均值（Avg）。单击“统计分析结果”显示区域则跳转到具体统计分析页面，该页面中会显示 RSRP 的最大、最小和平均值以及每个测量值区间所占的百分比，如图 7-23 所示。

打点RSRP统计结果

RSRP 最大值、最小值、平均值	
最大值	-95
最小值	-96
平均值	-95.11
RSRP 占空比	
RSRP 范围 (-140 ~ -44)	百分比
-140 ~ -116	0.00%
-115 ~ -106	0.00%
-105 ~ -96	10.91%
-95 ~ -86	89.09%
-85 ~ -76	0.00%
-75 ~ -44	0.00%

设置范围　保存结果

图 7-23　打点结果页面

同时在单击“测试结束”按钮后，程序自动为用户截屏，保存打点测试结果，便于用户以后查看测试过程。

楼层平面图文件、每次测试结束之后自动保存的测试文件都在“AISR”文件夹中显示。

- 测试文件按照测试日期存储，如 2015 年 05 月 25 日 19 点 02 分 52 秒做的室内测试所保存的测试文档名称为：“IndoorTest-2015-05-25-19-02-52.txt”和“IndoorTest-20150525070252．Png”两个文件。
- 保存的 txt 测试文件内容包括所有的测试信息，导出测试文件的格式：time（记录时间）、Coordinate(X/Y)（画面的 XY 坐标）、type (0 公网小区/1 模拟测试小区)、frequency、cell_id、band_width、rsrp、rsrq、sinr。

7.1.6　生成测试报告

将扫频结果和打点结果放到 PC 端同一个文件夹，如图 7-24 所示。通过 AISS-PC 工具获取作为发送终端的 AIST 参数，如图 7-25 所示，形成测试报告，并上传服务器。

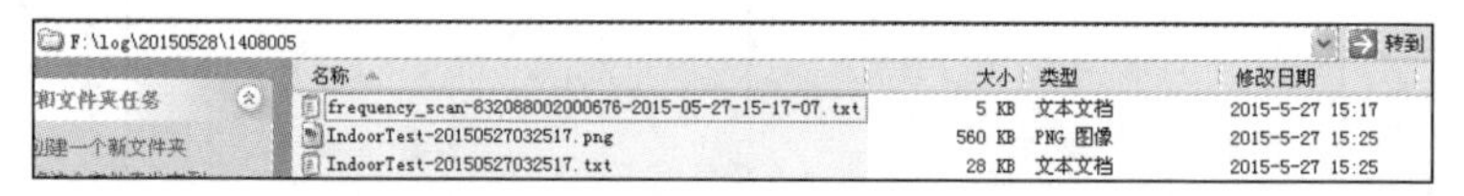

图 7-24　测试结果放置到 PC 端

进行设备连接后，运行 AISS-PC 工具。

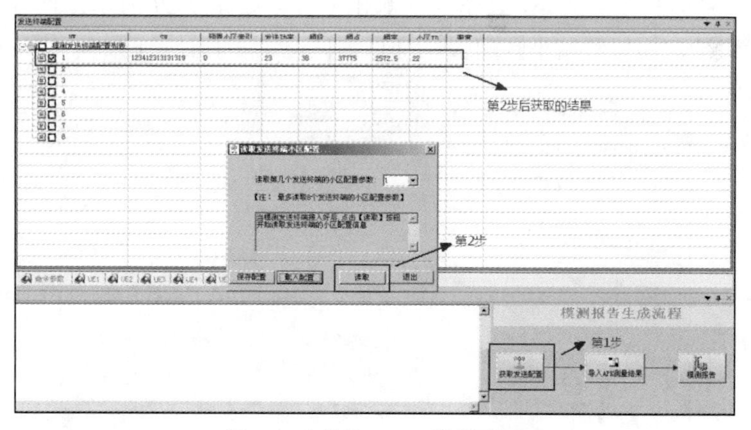

图 7-25　获取 AIST 发送配置

单击“导入测量结果”，选择扫频结果、打点图、打点结果所在文件夹如图

7-26 所示，PC 工具会自动分析并输出图形化分析结果如图 7-27 所示。

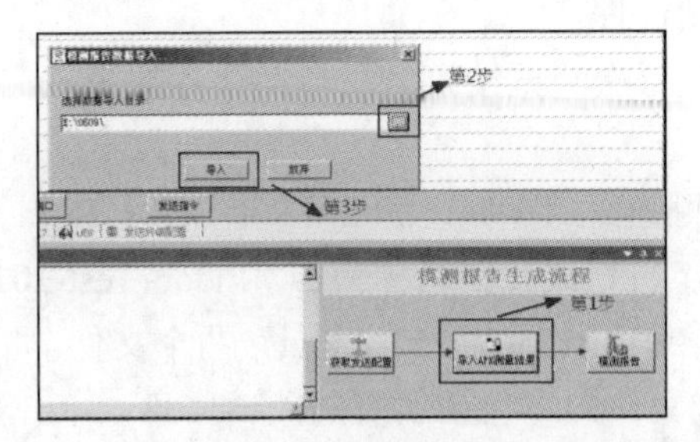

图 7-26　选择扫频和打点结果保存的文件夹并导入

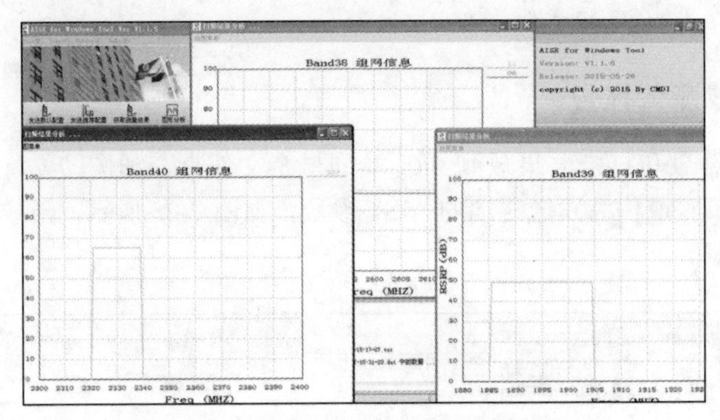

图 7-27　AISS-PC 自动分析扫频结果并绘图

单击“模测报告”，如图 7-28 所示，按照实际情况填写报告需要的一些信息，之后 PC 工具会自动生成 Word 格式的测试报告，如图 7-29 所示，报告内容包括扫频监视记录、模拟测试小区配置、打点测试记录和测试结论。

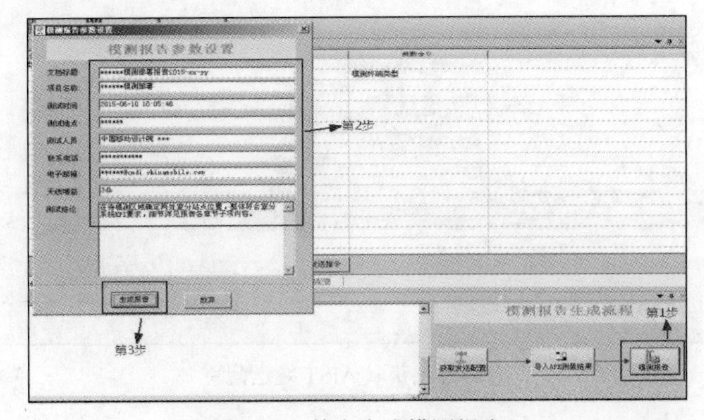

图 7-28　单击生成模测报告

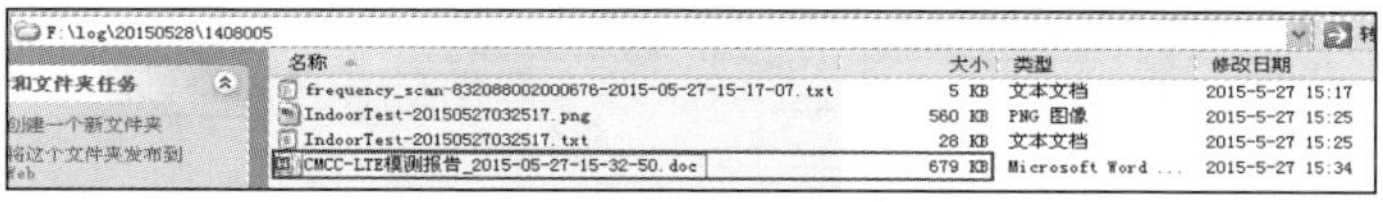

F:\log\20150528\1408005
名称 | 大小 | 类型 | 修改日期
frequency_scan-832088002000676-2015-05-27-15-17-07.txt | 5 KB | 文本文档 | 2015-5-27 15:17
IndoorTest-20150527032517.png | 560 KB | PNG 图像 | 2015-5-27 15:25
IndoorTest-20150527032517.txt | 28 KB | 文本文档 | 2015-5-27 15:25
CMCC-LTE模测报告_2015-05-27-15-32-50.doc | 679 KB | Microsoft Word ... | 2015-5-27 15:34

图 7-29　在扫频和打点结果文件夹下生成模拟测试报告

7.1.7　测试结果上传

模拟测试报告生成后，可以单击 上传FTP 将需要的报告和测试结果记录上传到服务器，如图 7-30 所示。输入服务器 IP、端口、用户名、登录密码和 FTP 存放路径之后，选择需要上传的文件（可以多选），单击“上传文件”即可。

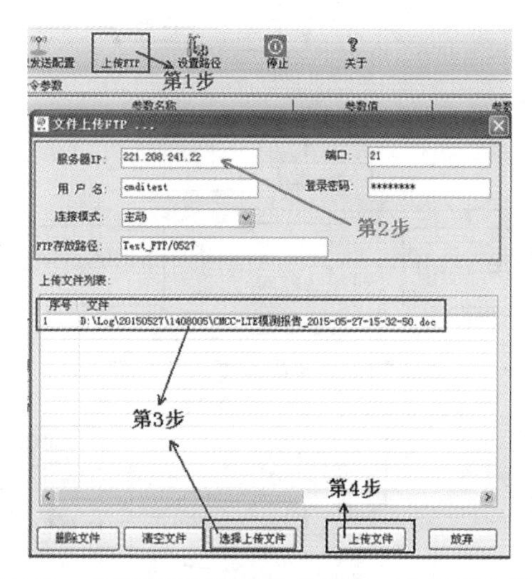

图 7-30　将模拟测试报告上传指定 FTP 的指定目录

7.2　室内规划设计工具

7.2.1　建议绘图流程

可按照图 7-31 所示的流程，使用室内规划设计工具 AIDP 完成室内方案设计工作。

7.2.2　基本参数设置

开始绘图前，可对软件的基本参数进行一些设定。单击 命令后，屏幕弹出

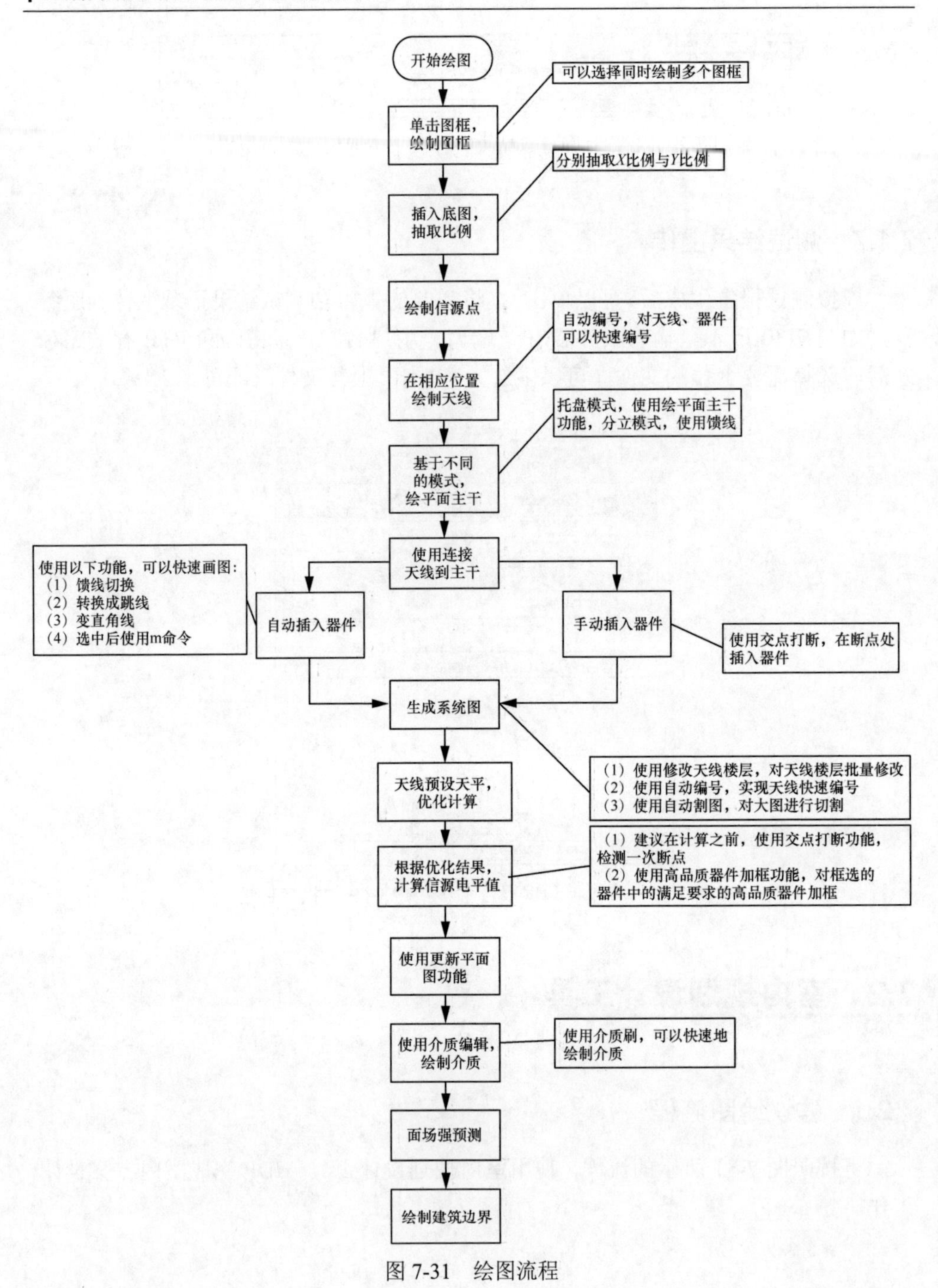

图 7-31　绘图流程

如图 7-32 所示的对话框，可以对状态参数、比例参数、显示参数、线外观参数、图层、文字样式进行设置。

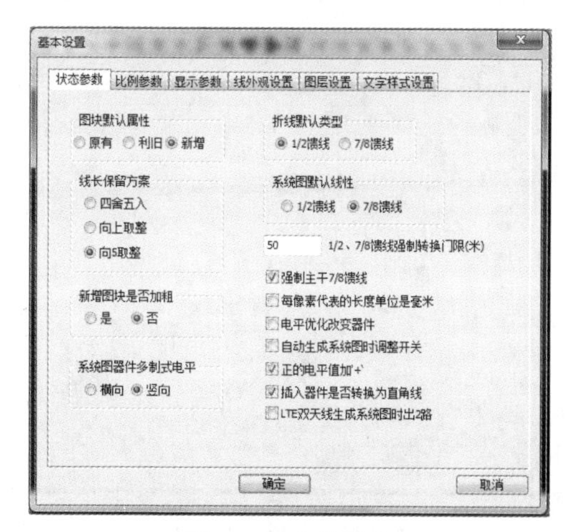

图 7-32　参数设定

在设置完基本参数后，还可以对器件及馈线的损耗进行设置，可以增加和删除设备，也可以导入、导出数据。单击命令后，屏幕弹出如图 7-33 所示的对话框。

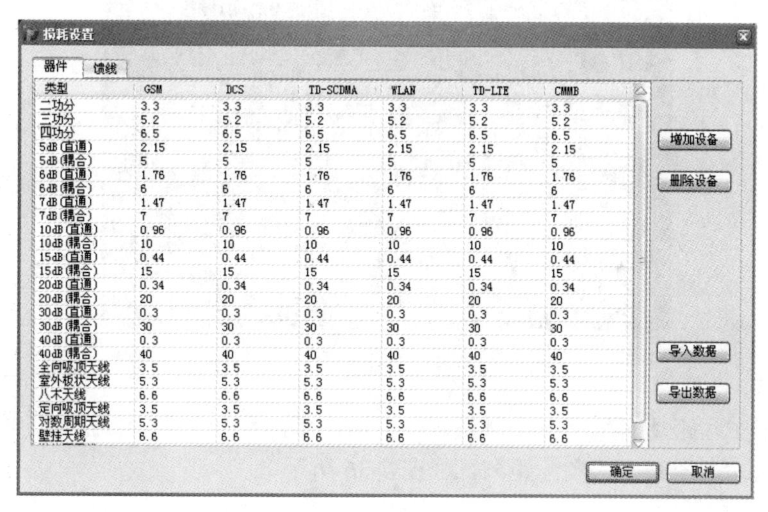

类型	GSM	DCS	TD-SCDMA	WLAN	TD-LTE	CMMB
二功分	3.3	3.3	3.3	3.3	3.3	3.3
三功分	5.2	5.2	5.2	5.2	5.2	5.2
四功分	6.5	6.5	6.5	6.5	6.5	6.5
5dB(直通)	2.15	2.15	2.15	2.15	2.15	2.15
5dB(耦合)	5	5	5	5	5	5
6dB(直通)	1.76	1.76	1.76	1.76	1.76	1.76
6dB(耦合)	6	6	6	6	6	6
7dB(直通)	1.47	1.47	1.47	1.47	1.47	1.47
7dB(耦合)	7	7	7	7	7	7
10dB(直通)	0.96	0.96	0.96	0.96	0.96	0.96
10dB(耦合)	10	10	10	10	10	10
15dB(直通)	0.44	0.44	0.44	0.44	0.44	0.44
15dB(耦合)	15	15	15	15	15	15
20dB(直通)	0.34	0.34	0.34	0.34	0.34	0.34
20dB(耦合)	20	20	20	20	20	20
30dB(直通)	0.3	0.3	0.3	0.3	0.3	0.3
30dB(耦合)	30	30	30	30	30	30
40dB(直通)	0.3	0.3	0.3	0.3	0.3	0.3
40dB(耦合)	40	40	40	40	40	40
全向吸顶天线	3.5	3.5	3.5	3.5	3.5	3.5
室外板状天线	5.3	5.3	5.3	5.3	5.3	5.3
八木天线	6.6	6.6	6.6	6.6	6.6	6.6
定向吸顶天线	3.5	3.5	3.5	3.5	3.5	3.5
对数周期天线	5.3	5.3	5.3	5.3	5.3	5.3
壁挂天线	6.6	6.6	6.6	6.6	6.6	6.6

图 7-33　损耗设置

7.2.3　传统室分平面图设计

7.2.3.1　插入图框

在 AIDP 中选择插入图框，弹出如图 7-34 所示的对话框。

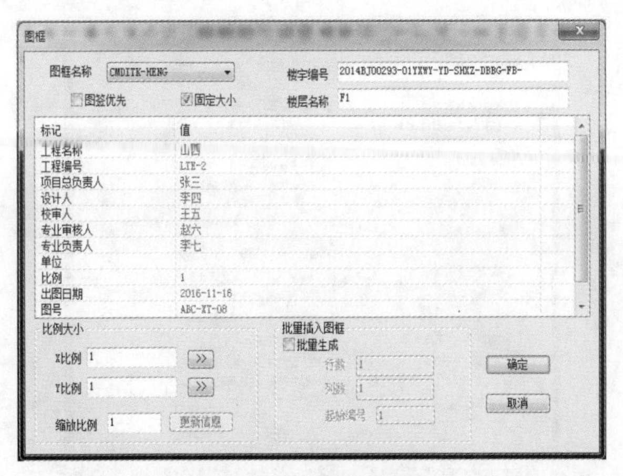

图 7-34　图框参数设置

对图框的参数设置后，单击“确定”，然后复制底图，效果如图 7-35 所示。

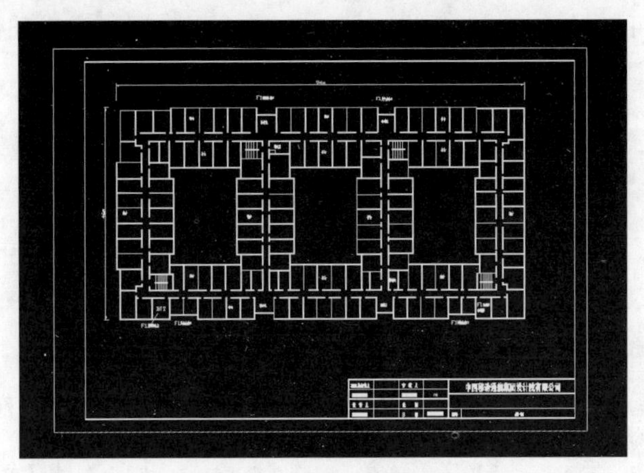

图 7-35　复制底图效果

根据实际距离对平面图抽取比例，双击图框，分别单击 ，点取一段线后，根据提示输入图纸中的实际距离，如图 7-36 所示。

图 7-36　根据实际距离对平面图抽取比例效果

7.2.3.2　绘制主连接点和天线

在 AIDP 中选择主连接点 ，放置主连接点（一般放置在弱电间），再插入天线，效果如图 7-37 所示。

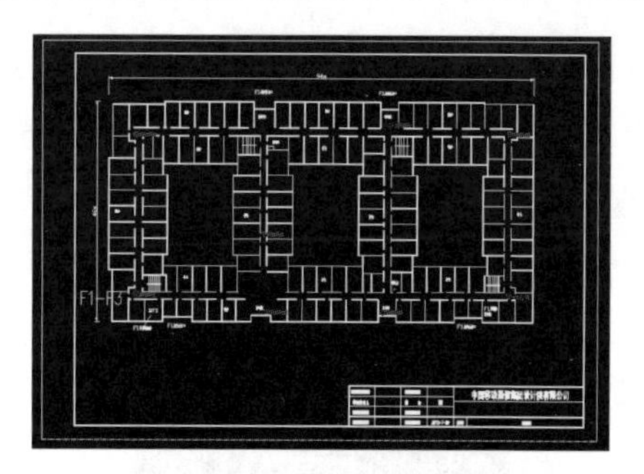

图 7-37　绘制主连接点和天线效果

7.2.3.3　绘制馈线

如果使用托盘模式，需要使用绘制主干线功能，起点连接信源中心；如果使用分立模式，在绘制馈线中选择 1/2 馈线或在快捷工具栏中单击。

7.2.3.4　连接天线到主干

在 AIDP 中选择连接天线到主干，然后选择对象，包括主连接点、天线、馈线，确认后如图 7-38 所示。

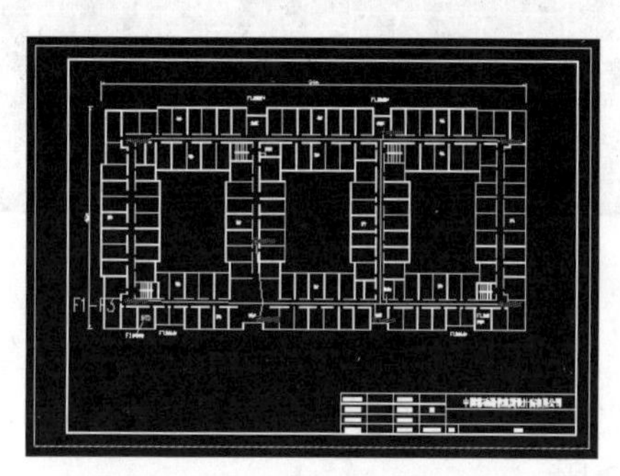

图 7-38　连接天线到主干图

7.2.3.5　插入器件

在平面图中插入器件有两种方法，分别是手动插入器件和自动插入器件，可根据设计人员的需求自行选择。具体方法如下。

方法 1　手动加入器件。在 AIDP 中选择“交点打断”按钮，如图 7-39 所示。

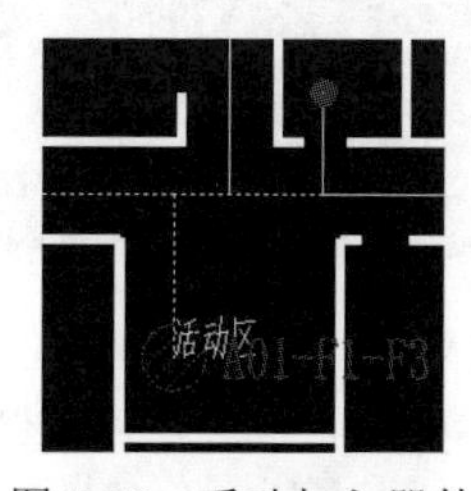

图 7-39　手动加入器件

选择图框中的所有对象后，单击“确认”，虽然图面没有变化，但所有交点处已经打断。

在功分耦合中选择“右入下耦”耦合器，效果如图 7-40 所示。

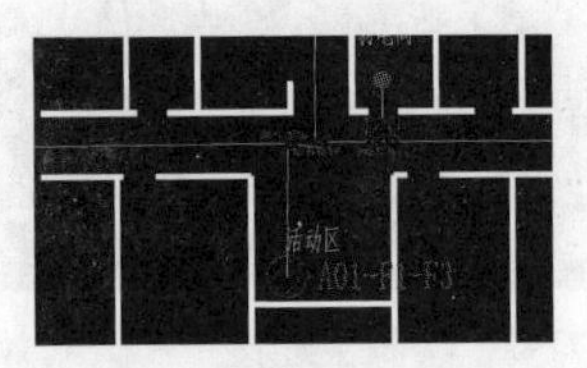

图 7-40　加入耦合器后的效果

注：从弱电间出来的交叉点处必须要有功分器或耦合器，且从器件出来的线必须是独立的（即需要交点打断），不然器件放不进去。

在 AIDP 中选择“功分耦合”中的插三功分功分器，效果如图 7-41 所示。

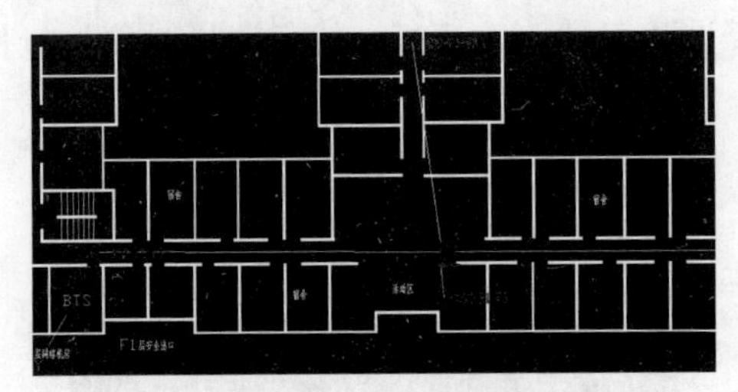

图 7-41　插三功分功分器效果

选择需要插入的交点处位置，单击“确定”。如果没有如图 7-41 所示那样插入图中，需要考虑是否完成上一步的交点打断再进行尝试。

最终效果如图 7-42 所示。

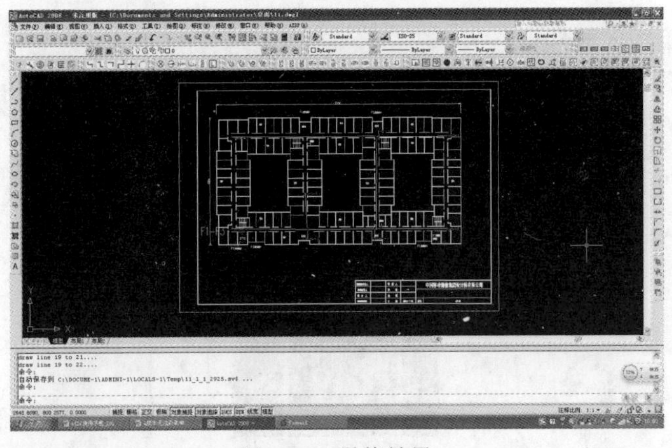

图 7-42　最终效果

方法 2　自动加入器件。选择“自动插入器件”按钮，再框选所画的平面图，单击“确定”，在平面图上会自动插入器件（这种方法能避免手动连接时线与馈线没有连接好而造成无法生成系统图的问题）。

7.2.3.6　生成系统图

平面图生成系统图有两种方法，分别是手动生成系统图和自动生成系统图，可根据设计人员的需求自行选择。具体方法如下。

方法 1　自动生成系统图。AIDP 中选择平面图到系统图，框选一个信源，选取系统图位置后，效果如图 7-43 所示。

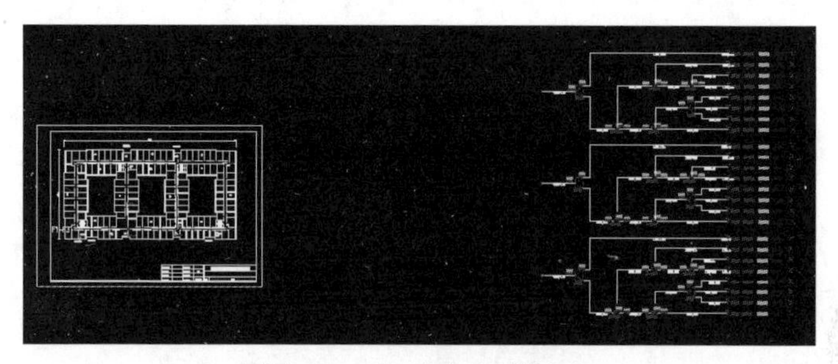

图 7-43　自动生成系统图

方法 2　手动生成系统图。AIDP 中选择手动生成系统图，框选一个信源，选取系统图位置后，按天线编号生成一组信源带天线。手动生成系统图如图 7-44 所示。

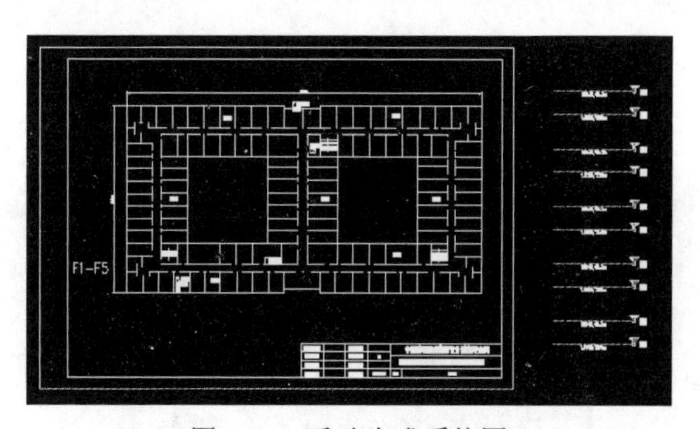

图 7-44　手动生成系统图

7.2.4　传统室分系统图设计

7.2.4.1　手动连接

单击手动连接的命令后，框选两个信源，如图 7-45 所示。

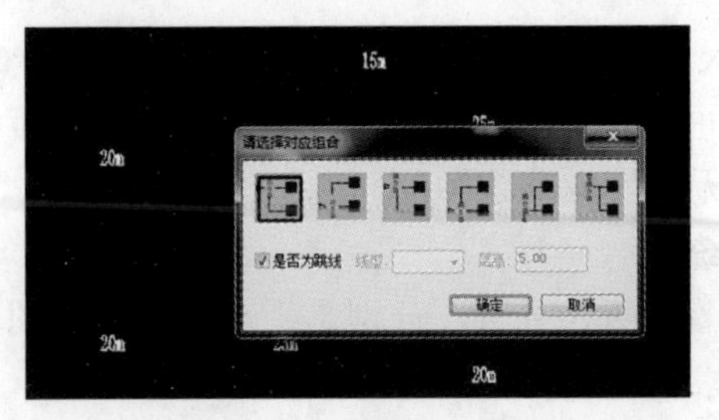

图 7-45　选择两个信源

选择合适的组合，单击“确定”后，得到的效果如图 7-46 所示。

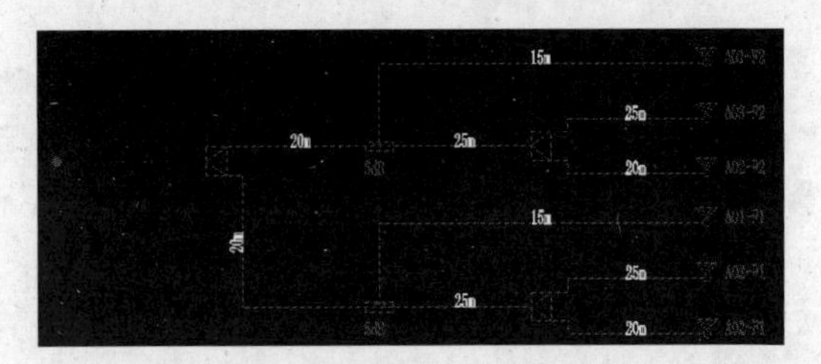

图 7-46　手动连接效果

同理，3 个、4 个甚至更多个信源都有上述功能。

7.2.4.2　电平计算

双击图 7-46 中的信源，如图 7-47 所示，选择 GSM 和 YD_TDL_E 制式，并输入估计电平值进行计算，如图 7-47 所示。

主连接点属性(单位:dBm)

系统名称	电平	中心频点	使用	颜色
YD_GSM	33.000	900	√	2
YD_DCS	0	1800	×	10
YD_TD_S_A	0	2000	×	96
YD_WLAN	0	2500	×	[illegible]
YD_TDL_F	0	1880	×	3
YD_TDL_A	0	2010	×	[illegible]
YD_TDL_E	35	2320	√	85
DX_CDMA	0	800	×	9
DX_LTE-FDD_1.8G	0	1860	×	6
DX_LTE-FDD_2.1G	0	2110	×	91
DX_TDL_E	0	2370	×	32
LT_LTE-FDD_1.8G	0	1830	×	[illegible]
LT_WCDMA	0	2130	×	130
LT_TDL_E	0	2300	×	[illegible]

操作选择

◉ 电平计算　○ 写接续文字：接XT-　中的

确定　取消

图 7-47　输入估计电平值进行计算

电平计算结果如图 7-48 所示。

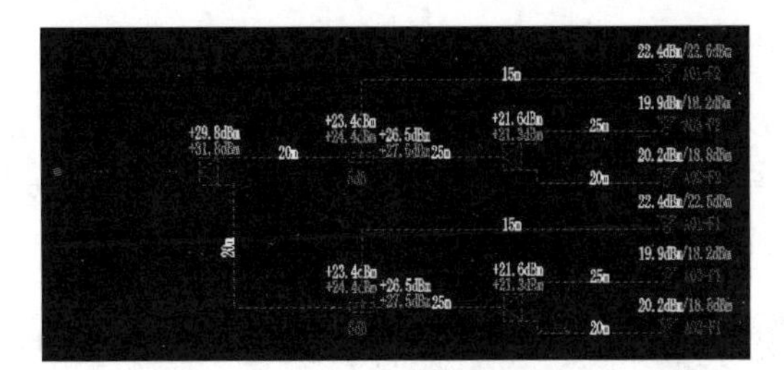

图 7-48　电平计算结果

7.2.4.3　电平优化

先单击“天线预设电平”按钮设，对天线电平的目标值进行设置，如图 7-49 所示。

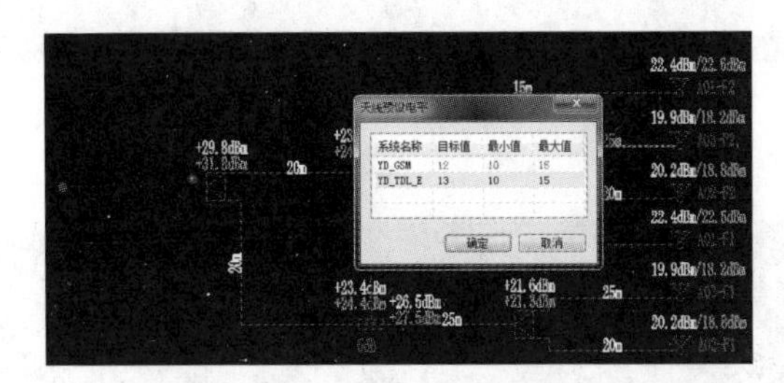

图 7-49　对天线电平的目标值进行设置

预设后的结果如图 7-50 所示。

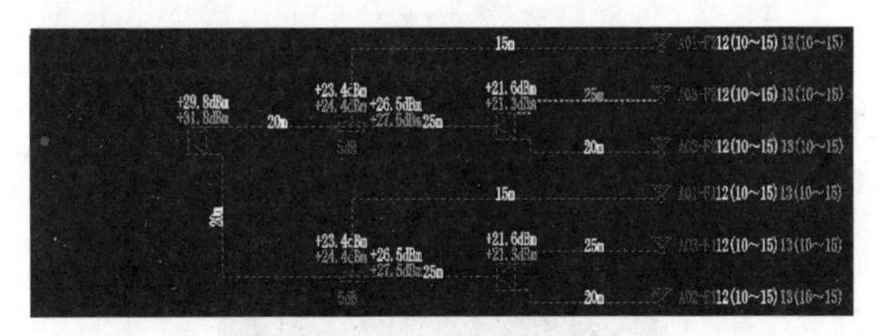

图 7-50　预设后结果

接着单击“优”按钮优，框选全部系统图后，优化计算结果如图 7-51 所示。

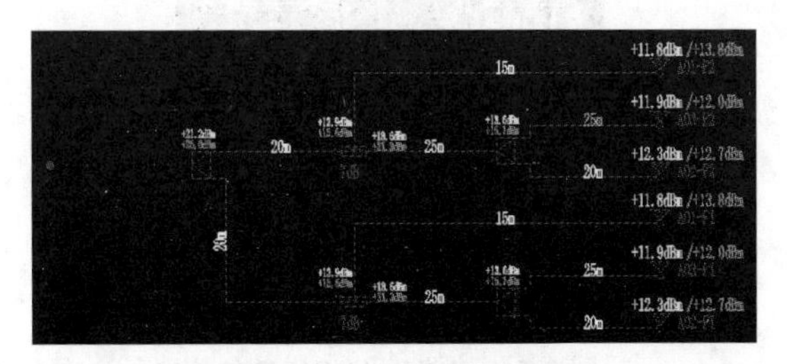

图 7-51　优化计算结果

7.2.4.4 手动割图

单击“割图”按钮，然后依次点取需要切割的范围，任意封闭多边形即可，然后再点取分割后图纸的位置。分割后图纸切割点的排序编号规格同自动割图命令。具体效果如图 7-52、图 7-53 所示。

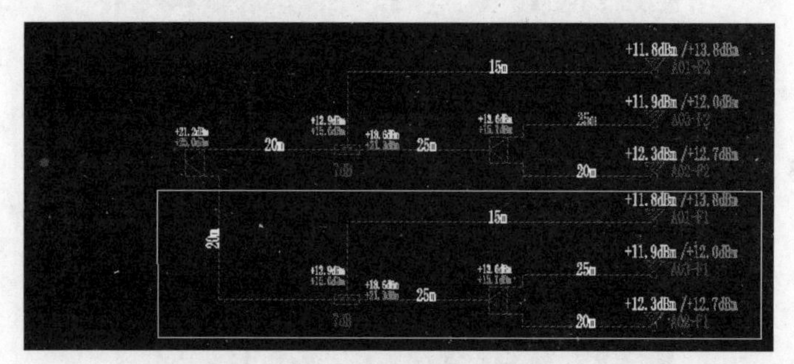

图 7-52 分割前效果

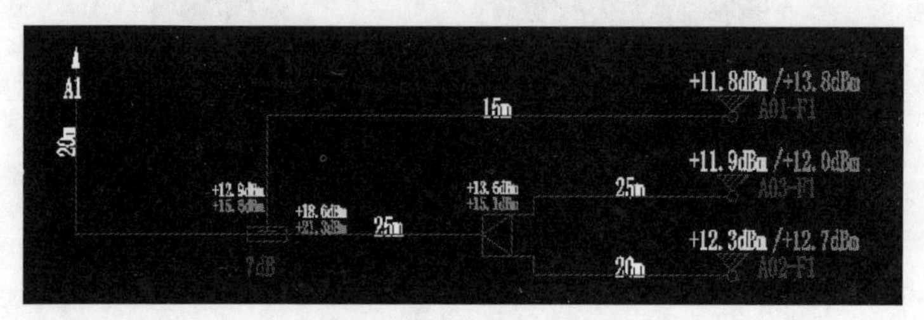

图 7-53 分割后效果

7.2.4.5 连接图绘制

示意 BBU 和 RRU 的连接、用了几个光口、如何分的线以及 BBU 和 RRU 的位置，如图 7-54 所示。

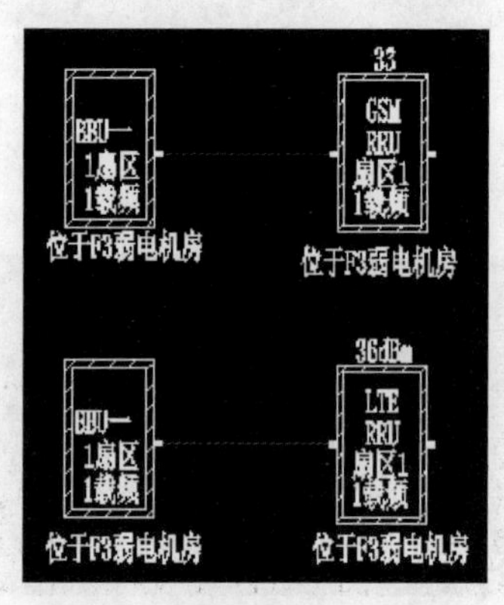

图 7-54 BBU 和 RRU 的位置

7.2.4.6 高品质器件加框

对于耦合器、功分器输入功率大于 30dBm，可以选择“高品质加框”功能按钮高。

对系统图优化计算完成后，使用高品质器件加框功能，单击高，框选某区域，其会自动识别区域内输入功率大于 30dBm 的器件并给器件加框，效果如图 7-55 所示。

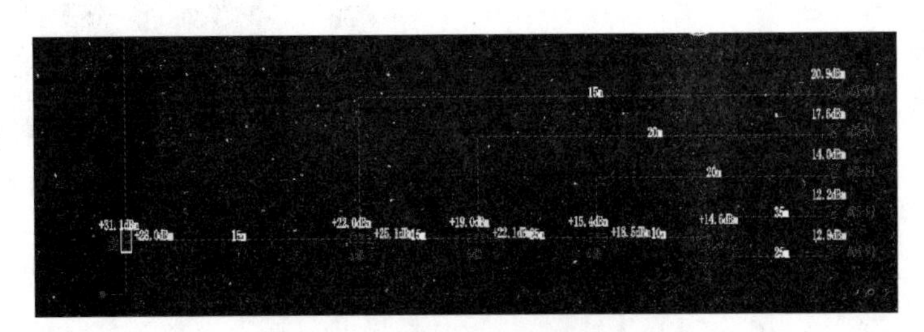

图 7-55 高品质器件加框效果

7.2.4.7 系统图电平更新到平面图

在绘制完系统图后，单击后，框选要更新的平面图及其相对应的系统图，单击“确定”后，弹出电平同步模式窗口，选择模式确定后即可，如图 7-56 所示。此模式影响 4G 下的覆盖预测，总功率比 RS 功率大 30.8dBm。

图 7-56 系统图电平更新到平面图

7.2.4.8 系统图标准层复制

在画好一个标准层的系统图后，如图 7-57 所示，单击，可以快速地完成标准层的复制，如图 7-58 所示，复制效果如图 7-59 所示。

图 7-57 标准层的系统图

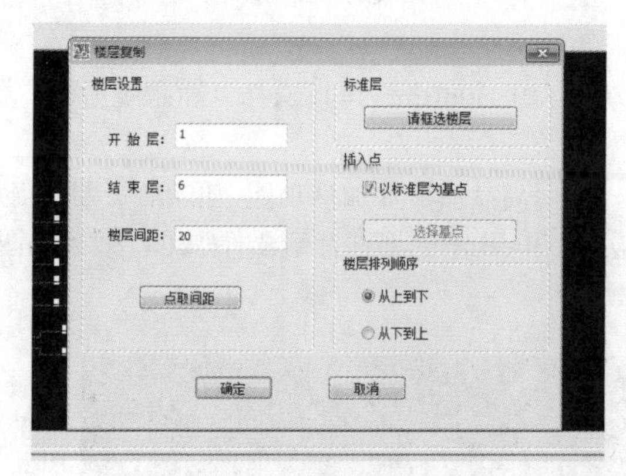

图 7-58 标准层的复制

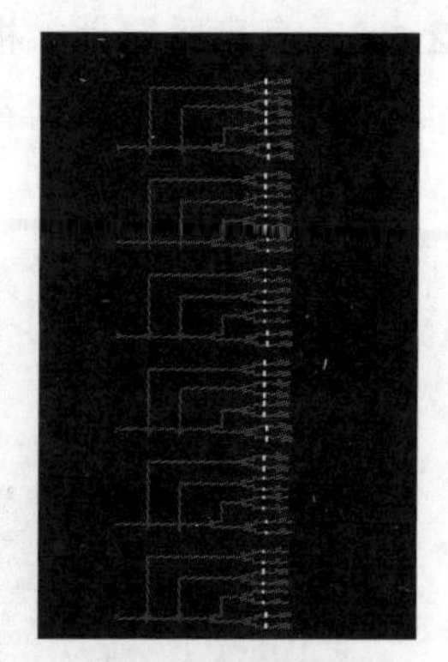

图 7-59 复制效果

7.2.5 分布式皮基站设计

7.2.5.1 分布式皮基站平面图设计

目前，分布式皮基站支持华为的 Lampsite、中兴的 QCell 以及爱立信的 DOT 等设备的方案设计。单击H命令，在平面图中插入 RHUB，通过修改类型，用户可以自行选择设备类型。

单击RR，选择外接天线 pRRU 或者内接天线 pRRU。HUB 与 pRRU 通过超五类线连接，设计人员自行连线。

设计人员可双击打开 HUB 和 pRRU 的对话框，修改楼层、序号、状态属性，也支持传统室分批量修改。

在平面图中使用命令可完成对 pRRU 的功率设定。

7.2.5.2 分布式皮基站系统图设计

分布式皮基站的系统图支持平面图自动生成，也支持手动绘制。

从平面图自动生成，要求平面图无断点。使用命令，框选平面图，自动生成系统图，生成系统图的效果如图 7-60 的右侧所示。

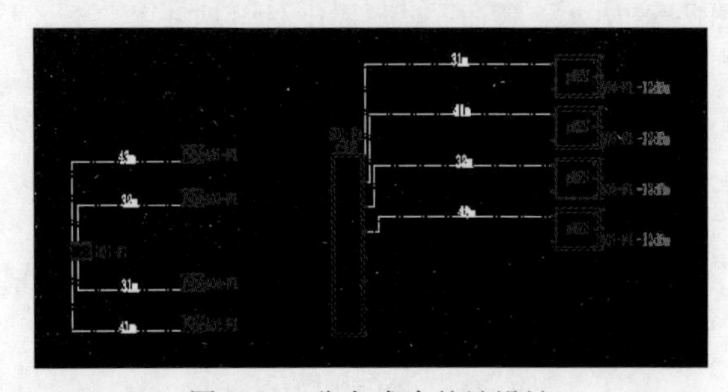

图 7-60 分布式皮基站设计

7.2.6　覆盖预测

7.2.6.1　介质编辑

在进行覆盖预测前，先要对平面图绘制介质信息，单击命令，弹出对话框如图 7-61 所示。

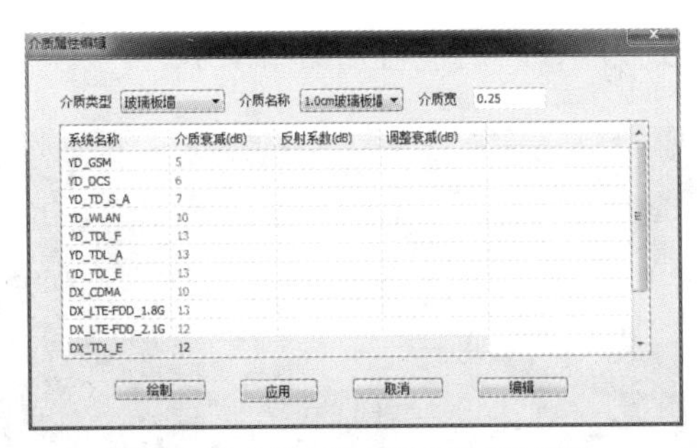

图 7-61　介质属性编辑对话框

单击每个格子，即可编辑对应的某一介质的某个制式下的介质损耗值。如果需要清除编辑的介质，可单击对编辑好的介质进行清除。

在绘制介质的时候还可以使用“介质刷”功能提高绘制的效率，单击将某种介质刷给其他的介质。

7.2.6.2　场强预测

绘制完所有的介质后，可以开始对图纸中某个区域的平面进行面场强预测，单击执行命令后，弹出对话框如图 7-62 所示。

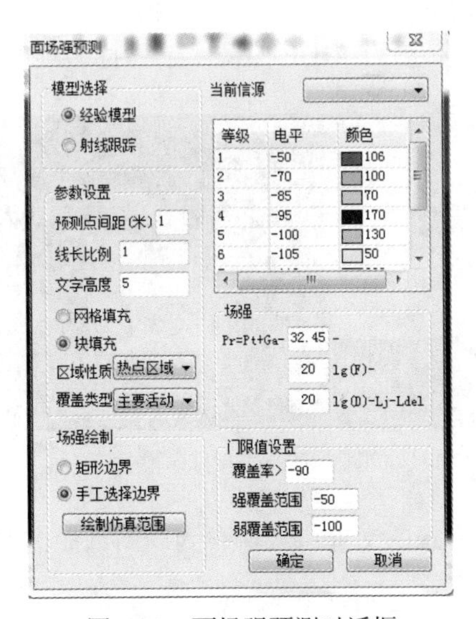

图 7-62　面场强预测对话框

其中矩形边界表示如果勾选此项，则提示选择一个矩形局域的两个点，预测范围就是这 2 个点围成的矩形；而手工选择边界则是如果勾选此项，则需要事先绘制一个代表预测范围的多段线，命令行提示，提交审核的图纸应具备手工边界，服务于审核功能。

当前信源是选择要覆盖预测时的信源制式。

图 7-63 为信源制式为 4G 时的覆盖预测结果示例。

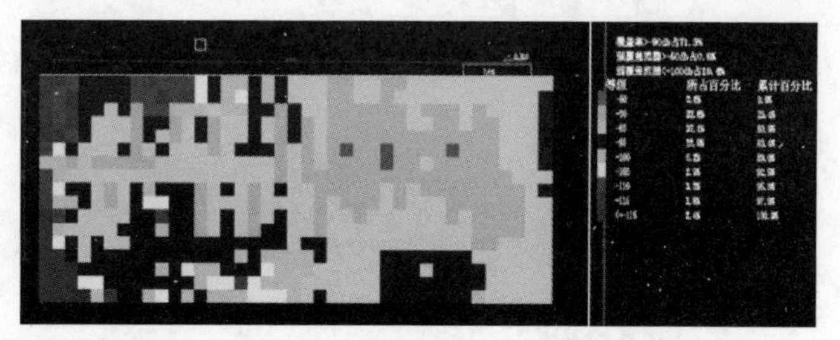

图 7-63　信源制式为 4G 时的覆盖预测结果示例

在做完面场强预测后还可以清除场强预测的栅格、表格等显示结果，单击▣可以框住需要清除场强预测显示结果的一个区域，或者输入 all（表示清除全图所有），然后单击“空格”键或者“回车”键即可。

7.2.7　其他功能

7.2.7.1　批量打印 pdf

输入命令 printpdf，必须为 AIDP 图框，选择打印顺序如图 7-64 所示。

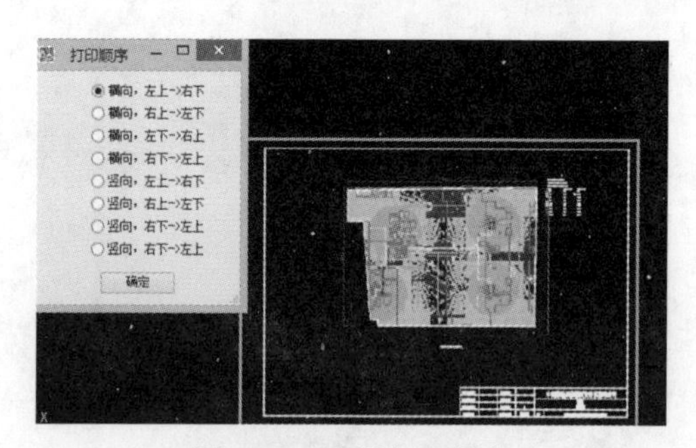

图 7-64　选择打印顺序

打印完毕后，pdf 格式的文件将会保存到以图纸命名的文件夹中，如图 7-65 所示。

图 7-65 中，数字代表各个图框，最下方为全部图框。

0.pdf	2017/1/15 23:08	Adobe Acrobat Do...	1,173 KB
1.pdf	2017/1/15 23:08	Adobe Acrobat Do...	553 KB
场强 (1).pdf	2017/1/15 23:08	Adobe Acrobat Do...	1,726 KB

图 7-65　保存图纸

7.2.7.2　电梯设计

输入命令 diantitu，插入电梯，对话框和效果如图 7-66 所示。

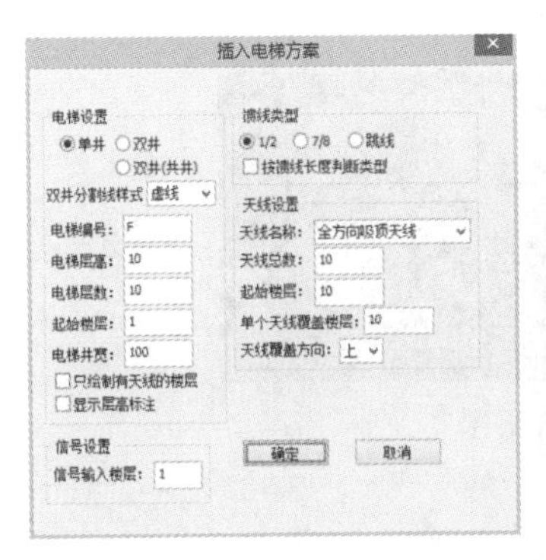

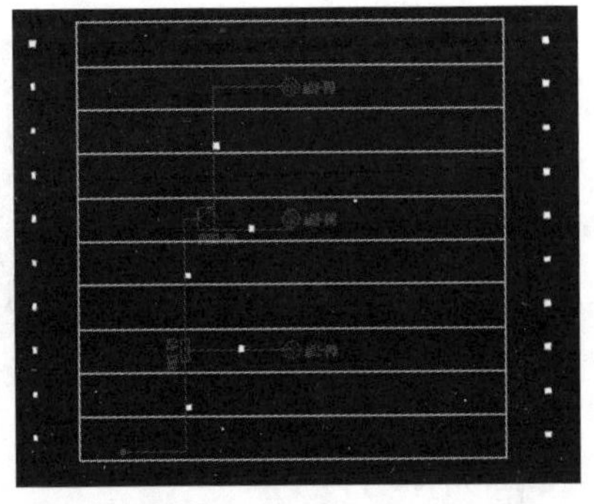

图 7-66　插入电梯方案对话框和效果

7.2.7.3　绘制建筑边界

绘制建筑边界可用于审核计算建筑面积。单击，沿底图的边界绘制一个多段线将建筑面积围起来，如图 7-67 中外围方框所示。

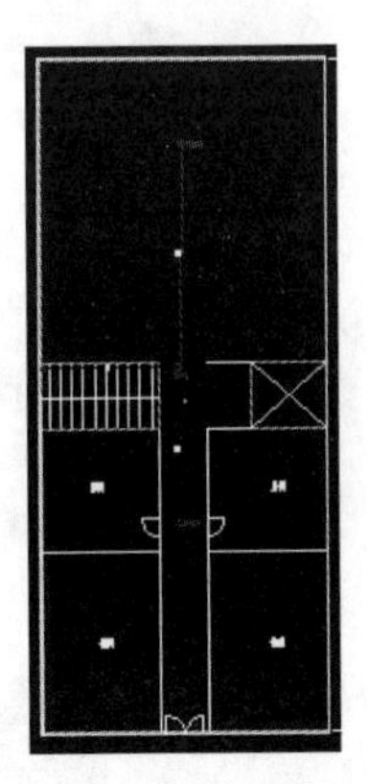

图 7-67　绘制建筑边界

7.2.7.4　MDAS 组网

软件可生成MDAS组网图。输入命令或单击快捷方式，弹出对话框如图 7-68 所示，单击“确定”后在所需位置单击左键可生成 MDAS 组网图。图 7-69 为其效果图。

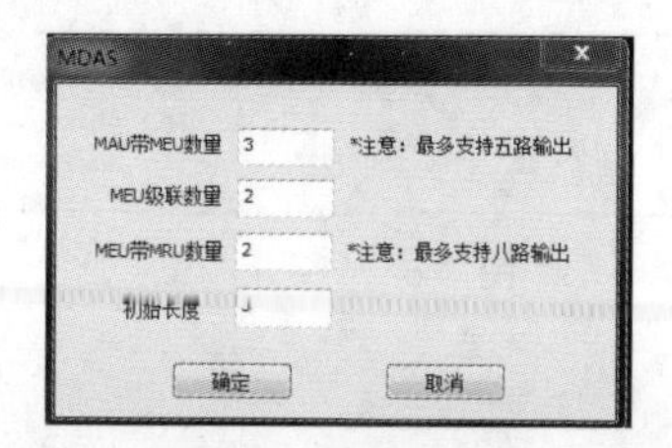

图 7-68　设置参数

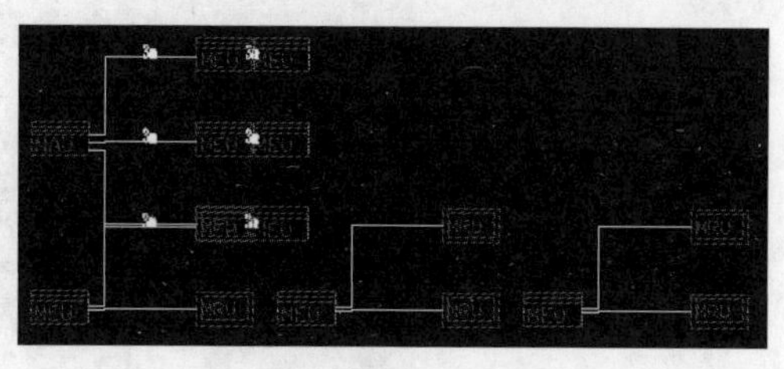

图 7-69　效果图

7.2.7.5　楼体对打

输入命令或单击“楼体对打”按钮后，在弹出的对话框中设置楼体、信源和天线的参数（如图 7-70 所示），单击“生成”（如图 7-71 所示），在所需位置左键单击生成楼体对打图。在 RRU 模式下可针对楼体中器件生成系统图并进行电平优化计算。

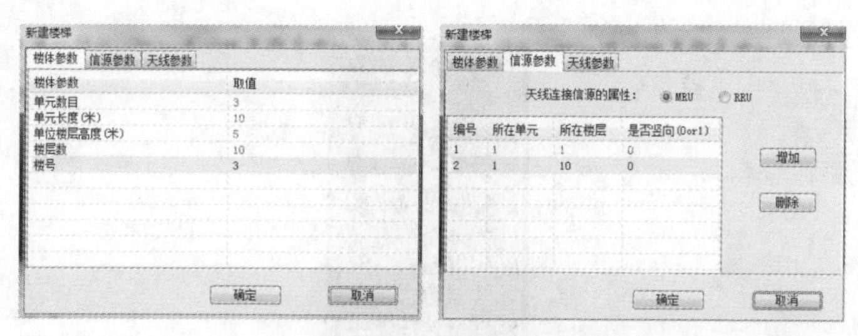

图 7-70　设置参数

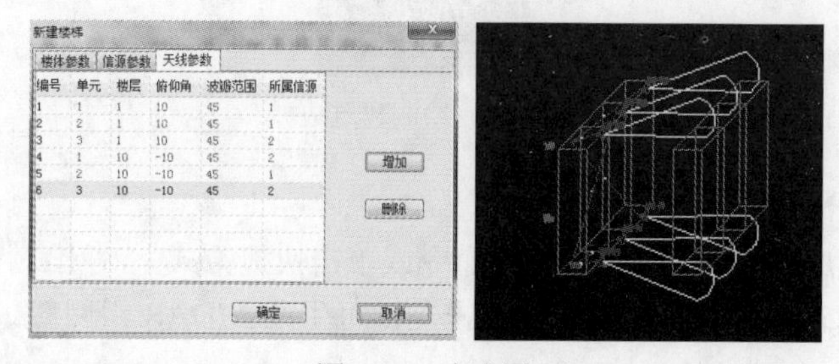

图 7-71　生成图

使用注意：（1）单元数限制为 1～6。

（2）信源只允许放置在第一单元和末单元。

（3）天线需与信源在同层。

7.2.7.6　分布式皮基站设计

单击HR（命令 pprru 和 pphub）完成分布式皮基站在平面图的绘制，如图 7-72 所示。

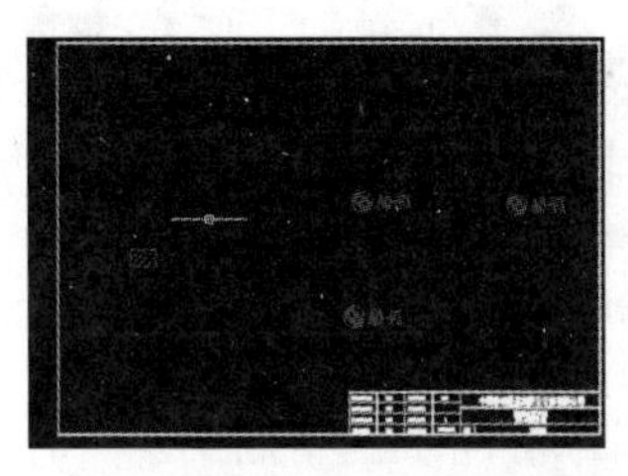

图 7-72　分布式皮基站平面图绘制

利用“绘平面主干”（起点必须为 HUB 的插入点，插入点为打开对象捕捉后的节点 ☑节点(D)）与“连接天线到主干”对画好的 RRU 和 RHUB 进行组网，组网后的结果图如图 7-73 所示。

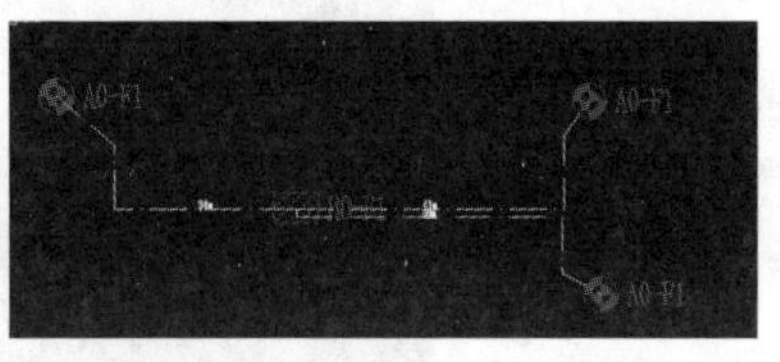

图 7-73　组网后结果

通过预测电平对 pRRU 的功率进行设置，如图 7-74 所示。

天线预设电平

系统名称	目标值	最小值	最大值	使用
YD_GSM	12	10	15	√
YD_DCS	12	10	15	×
YD_TD_S_A	12	10	15	×
YD_WLAN	12	10	15	×
YD_TDL_F	12	10	15	×
YD_TDL_A	12	10	15	×
YD_TDL_E	12	10	15	√
DX_CDMA	12	10	15	×
DX_LTE-FD...	12	10	15	×
DX_LTE-FD...	12	10	15	×
DX_TDL_E	12	10	15	×
LT_LTE-FD...	12	10	15	×
LT_WCDMA	12	10	15	×
LT_TDL_E	12	10	15	×

确定　取消

图 7-74　功率设置

自动编号和修改楼层功能在平面图同样适用。

单击选择绘制的 RHUB 来生成系统图，结果如图 7-75 所示。

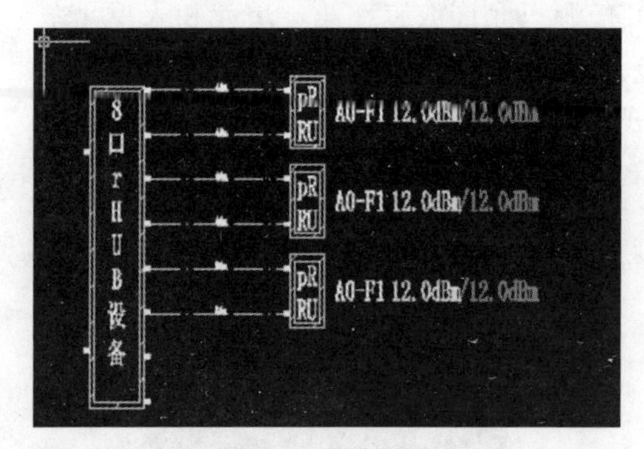

图 7-75　系统图

系统图的 pRRU 修改编号可同步到平面图。

7.2.7.7　对齐功能

1. 器件竖对齐

单击“器件竖对齐”命令，选择功分器、耦合器等，以第一个选择的器件为准，之后选择的与之前的对齐，命令使用后，如图 7-76 所示。

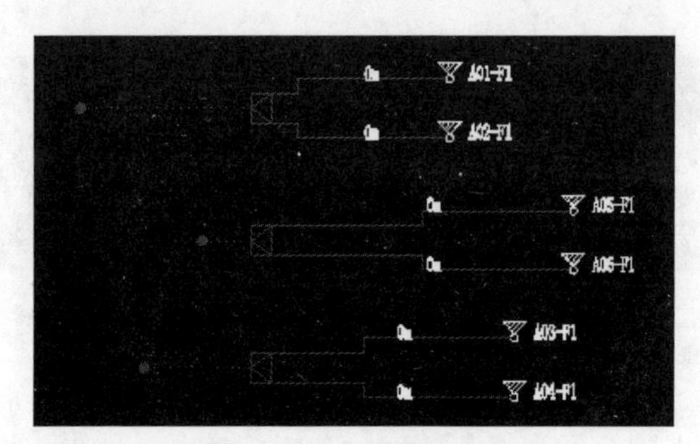

图 7-76　器件竖对齐

2. 器件横对齐

单击“器件横对齐”命令，选择功分器、耦合器等，以第一个选择的器件为准，之后选择的与之前的对齐。命令使用后，如图 7-77 所示。

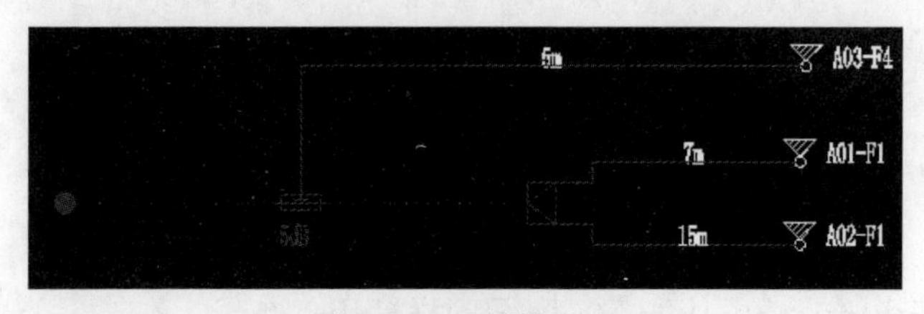

图 7-77　器件横对齐

3. 线长对齐

单击“线长对齐”命令，选择一个线长，框选所有需要与之对齐的线长，实现以第一个线长为准、之后选择的与第一个线长对齐，如图 7-78 所示。

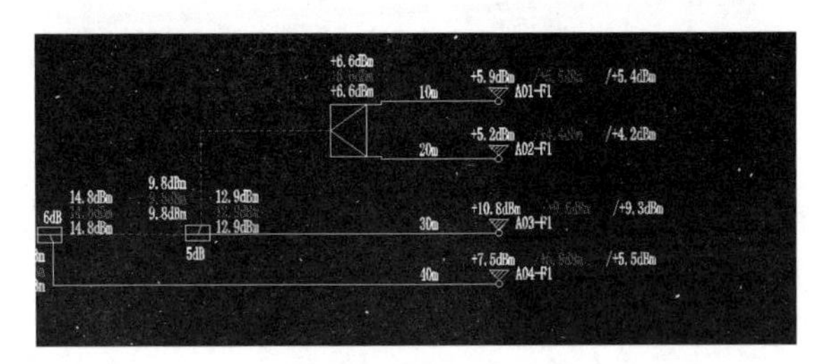

图 7-78　线长对齐

4. 天线对齐

单击天线对齐命令，框选所有需要对齐的天线，如图 7-79 所示。

图 7-79　天线对齐

7.2.7.8　变直角线

单击命令，功能使用前后如图 7-80 所示。

图 7-80　变直角线

7.2.7.9　自动编号

单击命令后，屏幕弹出如图 7-81 所示的对话框，可将所选择平面图或者系统图上的器件天线、楼层、图框按照位置坐标关系重新排序编号。

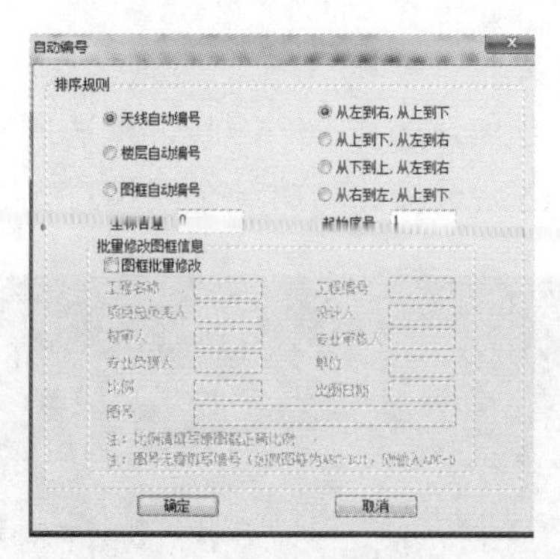

图 7-81　自动编号

7.2.7.10　批量修改

1. 批量修改楼层

单击“修改天线楼层”命令，框选所要修改楼层的天线，右键单击确定，弹出如下对话框（B1 直接输入 B1，不需要修改 F），可批量修改天线的楼层，如图 7-82 所示。

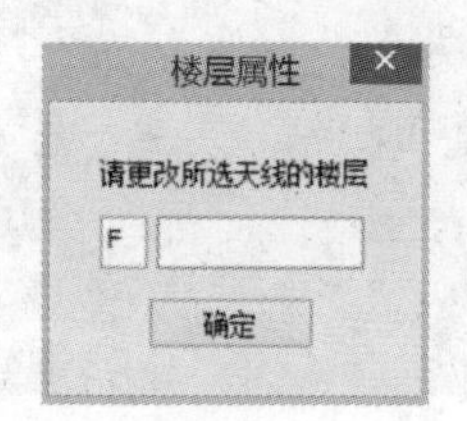

图 7-82　批量修改楼层

2. 批量替换天线

单击“批量替换天线”命令，选择天线，以第一个选择的天线为准，之后选择的会变成与第一个选择相同的类型。

3. 批量替换天线及器件的状态

输入命令或单击快捷方式，框选所有更换状态的天线或器件，弹出对话框如图 7-83 所示。

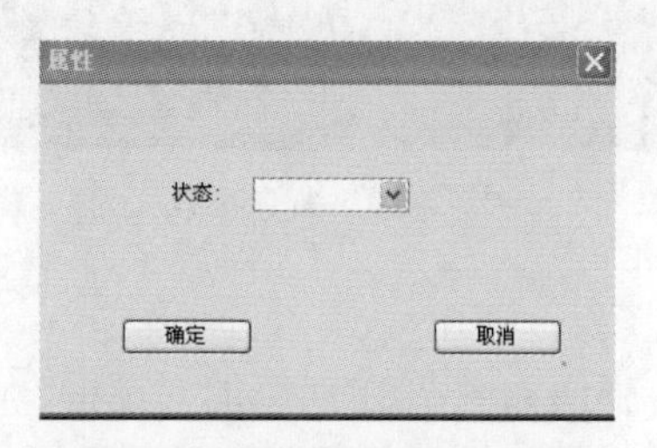

图 7-83　批量替换天线及器件状态

在下拉菜单中选择要替换的状态，单击“确定”即可。

7.2.7.11　线型、线长改变

1. 馈线替换

单击“馈线替换”命令，单击框选要替换的馈线，右键单击确定，可将 1/2 馈线和 7/8 馈线相互转换（此功能针对平面图与系统图）。

2. 转换为跳线

单击“馈线转换跳线”的命令，框选要替换的馈线，右键单击确定，可将 1/2 馈线或 7/8 馈线转换为跳线（此功能针对平面图与系统图）。

3. 转换成 X 芯光纤

单击转换成 X 芯光纤的命令，框选要替换的馈线，右键单击确定，可将 1/2 馈线或 7/8 馈线转换为 X 芯光纤线（此功能针对平面图与系统图）。

4. 批量修改线长

单击“批量修改线长”命令，可批量修改多条线长。

7.3　室内设计审核工具

方案完成后，将进入审核环节；由于室内设计量巨大，纯人工审核方式工作量巨大，以中国移动通信集团设计院有限公司（以下简称中国移动设计院）室内设计审核工具为例，介绍相应信息化工具在方案智能审核领域的辅助功能。

7.3.1　概述

室分设计审核工具可辅助两类人员提升工作效率：一是方案设计人员，具体包含上传图纸和物料清单、智能分析、提交送审、下载智能分析报告、下载图纸、图纸在线浏览和仿真等功能；二是方案审核人员，具体包含图纸在线浏览、仿真、标注，审批通过与驳回，下载智能分析报告，下载图纸等功能。

7.3.2　创建方案

7.3.2.1　登录

设计人员登录网站并打开，输入用户名/密码进行登录，如图 7-84 所示。

图 7-84 登录界面

7.3.2.2 创建站点信息

在站点信息界面主要包含：创建、导入、删除、导出站点信息等功能，如图 7-85 所示。

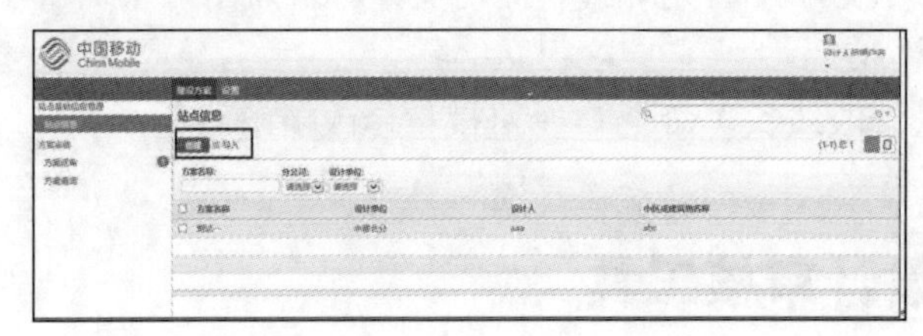

图 7-85 站点信息界面

图 7-85 中加粗方框部分表示创建或导入站点信息。

若想删除或者导出站点信息，则单击方案左侧的方框，在界面上会出现如图 7-86 所示的按钮，则可以删除或导出站点信息，如图 7-86 所示。

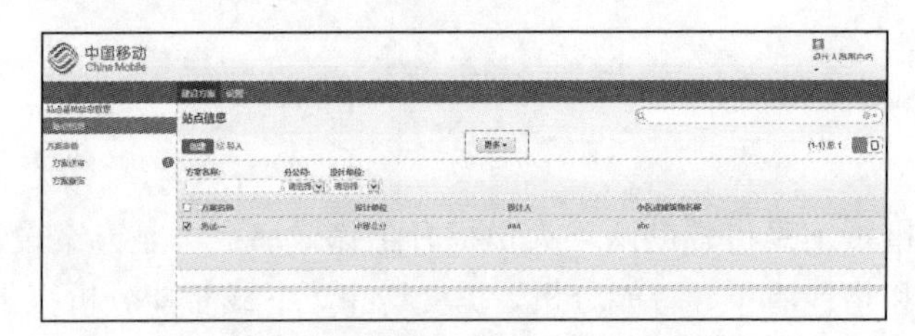

图 7-86 删除或导出站点信息界面

单击“创建”按钮，则出现创建站点信息的界面，如图 7-87 所示。

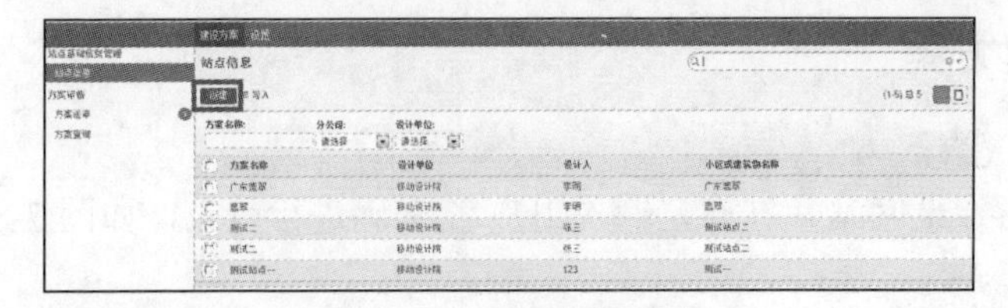

图 7-87 创建站点信息界面

其中有特殊颜色标记的方框为必填项，无色的方框为选填项。如果没有填写某些站点信息，保存站点信息时会有相对应的提示，如图 7-88 所示。

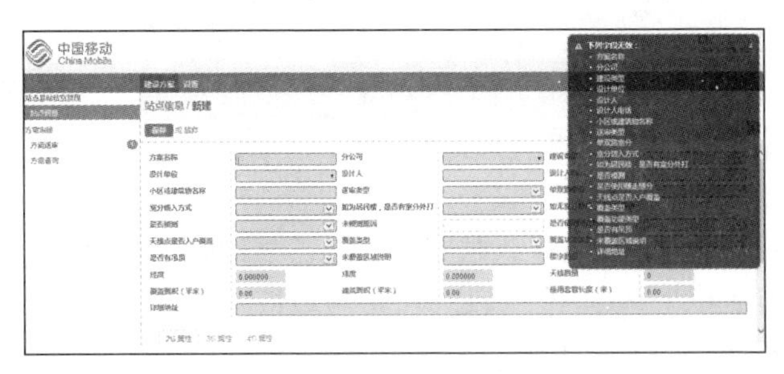

图 7-88　保存站点信息界面

填写完成进行保存，如图 7-89 所示。

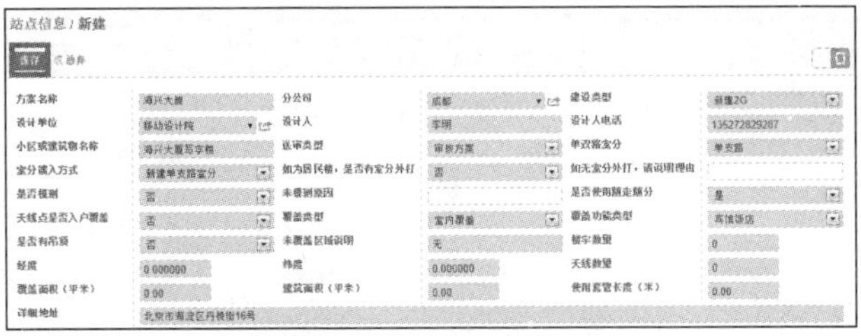

站点信息 / 新建

方案名称	海兴大厦	分公司	成都	建设类型	新建2G
设计单位	移动设计院	设计人	李明	设计人电话	[illegible]
小区或建筑物名称	海兴大厦写字楼	送审类型	审核方案	单双路室分	单支路
室分接入方式	新建单支路室分	如为居民楼，是否有室分外打	否	如无室分外打，请说明理由	
是否模测	否	未模测原因		是否使用随走随分	是
天线点是否入户覆盖	否	覆盖类型	室内覆盖	覆盖功能类型	宾馆饭店
是否有吊顶	否	未覆盖区域说明	无	[illegible]	0
经度	0.000000	纬度	0.000000	天线数量	0
覆盖面积（平米）	0.00	建筑面积（平米）	0.00	使用套管长度（米）	0.00
详细地址	北京市海淀区丹棱街16号				

图 7-89　站点信息填报界面

创建好的站点信息能在站点信息列表中看到。设计人员能够看到对应设计单位的设计方案，可以在方案列表中查看，如图 7-90 所示。

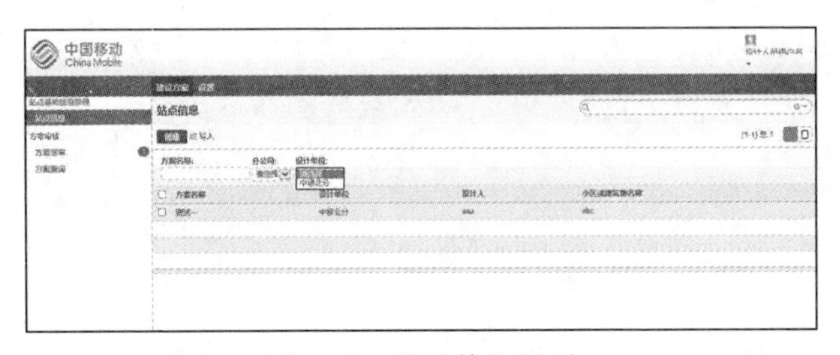

图 7-90　设计单位界面

7.3.3　上传设计方案

在“方案送审”中查询到创建的方案名称，单击加粗方框内的箭头进行图纸和物料清单的上传，如图 7-91 所示。

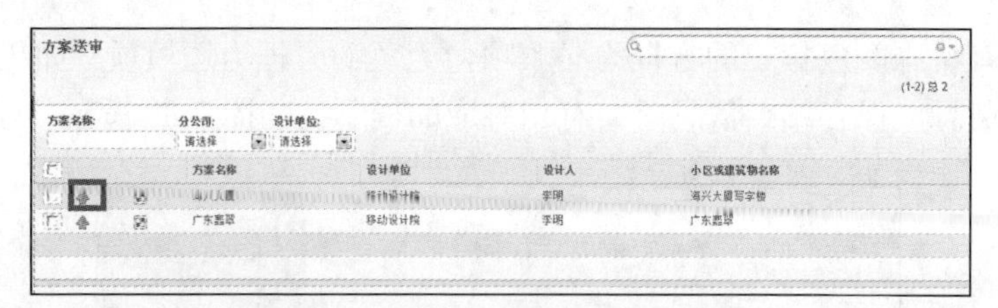

图 7-91　上传图纸和物料清单

方案图纸只需要上传 CAD 总图纸，图纸需要按照绘制要求绘制。

图纸和物料清单上传需先下载模板，按照模板要求本地填写完毕后进行导入，如图 7-92 所示。

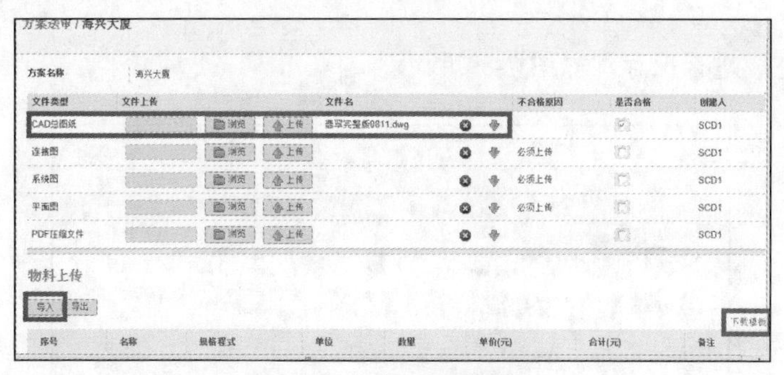

图 7-92　导入图纸和物料

7.3.4　设计方案智能分析

需要正确安装 OCX 控件之后，才能使用设计方案智能分析功能。

单击正方形图标进行智能分析，如图 7-93 所示。

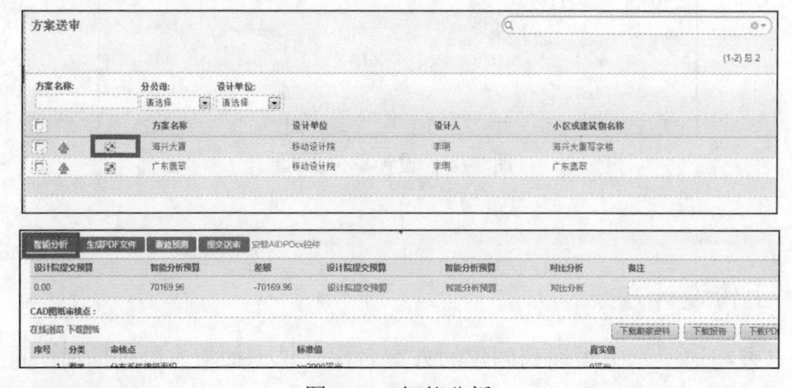

图 7-93　智能分析

单击“智能分析”，开始审核，审核结束后会显示结果，如图 7-94 所示。

设计院提交预算	智能分析预算	差额	设计院提交预算	智能分析预算	对比分析	备注
10599.10	11337.09	-737.99	设计院提交预算	智能分析预算	对比分析	

CAD图纸审核点：

在线浏览　　下载图纸　下载报告

序号	分类	标准值	真实值	是否合格	备注
1	覆盖	>=2000平米	11513平米	合格	
2	覆盖	>=95%	99.85% 仿真图	合格	
3	覆盖	>=95%	99.74% 仿真图	合格	
4	功率	>=35dBm	9个4G RRU的功率都符合标准	合格	
5	功率	10~15dBm	76个该类天线的功率都符合标准	合格	
6	RRU使用	>=1.5万平方米	959平米	不合格	
7	RRU使用	大于等于6	5BBU携带RRU的数目都符合标准	合格	
8	造价	<=10元	0.98元/平米	合格	

图 7-94　审核结果

7.3.5　PDF 图纸生成

在审核界面单击“生成 PDF 文件”可生成 PDF 图纸并存储到指定路径，如图 7-95 所示。

图 7-95　生成 PDF 图纸

7.3.6　覆盖预测效果图生成

在审核界面单击“覆盖预测”，可直接生成覆盖预测效果图并存储到指定路径，如图 7-96 所示。

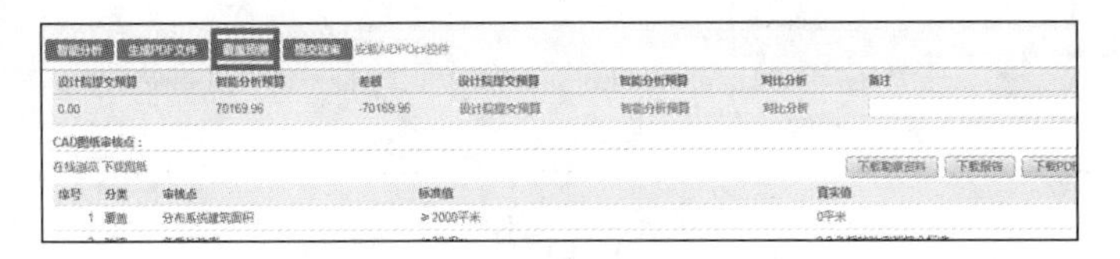

图 7-96　生成覆盖预测效果图

7.3.7　审核报告下载

单击“下载报告”按钮，则会下载整个智能分析的结果，如图 7-97 所示。

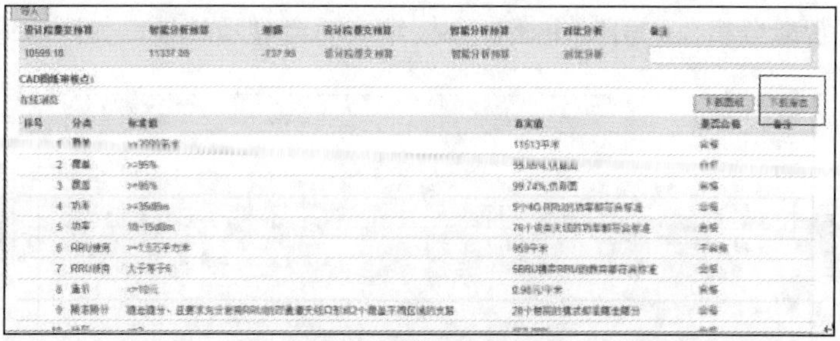

图 7-97　审核报告下载

7.3.8 方案送审

左侧导航栏“方案审核”下有“方案送审”，单击“方案送审”可以查询已填报但还未提交的方案，并能显示还未送审的方案个数，如图 7-98 所示。

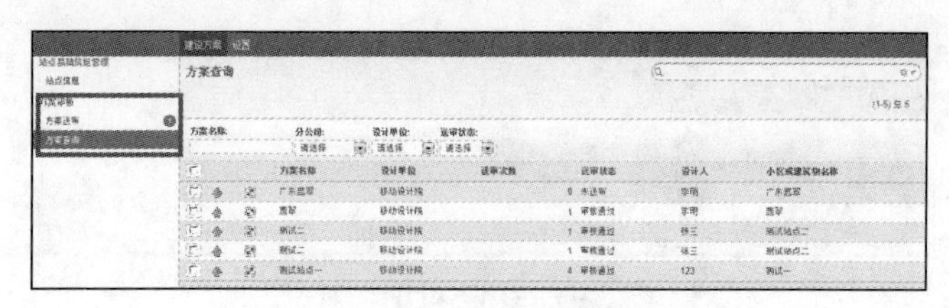

图 7-98　方案审核查询

单击“方案送审”可以查看待送审方案，并且可以通过查询导航栏对方案进行条件查询，如图 7-99 所示。

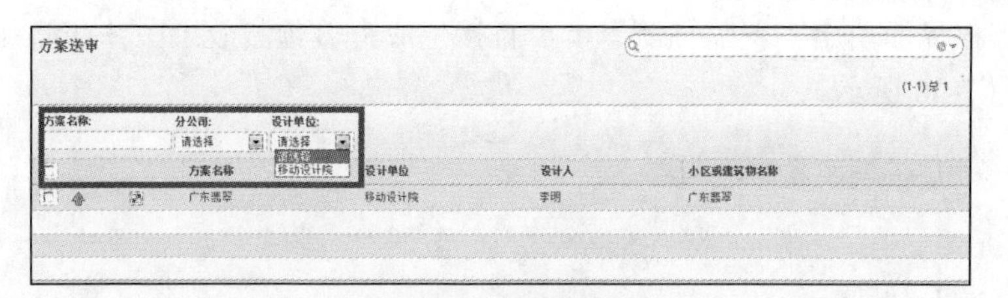

图 7-99　方案送审

7.3.9 图纸在线编辑

单击“方案查询”里的“在线浏览”，可以在浏览器打开图纸，如图 7-100、图 7-101 所示。

设计院提交预算	智能分析预算	差额	设计院提交预算	智能分析预算	对比分析	备注
0.00	14422.28	-14422.28	设计院提交预算	智能分析预算	对比分析	

CAD图纸审核点：
在线浏览 下载图纸

下载勘察资料　下载报告　下载PDF　下载覆盖效果图

序号	分类	审核点	标准值	真实值
1	覆盖	分布系统建筑面积	>=2000平米	0平米
2	覆盖	2G主要活动区域信号强度>=-80dBm	>=95%	99.31%

图 7-100　在线浏览

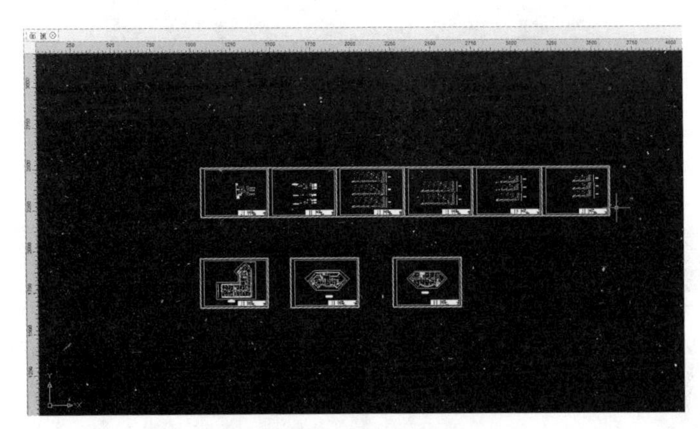

图 7-101　图纸在线浏览

7.3.10　图纸在线覆盖预测

在“方案审核”的页面中单击“在线浏览”打开图纸后，单击左上角的“面”按钮，在弹出的对话框中选择或绘制预测边界，并选择需要预测的制式，即可完成在线覆盖预测操作，如图 7-102 所示。

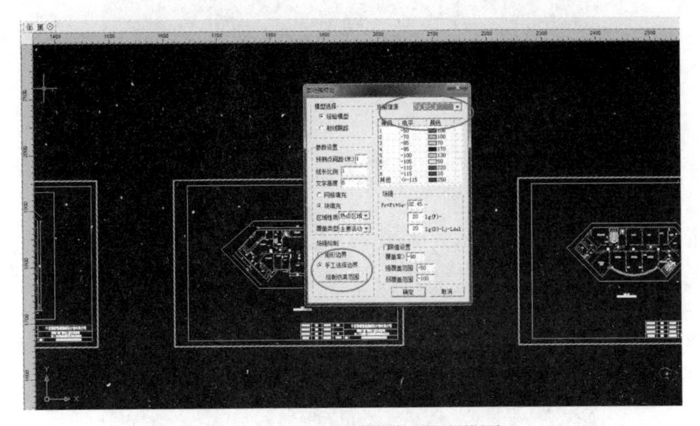

图 7-102　图纸覆盖预测设置

完成在线覆盖预测后，单击可以清除预测效果，如图7-103所示。

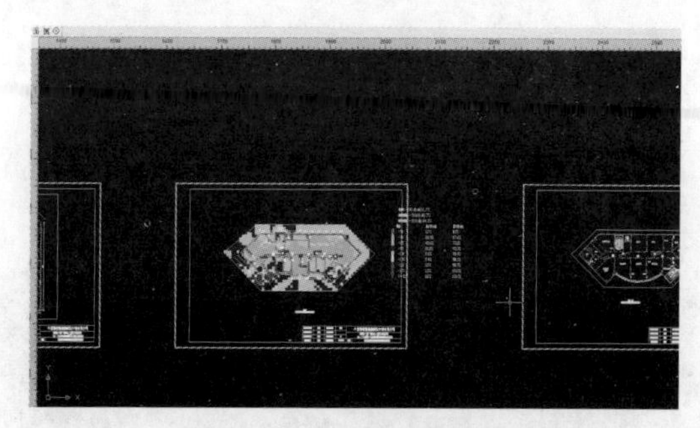

图 7-103　清除预测效果

7.3.11　图纸在线批注

单击“在线浏览”打开图纸后，单击左上角的⊗按钮，在对话框中填写需要备注的内容，并在图纸中相应位置进行单击，即可增加批注，如图7-104所示。批注效果如图7-105所示。

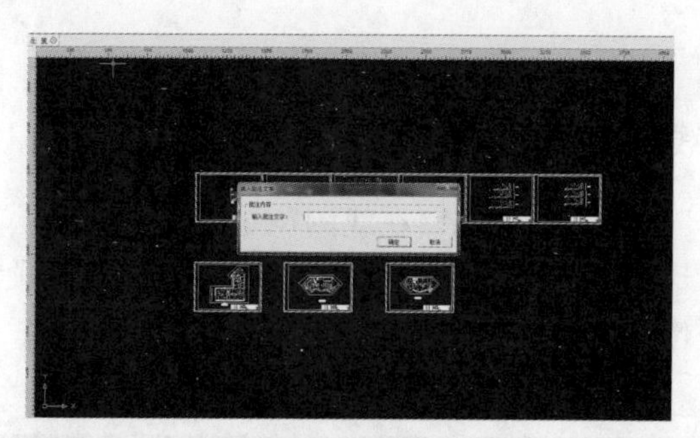

图 7-104　图纸增加批注

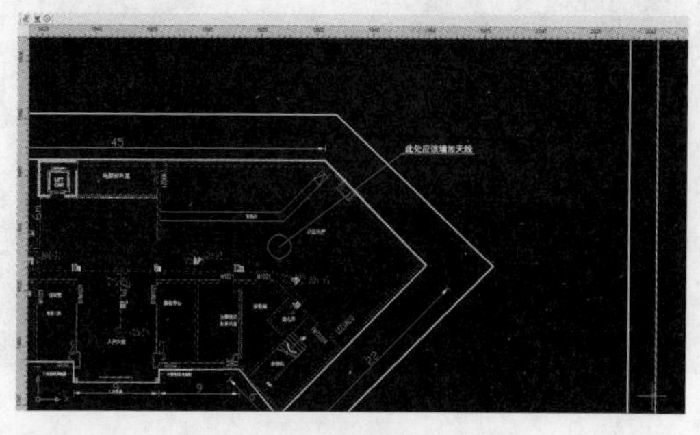

图 7-105　图纸批注效果

7.3.12　方案审核

在“方案审批”栏可以看到设计人员提交送审的方案，如图 7-106 所示。

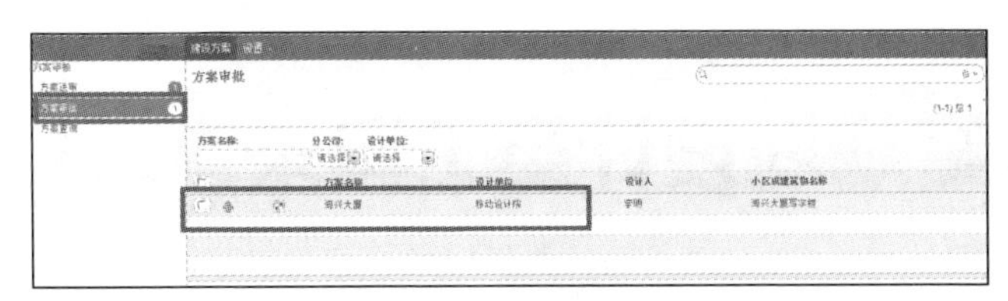

图 7-106　待审批的方案

单击进入后，可以查看当前方案的智能审核详细信息；还可以对该方案进行文字批注，单击“通过”或“驳回”再进行提交即可，如图 7-107 所示。

通过　驳回

设计院提交预算	智能分析预算	差额	设计院提交预算	智能分析预算	对比分析	备注
0.00	11337.09	-11337.09	设计院提交预算	智能分析预算	对比分析	

CAD图纸审核点：

在线浏览　　下载报告　下载图纸

序号	分类	标准值	真实值	是否合格	备注
1	覆盖	>=2000平米	11513平米	合格	
2	覆盖	>=95%	99.85%,仿真图	合格	
3	覆盖	>=95%	99.74%,仿真图	合格	
4	功率	>=35dBm	9个4G RRU的功率都符合标准	合格	
5	功率	10~15dBm	76个该类天线的功率都符合标准	合格	
6	RRU使用	>=1.5万平方米			

图 7-107　方案是否通过

第8章 无线网络规划设计类工具未来发展

随着 4G 网络建设的不断深入、智能终端的进一步普及和大数据分析手段的不断提升，无线网络规划设计已经实现了从完全依赖工程师经验的传统人工盲区判断到基于大数据进行智能规划的跨越。随着 5G 时代的到来，无线网络将向以用户为中心的超密集网络发展，网络结构将更加灵活，从扁平化走向异构化。在这种网络发展趋势下，无线网络规划工具需要进一步升级与演进。以下几方面是未来无线网络规划设计类工具需要进一步提升与优化的方向。

8.1 适应高密集场景，更加精细化

无线网络规划工具在 3G 时代开始大规模应用。在 3G 网络中，网络分为专用的 CS（circuit switched，电路交换）域和共享的 PS（packet switch，分组交换）域，在带宽资源有限条件下能够支撑的数据用户数量有限。因此，在 3G 时代，无线网络规划工具在覆盖方面主要实现了覆盖强度与覆盖质量的分析与预测；在容量方面主要实现了电路域用户容量的评估以及分组域下能够达到的小区吞吐量和平均吞吐量。

随着 4G、5G 时代的到来以及小站等开始应用，需要规划工具能适应更丰富的业务应用以及更加小范围的覆盖预测。因此，借助 5m 数字地图以及三维射线跟踪传播模型使得覆盖预测更加精准，更好地实现对于异构网络覆盖范围的模拟与预测。同时应用基于业务流的动态仿真机制也能更加逼真地模拟网络中用户的业务使用行为，从而更加准确地评估网络建设方案对于规划期容量的满足程度。

在未来针对 eMBB 的场景下，容量需求更大，组网方案更加密集，无线网络规划仿真工具需要适应高密集组网大容量场景的模拟。因此更加精准的室内外联

合规划与仿真、三维立体建筑楼宇的建模、室内与室外覆盖与干扰的建模都将是未来无线网络规划工具发展的方向。

8.2 面向用户感知，更加智能化

在当前，基于经分数据已实现了在用户价值、终端价值以及业务量价值等维度对用户行为与体验的刻画。未来随着 5G 业务应用的进一步扩展，需要更加全面地刻画现网用户的行为，一方面将用户业务行为在规划仿真中进行全面模拟，另一方面需要将网络建设方案与用户感知更加紧密地匹配，能够实现根据用户需求，更加智能地选择合适的建站方案。

8.3 面向规模应用，更加高效化

在更加精细化和智能化地进行无线网络规划和仿真时，必然需要更加全面以及复杂的数据处理与分析。虽然在当前阶段已经通过 Hadoop、分布式等新型技术，实现了对于大数据处理的提速，但在未来为了能够实现网络规划工具的规模应用，在规划平台架构以及部署方面需要更加合理、更加高效地处理规划与仿真数据，从而支持全国大规模网络建设方案的规划与分析。

参 考 文 献

[1] RAO L L, MA J T. A mobile station location algorithm based on measurement report and propagation model on GSM network[J]. Journal of Wuhan University(Information & Management Engineering) , 2011, 30(3): 371-374.

[2] ZHU R P. Study of wave propagation prediction about three-dimensional ray tracing model[J]. Modern Electronics Technique, 2007, 30(5): 23-28.

[3] BROWN P G, CONSTANTINOU C C. Investigations on the prediction of radio wave propagation in urban microcell environments using ray-tracing methods[J]. IEE Proceedings of Microwaves, Antennas and Progagation, 1996, 143(1).

[4] 赵培，李剀，张需溥，等. 室内无线通信技术原理与工程实践[M]. 北京：北京邮电大学出版社, 2015.

[5] 徐德平，张炎炎，焦燕鸿. 等, TD-LTE 深度覆盖解决方案研究[J]. 互联网天地, 2013(12): 58-62.

[6] 王映民，孙韶辉. TD-LTE 技术原理与系统设计[M]. 北京：人民邮电出版社, 2010：188-198.

[7] 吴为等. 无线室内分布系统实战必读[M]. 北京：机械工业出版社, 2012.

[8] 高泽华，高峰，林海涛. 室内分布系统规划与设计-GSM/TD-SCDMA/TD-LTE/WLAN [M]. 北京：人民邮电出版社, 2013.

[9] 赵培，朱明，吴兴耀，等. 小型化模拟测试终端的关键技术及测试验证[J]. 电信工程技术与标准化, 2014(3): 68-72.

[10] 李晓良，赵培. 一种小型化模拟测试系统: CN201520849289.4[P]. 2015-10-29.

[11] 3GPP. Evolved universal terrestrial radio access (E-UTRA); physical channels and modulation: TS 36.211[S]. 2010.

[12] 3GPP. Evolved universal terrestrial radio access (E-UTRA); medium access control (MAC) protocol specification: TS 36.321[S]. 2013.